土壤环境基准与风险评估关键技术及案例

Key Technologies and Cases for Soil Environmental Criteria and Risk Assessment

王晓南 等编著

化学工业出版社
·北京·

内容简介

本书共17章，分为背景篇、技术篇与案例篇，主要介绍了土壤环境基准与风险评估关键技术。特别对土壤受试生物和敏感生态受体的筛选、土壤生态毒性归一化方法与模型构建、土壤生态毒性预测模型、土壤重金属生物有效性预测等方面进行着重分析与介绍。

本书理论、技术及应用有效结合，可供从事土壤环境基准与风险评估研究、土壤生物有效性与生态毒理学研究、高通量生物毒性测试及应用，以及生态毒性预测模型研究等的科研人员和管理人员参考，也可供高等学校环境科学与工程、生态工程及相关专业师生参阅。

图书在版编目（CIP）数据

土壤环境基准与风险评估关键技术及案例 / 王晓南等编著. -- 北京 ：化学工业出版社，2025. 1. -- ISBN 978-7-122-46752-2

Ⅰ. X21

中国国家版本馆 CIP 数据核字第 2024W21Z83 号

责任编辑：刘　婧　刘兴春　　文字编辑：李　静　王云霞
责任校对：李露洁　　装帧设计：刘丽华

出版发行：化学工业出版社
（北京市东城区青年湖南街 13 号　邮政编码 100011）
印　　装：涿州市般润文化传播有限公司
787mm×1092mm　1/16　印张 15½　彩插 8　字数 347 千字
2025 年 1 月北京第 1 版第 1 次印刷

购书咨询：010-64518888　　售后服务：010-64518899
网　　址：http://www.cip.com.cn
凡购买本书，如有缺损质量问题，本社销售中心负责调换。

定　　价：128.00 元

《土壤环境基准与风险评估关键技术及案例》

编著人员名单

王晓南　董顺琪　李　霁　张加文　罗晶晶

李　娜　奚佳音　张　聪　栗　垚　刘征涛

马　瑾　义家威　吴　凡　闫鼎新　艾舜豪

田　彪　王旭升　王佳琪　王鑫格　西振瑜

吕晨龙　崔　亮　范　博　李雯雯

前言

发达国家于20世纪开展了土壤环境基准与风险评估的研究工作，为制定各国的土壤环境标准和风险管控策略提供科学依据。我国土壤环境基准研究相对较晚，但已有学者对其理论方法等进行了探索，推动了我国土壤环境基准研究的发展。但总体上，我国土壤环境基准研究尚处于发展阶段，相应的关键技术还较为缺乏，还不能较好地为土壤生态风险评估工作提供指导，也不能有效支持土壤环境标准的制修订和环境管理工作。

为了解决上述问题，在国家重点研发计划子课题“基于生态风险的场地土壤基准值制定技术及验证”的支持下，在环保公益性行业科研专项“化工区重金属土壤生态安全阈值及识别技术研究”的指导下，笔者以国家重点研发计划子课题“基于生态风险的场地土壤基准值制定技术及验证”的研究成果为基础组织编著了本书，从背景、技术和案例3篇共17章来介绍土壤环境基准与风险评估中用到的部分关键技术。特别对土壤受试生物和敏感生态受体的筛选、土壤生态毒性归一化方法与模型构建、土壤生态毒性预测模型、土壤重金属生物有效性预测、高通量生物毒性测试及应用等方面进行着重分析与介绍。通过基于生物有效性的生态毒性效应验证了镉、砷、铜、铅、苯并[*a*]芘、菲、DBP等典型污染物的土壤环境基准报告案例，以深入浅出的形式介绍了上述关键技术在土壤环境基准与风险评估中的应用。期望本书可为我国土壤环境基准标准和风险评估研究以及土壤环境管理工作提供支持。

本书编著工作由王晓南研究员策划、统筹和负责。本书共分17章，第1章主要由李霁、义家威、闫鼎新、刘征涛、马瑾和王晓南完成，第2章主要由罗晶晶、张加文、奚佳音和王晓南完成，第3章主要由罗晶晶、奚佳音和吴凡完成，第4章主要由奚佳音、张加文、罗晶晶和田彪完成，第5章主要由奚佳音、罗晶晶、王旭升和王佳琪完成，第6章和第7章主要由张加文、栗垚、西振瑜、吕晨龙和崔亮完成，第8章主要由栗垚、张加文、范博和李雯雯完成，第9章和第10章主要由张加文和董顺琪完成，第11章和第12章主要由董顺琪和张加文完成，第13章和第14章主要由董顺琪、罗晶晶和张聪完成，第15章主要由罗晶晶和董顺琪完成，第16章主要由艾舜豪和董顺琪完成，第17章主要由李娜和王鑫格完成。全书最后由王晓南、董顺琪和李霁统稿，王晓南定稿。

谨以此书献给从事土壤环境基准、土壤环境风险评估、土壤环境管理、生态毒理学、土壤学、生态学等相关领域的专家学者，若能对大家的研究有所裨益，将倍感欣慰。

学海无涯。由于编著者学识有限，书中难免有不足之处，恳请专家学者不吝赐教，以便我们不断改进，共同推动土壤环境基准和风险评估研究更好地服务于土壤生态环境保护工作。

王晓南

2024年3月于北京

目录

第一篇

背景篇

第1章 土壤环境基准研究进展

环境基准研究是制定环境标准的重要基础，也是体现国家环境科技与管理发展水平的重要标志。系统开展环境质量基准与标准研究，对于建立具有我国特色的环境标准体系具有开拓性、示范性的战略意义。《中华人民共和国土壤污染防治法》第十二条明确提出了“国家支持对土壤环境背景值和环境基准的研究”，为建立健全国家环境基准体系、推动环境基准工作发展提供了制度保障。土壤环境基准是我国生态环境基准工作的核心和重要组成部分，是制定土壤环境质量标准的基础和科学依据，也是整个土壤环境保护和管理体系的基石。开展土壤环境基准研究，形成一套符合我国国情的土壤环境基准及技术支撑体系，是我国土壤环境管理和风险管控的重大需求。

1.1 国外土壤环境基准概述

1.1.1 美国

1.1.1.1 发展历程

20 世纪后半叶，由于危险废物倾倒问题，美国大量场地受到了严重的污染。1976 年，美国国会制定了《资源保护和回收法》(RCRA)，建立了从控制生产到处置危险废物的权力。同时，颁布了《有毒物质控制法》(TSCA)，该法案赋予美国环保署（US EPA）通过控制构成不合理伤害风险的有毒化学品来保护公众健康和环境的权力（葛峰 等，2021）。1978 年，拉夫运河有毒废料倾倒事件引起了社会的广泛关注。同年，纽约尼亚加拉大瀑布进入紧急状态，该地区皮疹、流产和先天缺陷的病例以惊人的速度增加。拉夫运河事件和尼亚加拉大瀑布事件提高了公众对社区中不受管制的危险废物倾倒的严重性和急迫性的认识。1979 年美国众议院和参议院委员会就有毒废料倾倒场地构成的危险举行了听证会，并提出了重大法案，创建了“超级基金”来处理这些危险。而后 1980 年国会又制定了《综合环境反应、补偿与责任法》(CERCLA)，又被称为《超级基金法》。该法案通过制定全国性计划来解决废弃或不受控制的危险废物倾倒的问题，处理流程为应急响应、信息收集、分析和明确责任以及现场清理。CERCLA 还创建了有害物质响应信托基金（或“超级基金”）以收取税金、回收成本以及罚款，这些资金用于资助应急响应和清理工作（马瑾，2021）。1982 年，US EPA 发布了危害等级系统（HRS）并将其作为评估场地环境危害的主要机制。HRS 是一个基于数字的筛查系统，它根据初步调查获得的信息来评估站点对人体健康或环境构成的潜在威胁。US EPA 于 1983 年创建了第一个国家优先事项清单（NPL），用于进一步调查场地的危险程度以及是否需要进行清理。1986 年，US EPA 发布了《超级基金场地公众健康评价手册》，将公众健康评价纳入超级基金场地修复可行性研究过程。1989 年，US EPA 又整合发布《超级基金场地风险评价指南（卷 1）：人体健康评价手册》（过渡性指南），明确人体健康评价的程序和方法。

1991 年，为加快国家优先名录上的污染场地的修复速度，US EPA 要求固体废物应急响应办公室（Office of Solid Waste and Emergency Response，OSWER）开展为期 30 天的研究，提出了加快清理速度和改善危险废物场地风险评估方式的举措。这项研究的一个具体建议是研究制定污染土壤标准或准则的方法。自此拉开了美国土壤环境基准研究的序幕（US EPA，1991）。1993 年，US EPA 发布《土壤筛选值指南草案》，对土壤筛选值的制定背景、意义以及制定过程中的关键步骤进行了说明，并明确 SSLs（土壤筛选值）是基于风险的水平，并非强制性的、全国性的清理标准（US EPA，1994）。1996 年，US EPA 经过多年努力最终拟定并正式发布了《土壤筛选指南：用户手册》和《土壤筛选指南：技术背景文件》，明确在非单一暴露途径下，土壤筛选值应取所有暴露途径下的最小值。1996 年以后，US EPA 根据本国环境管理的需求陆续对 1996 年发布的土壤筛选指南进行补充和完善，于 2002 年发布《超级基金场地土壤筛选值制定补充指南》，该补充指南为 1996 年《土壤筛选指南》（SSG）的辅助，它以原始指南中建立的土壤筛选框架为基础，增加了土壤筛选评估的新情景（US EPA，2002a）。

1992 年，US EPA 首次发布了生态风险评价框架报告，规定了生态风险评估的范围，并提出在生态风险评估中进行采样毒性测试。此后，自 1992 年至 1994 年，US EPA 聚焦于指南框架及关键问题研究，先后开展意见征集、同行评议、指南修订等工作，最终于 1998 年发布《生态风险评价指南》（US EPA，1998）。1999 年，US EPA 发布《超级基金场地的生态风险和风险管理原则》，旨在为超级基金的风险评估和风险管理人员提供可靠的科学依据，以做出生态风险管理决策，并在不同地区保持一致的生态风险评估，向公众呈现公开透明的场地风险实际情况（US EPA，1999）。同年 US EPA 对各国现有的土壤筛选基准进行了回顾和综述，分析了不同国家制定生态安全土壤基准的方法和优缺点，并着手本国 Eco-SSLs（土壤生态筛选值）的制定。随着生态风险评价技术方法的发展与成熟，US EPA 将生态风险评价方法应用到了土壤生态筛选值研究领域，并于 2000 年发布《土壤生态筛选值指南草案》，提出基于生态风险评估方法制定土壤生态筛选值的思路，并在 2003 年发布正式文本和一些技术附件，这些文件详细规范了土壤生态安全筛选水平的流程和方法，为土壤污染防治过程中环境管理机制的落实提供了技术依据，并解释说明了为什么不将微生物纳入生态风险评估的关键受体中，明确了 24 种典型污染物（17 种金属类和 7 种农药类污染物）的土壤生态筛选值。

此外，随着工业化进程加快和新型污染物的出现，US EPA 从新增污染物、暴露参数研究、毒理学研究等角度不断更新完善污染物土壤筛选值体系，于 2011 年、2017 年、2018 年先后对暴露参数手册进行修订。2002 年之后又先后针对挥发性有机污染物及半挥发性有机污染物室内蒸气入侵对人体可能产生的健康危害开展了评估模型、推荐暴露参数以及推导的技术规范等的研究（US EPA，2002a）。

1.1.1.2 制定方法

（1）人体健康土壤筛选值

SSLs 是基于风险评估的方法制定的，风险评估是制定 SSLs 的理论基础。在进行风险评估前，US EPA 需先制定规划以确定风险评估的目的、范围和使用的技术方法等。US EPA 所采用的人体健康风险评估标准程序包括危害识别、剂量-效应评估、暴露评估和风险表征 4 个步骤。

推导 SSLs 的暴露情景是对现存场地未来土地利用进行假设，通常分为 3 类：居住用地、非居住用地（商业/工业）和施工用地。在初期，SSLs 是基于未来的住宅土地用途假设而制定的，对于非居住用地，使用住宅土地用途制定的相关暴露情景可能导致过于保守的筛选值。因此，在后续的补充指南中增加了对非住宅用地和施工用地情景下的 SSLs 推导方法。

1996 年的 SSG 考虑了住宅用地暴露情景下的 3 种最常见的暴露途径：a. 直接摄入；b. 吸入挥发性物质和挥发性粉尘；c. 化学物质通过土壤迁移到地下可饮用的含水层而造成的地下水污染。此后还增添了新的暴露途径并开发了相应的技术方法，新的暴露途径包括皮肤吸收和吸入由于蒸气侵入而存在于室内空气中的挥发性物质。

推导人体健康土壤筛选值（soil screening levels，SSLs）的一般步骤：建立一个概念化的污染场地模型（conseptual site model，CSM）；比较模型和土壤筛选值的情况；确定数据采集需要；现场采样和分析土壤；计算特定土壤筛选值；比较现场土壤污染物浓度与计算出的土壤筛选值，确定哪些方面需要进一步研究。具体步骤介绍如下。

① CSM 是现场条件的三维“图片”，说明污染物分布、释放机制、暴露途径和迁移途径以及潜在的受体。CSM 记录了当前的场地条件，并辅以地图、横截面和场地图，说明了人类和环境在污染物释放和迁移到潜在受体情境下的暴露情况。制定准确的 CSM 是正确实施土壤筛选指南的关键。

开发 CSM 的 4 个步骤包括：a. 收集已有站点数据，包括历史记录、航空照片、地图、初步风险和现场检查数据、现有背景资料、国家土壤调查等；b. 组织和分析现有站点数据，识别已知的污染源，识别受影响的介质，识别潜在的迁移途径、暴露途径和受体；c. 构建 CSM 的初步框架；d. 进行现场勘察，确认和/或修改 CSM，识别剩余的数据差距。

② 比较 CSM 的土壤成分与土壤筛选值方案涵盖 4 个方面：a. 确认未来住宅用地是该场地的合理假设；b. 识别指南中提到的场地中存在的路径；c. 识别指南中未提到的场地中存在的其他路径；d. 将特定路径的通用 SSLs 与现有浓度数据进行比较，估计背景水平是否超过通用 SSLs。

③ 定义土壤的数据收集需求，以确定哪些站点区域超过 SSLs。a. 提出关于土壤污染分布的假设，即场地的哪些区域土壤污染超过适当的 SSLs。b. 制定采样和分析计划，以确定土壤污染物浓度。针对不同土壤性质采取相对应的策略。表层土壤采样策略（包括定义研究边界、制定决策规则、指定决策错误限制和优化设计）—地下土壤采样策略（包括定义研究边界、制定决策规则、指定决策错误限制和优化设计）—采样测定土壤特征（体积、密度、水分含量、有机碳含量、孔隙度、pH 值）。c. 确定合适的现场方法，建立质量保证和质量控制协议。

④ 现场取样和分析土壤：确定污染物、划定污染源的面积和深度、确定土壤特征、酌情修订 CSM。

⑤ 根据需要推导场地特异性的土壤筛选值：a. 确定相关途径的 SSLs 方程；b. 确定皮肤暴露和植物摄取的关键化学物质；c. 从 CSM 摘要中获得特定地点的输入参数；d. 用步骤④中收集的特定地点数据替换 SSLs 方程中的变量；e. 计算 SSLs，考虑多种污染物联合暴露。

⑥ 将现场土壤污染物浓度与计算的 SSLs 进行比较。对于表层土壤，以 2 倍的倍数筛出所有复合样品不超过 SSLs 的暴露区域。对于地下土壤，筛出最高平均土壤核心浓度不超过 SSLs 的源区域。评估背景水平是否超过 SSLs。将决定如何处理场地确定为下一步工作。在基线风险评估中整合土壤数据和其他介质数据，以估计现场的累积风险；确定采取行动的必要性；使用 SSLs 作为初步整治目标。

（2）土壤生态筛选值

美国主要根据生态受体的毒理学数据推导 Eco-SSLs。US EPA 将生态受体归为两类：一类为植物和土壤无脊椎动物；另一类为野生动物，又分为鸟类和哺乳动物。植物和土壤无脊椎动物的 Eco-SSLs 值是根据毒理实验数据推导出来的，通常为实验毒性数据 MATC（最大可接受毒物浓度）、EC_{20}（20%效应浓度）、EC_{10}（10%效应浓度）的几何平均值。野生动物的 Eco-SSLs 是通过建立一个通用的食物链模型评估土壤中污染物的浓度与野生动物的暴露剂量的关系，然后根据风险商（HQ）为 1 进行反推得出的结果。其中 HQ 等于估计暴露剂量除以毒性参考值（TRV）。HQ 可以表示土壤中污染物的浓度和受体的剂量之间的关系，HQ 为 1 是指野生动物的暴露剂量与毒性参考值相等的情况，毒性参考值代表了受体类别对每种污染物的 NOAEL（最高无损伤剂量）的具体估计。

各国在制定土壤生态筛选值时，主要考虑的关键受体和暴露途径有所不同。土壤直接接触途径是各国土壤生态筛选值均要考虑的暴露途径，多数机构将陆生植物（生产者）、无脊椎动物（消费者）和土壤微生物（分解者）及其主导的生态功能作为该途径的关键受体。美国 Eco-SSLs 分别计算保护陆生植物和无脊椎动物的筛选值，未考虑保护土壤微生物或生态功能。土壤和食物摄入途径主要保护食物链受土壤污染威胁的高等生物（生物累积和生物放大的二次毒性）。美国鸟类和哺乳动物的 Eco-SSLs 考虑保护食草动物、地面食虫动物和食肉动物，根据 6 种通用替代受体（3 种鸟类和 3 种哺乳动物）和暴露途径推导。在土壤生态筛选值推导方法方面，美国采纳的毒性数据包括 EC_{20}、MATC 和 EC_{10}。外推方法和筛选值由几何均值法确定。

推导土壤生态筛选值（Eco-SSLs）的一般步骤：a. 资料收集；b. 确定用于推导土壤生态筛选值可接受性的研究；c. 提取、评估和数据打分；d. 选取值。

① 资料收集。对于所有受体，通过对计算机文献数据库的检索以及已发表文献相关引文的检索，确定了潜在的相关出版物。鸟类和哺乳动物的文献检索包括所有年份的出版物，而植物和土壤无脊椎动物的文献检索仅包括 1987 年以后的出版物。数据处理小组推测，1988 年以前的大多数出版物可通过审查书目来确定，这在随后对文献检索结果的分析中得到证实，大约 40％的潜在适用论文是通过非计算机化检索技术确定的。如果污染物/受体配对的潜在适用文章少于 20 篇，则进行所有出版年份的检索。

② 确定用于推导土壤生态筛选值可接受性的研究。两个数据处理小组使用相似的排除标准来评估通过文献检索确定的出版物的潜在适用性对植物和土壤无脊椎动物土壤筛选值相关文献进行筛选，筛选出符合土壤测试要求的数据（例如，4.0＜pH＜8.5，有机质含量≤10％，使用天然或人工土壤）。两个数据处理小组一致认为，3 个或更多的处理水平（包括对照）是优选的，但如果适用这一要求，将会排除很大一部分鸟类和哺乳动物研究。因此，哺乳动物和鸟类受体只需要 2 个处理水平，植物和土壤无脊椎动物需要 5 个处理水平。哺乳动物和鸟类的研究只接受慢性毒性研究（超过 3d 的暴露）。虽然不排除植物和土壤无脊椎动物的急性研究，但在选择最合适的测试结果以获得 Eco-SSLs 的过程中，要考虑暴露时间。

③ 从可接受的文献中提取毒性数据、评估和评分。从可接受的文献中提取毒性数据，对实验方法和结果进行评价，对每个测试结果的评分也遵循类似的过程。研究方法出现分歧主要是由于研究设计的固有差异（例如，直接暴露于土壤或暴露在饮食或饮用水中）。两个任务组都确定了推导 Eco-SSLs 的可接受结果的终点，通过绘制各种数据集的分布图并得出逻辑中断。对于哺乳动物和鸟类来说，这种断裂发生在评估得分为 66 分（满分 100 分）时（即得分≥66 分的研究用于推导 TRV），而植物和土壤无脊椎动物的断裂发生在得分为 11 分时（满分 18 分）。

④ 选取值。对于这两个数据处理小组，仅使用得分高于各自终点的研究结果来确定值。对于哺乳动物和鸟类，TRV 等于生长和繁殖的 NOAEL 值的几何平均值，或者是低于生长、繁殖或生存的最低观察到的最低不良影响水平（LOAEL）的最高界限 NOAEL（NOAEL 与 LOAEL 配对，以较低者为准）。对于没有生长、繁殖或存活数据的污染物，TRV 由生化、行为、病理和生理学结果得出。该方法考虑了 NOAEL 和 LOAEL 端点，包括无界的 NOAEL 值，但不包括无界的 LOAEL 值。对于植物和土壤无脊椎动物，Eco-SSLs 等于 MATC、EC_{20} 或 EC_{10} 的几何平均值。当一项研究报告了多个端点时，用于衍生 Eco-SSLs 的端点的选择遵循 EC_{20}、MATC、EC_{10} 的优先顺序。MATC 要么在研究中报告，要么根据无观察效应浓度（NOAEC）和最低观察效应浓度（LOEC）的几何平均值计算。

1.1.1.3 现有基准值

土壤基准值在美国被称为土壤筛选值，美国的现有筛选值主要分为对生态安全（表 1.1）、居住区人体健康（表 1.2）和商业区/工业区人体健康（表 1.3）。

表 1.1　美国生态安全土壤筛选值　　单位：mg/kg 土壤干重

序号	金属和有机污染物	植物	土壤无脊椎动物	野生动物	
				鸟类	哺乳动物
1	镉	32	140	0.77	0.36
2	铬	—	—	Cr(Ⅲ)-26 Cr(Ⅵ)-无	Cr(Ⅲ)-34 Cr(Ⅵ)-130
3	钴	13	—	10	230
4	铜	70	80	28	49
5	铅	120	1700	11	56
6	锰	220	45	4300	4000
7	镍	38	280	210	130
8	硒	0.52	4.1	1.2	0.63
9	银	560	—	4.2	14
10	钒	—	—	7.8	280
11	锌	160	120	6	79
12	锑	—	78	—	0.27
13	砷	18	—	43	46
14	钡	—	330	—	2000
15	铋	—	40	—	21
16	DDT	—	—	0.093	0.021
17	狄氏剂	—	—	0.022	0.0049
18	PAH（低分子量）	—	29	—	100
	PAH（高分子量）	—	18	—	1.1
19	五氯苯酚	5	31	2.1	2.8

数据来源：US EPA，2003a，2003b，2003c，2003d，2003e，2003f。

表 1.2　美国居住区人体健康土壤筛选值　单位：mg/kg 土壤干重

污染物	摄入-皮肤接触	挥发物吸入	地下水	
			DAF=20	DAF=1
艾氏剂	0.04	3	0.5	0.02
DDT	2	—	32	2
狄氏剂	0.04	1	0.004	0.0002
锑	31	—	5	0.3
砷	0.4	—	29	1
钡	5500	—	1600	82
铋	160	—	63	3

续表

污染物	摄入-皮肤接触	挥发物吸入	地下水	
			DAF=20	DAF=1
镉	70	—	8	0.4
铬	230	—	38	2
三价铬	120000	—	—	—
六价铬	230	—	38	2
汞	1600	—	2	0.1
镍	23	10	130	7
硒	1600	—	5	0.3
银	390	—	34	2
铊	390	—	0.7	0.04
钒	6	—	6000	300
锌	550	—	12000	620

数据来源：US EPA，2002a，2002b，2002c。

注：DAF为稀释衰减因子。

表 1.3 美国商业区/工业区人体健康土壤筛选值（以室外作业人员为受体）

单位：mg/kg

污染物	摄入-皮肤接触	挥发物吸入	地下水	
			DAF=20	DAF=1
艾氏剂	0.2	6	0.5	0.02
DDT	8	—	32	2
狄氏剂	0.2	2	0.004	0.0002
锑	450	—	5	0.3
砷	2	—	29	1
钡	79000	—	1600	82
铋	2300	—	63	3
镉	900	—	8	0.4
铬	3400	—	38	2
三价铬	1000000	—	—	—
六价铬	3400	—	38	2
汞	340	—	2	0.1
镍	23000	—	130	7
硒	5700	—	5	0.3
银	5700	—	34	2

续表

污染物	摄入-皮肤接触	挥发物吸入	地下水	
			DAF=20	DAF=1
铊	91	—	0.7	0.04
钒	7900	—	6000	300
锌	340000	—	12000	620

数据来源：US EPA，2002a，2002b，2002c。

1.1.2 加拿大

1.1.2.1 发展历程

1989年，土壤污染导致的环境安全和人体健康问题日益引起公众关注。为此，加拿大环境部长理事会（Canadian Council of Ministers of the Environment，CCME）启动了国家污染场地修复五年规划。为保证该规划具有统一的评价和修复场地的准则，1991年CCME根据已有土壤和水质基准，基于专家经验建立了污染场地质量临时基准（CCME，1991）。但该临时基准科学性欠佳，因此，1996年CCME发布了《保护环境和人体健康的土壤质量指导值推导草案》，引导加拿大各界按照技术指南开展污染物SQG（土壤质量指导值）研究，规定该指南仅作为引导性文件，不具有任何法律约束力，并以污染物的SQG替代临时基准，大大提升了质量指导值的科学性和实用性（CCME，1996）。随着工业化进程加快及科学技术发展，加拿大逐渐出现了新的环境问题和环境需求，以往的技术指南已不能满足发展的需要。2006年CCME修订并颁布了《保护环境和人体健康的土壤质量指导值推导技术指南》（后简称《指南》）（CCME，2006）。此外，随着基础数据的累积和不断修订，CCME还针对性地发布了一些单一污染物如多环芳烃、钡、硒、全氟辛烷磺酸盐等的SQG值及其研究技术报告，不断补充和完善本国的土壤质量指导值研究体系（CCME，2017）。在SQG的推导方面，CCME主要考虑人体健康和环境安全两个方面可能存在的风险。推导SQG_E（保护环境的土壤质量指导值）时，考虑了包括土壤无脊椎动物、植物、微生物、牲畜、陆生野生动物和捕食者在内的生态受体，同时也考虑了风蚀和水蚀产生的污染迁移及可能造成的环境影响；推导SQG_{HH}（保护人体健康的土壤质量指导值）时，考虑了直接暴露、室内蒸汽入侵、饮用地下水、摄入农产品等途径可能对人体造成的健康风险。其中，一些作为检验机制的暴露情景不纳入模型计算范围，但是应当被作为SQG_{HH}的调整依据，如住宅/花园用地方式下，存在摄食花园中自产农产品的情况时，应当基于管理上对自产农产品污染物浓度的要求调整经由人体健康风险评估推算的SQG_{HH}。CCME还规定：

① 当按照指南推导的SQG_F（最终土壤质量指导值）低于仪器检出限时，应当在发布SQG_F时进行标注，但不应进行修改；

② 当SQG_F低于植物生长所需的最低浓度时，在农业用地方式下应当将SQG_E默认为植物生长所需的最低浓度；

③ 土壤质量指导值对外发布时，应以表格形式呈现所有过程值、SQG_F及SQG_M

(基于管理的土壤质量指导值)。

1.1.2.2 制定方法

《指南》内容包括土壤质量指导值的制定条件与场景、加拿大土壤质量指导值制定技术方法及土壤质量指导值的参考值。制定场景如下:

① 土地利用类型。《指南》中，暴露评价场景包括农业用地、居住用地或带有草地的公共场地、商业用地和工业用地4种土地利用类型。这些土地利用类型虽然可以涵盖大部分评价场景，但像未利用地一类的用地类型并未考虑在内。通常情况下，开展暴露途径评价工作时，这一类场景可以参考农用地污染物暴露途径进行评价，也可以根据具体的场地特征确定相应的暴露途径。

② 污染物类型。不同污染物具有不同的运移特征和环境归宿，因此在制定土壤质量指导值时，CCME将土壤污染物分为5类：有机物或无机物（organic or inorganic)、可解离物或不可解离物（dissociating or non-dissociating)、挥发性物或不挥发性物(volatile or non-volatile)、可溶物或不可溶物（soluble or non-soluble)、有生物扩散性物或无生物扩散性物（biomagnifying or non-biomagnifying)。

③ 土壤类型及深度。污染物的环境归宿与运移特征随土壤深度和类型的不同而变化，因此，为最大限度地减少土壤质量指导值计算过程中由土壤深度和类型引起的不确定性，加拿大土壤质量指导值考虑了两种最常见的土壤类型：砂质土壤（coarse textured soils，包含砂和砾石）和黏性土壤（fine textured soils，包含淤泥和黏土)。以中值75μm的土壤粒径为分界线划分土壤的两种类型。另外，在制定加拿大土壤质量指导值时，除部分挥发性有机物外，其余污染物主要考虑表层土壤（深度1.5m以上的土层)，因为深层土壤中污染物因迁移扩散而暴露时，必然通过表层土壤反映。

(1) 保护人体健康的土壤质量指导值(SQG_{HH})

人体健康风险评估值的制定主要分为4个步骤：评估污染物造成的毒理学危害或风险；确定该污染物与所计算污染场地无关的每日摄入量（EDI)（“背景”暴露)；定义不同类型用地中的暴露情景；整合暴露信息和毒理性数据并确定人体健康风险评估值。计算不同暴露情景下的人体健康风险评估值，比较得到人体健康风险评估值的最低值，并将人体健康风险评估值的最低值反演得到的土壤污染物值作为最终保护人体健康的土壤质量指导值，人体健康风险评估涉及的暴露途径包括直接接触、饮用地下水、吸入室内空气及食物链等。

(2) 保护环境的土壤质量指导值(SQG_E)

基于生态环境效应的保护环境土壤质量指导值的制定，需重点关注污染物对陆生生态系统的影响，制定方法主要包括3个步骤:

① 搜集污染物的相关文字资料（包括其物理和化学性质、土壤背景水平、来源及排放、环境分布、环境归宿和行为、短期和长期毒性、现有的指导值、规范和标准等信息);

② 计算不同土地利用类型中各暴露途径的土壤质量指导值;

③ 将各途径中指导值的最低值作为特定土地利用类型中保护环境的土壤质量指

导值。

（3）最终土壤质量指导值（SQG_F）

最终确定的土壤质量指导值需统筹兼顾保护环境和人体健康，因此，最终值取 SQG_E 和 SQG_{HH} 中的最低值；同时，考虑土壤中的植物可吸收营养成分、地球化学背景及管理需求等因素，建立各类用地的一级土壤质量指导值。

1.1.2.3 现有基准值

土壤基准值在加拿大被称为土壤质量指导值，加拿大的现有指导值主要分为生态安全指导值（表 1.4）和人体健康指导值（表 1.5）。

表 1.4 加拿大生态安全土壤质量指导值 单位：mg/kg

化合物名称	农业用地	居住用地/有草地的公用场地	商业用地	工业用地
钡	NC	NC	NC	NC
苯酚	20	20	128	128
滴滴涕	0.7	0.7	12	12
多氯二噁英和呋喃	NC	NC	NC	NC
多氯联苯	1.3	1.3	33	33
钒	130	130	130	130
镉	3.8	10	22	22
铬	64	64	87	87
汞	12	12	50	50
环丁砜	210	210	430	430
镍	45	45	89	89
铍	NC	NC	NC	NC
铅	70	300	600	600
氰化物	0.9	0.9	8	8
全氟辛烷磺酸	0.01	0.01	0.2	0.2
壬基酚及其乙氧基化合物	5.7	5.7	14	14
三氯乙烯	0.05	0.05	0.05	0.05
砷	17	17	26	26
四氯乙烯	NC	NC	NC	NC
铊	1	1.4	3.6	3.6
铜	63	63	91	91
五氯苯酚	11	11	28	28
硒	1	1	2.9	2.9
锌	250	250	410	410

续表

化合物名称	农业用地	居住用地/有草地的公用场地	商业用地	工业用地
乙二醇	NC	NC	NC	NC
异丙醇胺	180	180	180	180
铀	33	500	2000	2000

数据来源：CCME，1999。

注：NC表示该数据未计算，下同。

表1.5 加拿大人体健康土壤质量指导值 单位：mg/kg

化合物名称	农业用地	居住用地/有草地的公用场地	商业用地	工业用地
钡	6800	6800	10000	96000
苯酚	3.8	3.8	3.8	3.8
滴滴涕	NC	NC	NC	NC
多氯二噁英和呋喃	NC	NC	NC	4
多氯联苯	NC	NC	NC	NC
钒	NC	NC	NC	NC
镉	1.4	14	49	192
铬	220	220	630	2300
汞	6.6	6.6	24	99
环丁砜	0.8	0.8	0.8	0.8
镍	200	200	310	1000
铍	75	75	110	1100/550
铅	140	140	260	740
氰化物	29	29	110	420
全氟辛烷磺酸	0.01	0.01	0.01	0.01
壬基酚及其乙氧基化合物	NC	NC	NC	NC
三氯乙烯	0.01	0.01	0.01	0.01
砷	12	12	12	12
四氯乙烯	0.2	0.2	0.5	0.6
铊	NC	NC	NC	NC
铜	1100	1100	4000	16000
五氯苯酚	7.6	7.6	7.6	7.6
硒	80	80	125	1135
锌	10000	10000	16000	16000
乙二醇	NC	NC	NC	NC
异丙醇胺	460	460	460	460
铀	23	23	33	300

数据来源：CCME，1999。

1.1.3 荷兰

1.1.3.1 发展历程以及研究现状

荷兰是世界上较早开展污染土壤风险管控与土壤环境基准研究的发达国家之一，在土壤环境基准研究方面处于领先地位。20 世纪 70 年代末，荷兰莱克尔克发生住宅区土壤污染事件，这成为了荷兰制定土壤污染防治政策法规的推动因素。1983 年，荷兰政府颁布了《临时土壤修复法》(Interim Soil Remediation Act) 及配套法规《土壤修复指南》(Soil Remediation Guideline) (Souren et al.，2007)。当时荷兰政府预计只有少数受污染场地，因此预测该指南可以完美解决土壤污染问题并在《临时土壤修复法》中引入了“多功能”修复原则，即修复后的土地可适用于多种用途。该目标也成为接下来的十年，荷兰制定土壤政策和土壤质量标准的指导原则。1987 年，荷兰政府颁布了《土壤保护法》(Soil Protection Act) 以防止土壤污染，并提出了污染者付费原则。1995 年 1 月 1 日，有关土壤修复的内容被纳入《土壤保护法》中，从而废止了《临时土壤修复法》。

20 世纪 80 年代后期，荷兰政府认为污染场地的数量有限（吴颐杭 等，2022）。在 1989 年和 1993 年发布的《国家环境政策规划》(National Environmental Policy Plans) 中，荷兰对污染场地管理的目标仍十分乐观，计划在 2010 年之前修复所有严重污染土壤。然而 20 世纪 90 年代初期，荷兰政府发布的污染场地名录显示，荷兰境内污染场地数量进一步扩大。由于污染土壤的清理停滞不前、财政问题以及国家与地方政策之间存在的一系列问题，1997 年发布的《国家环境政策规划》中对土壤质量的要求进行了修正，废止了于 1983 年提出的“多功能”原则，并采用根据土地实际用途实行按需修复的原则。但这只适用于 1987 年 1 月 1 日以前受到污染的土壤，对于 1987 年 1 月 1 日以后新出现的污染土壤仍采用“多功能”原则。2006 年，新《土壤保护法》和《土壤修复通令》(Soil Remediation Circular) 生效，该法规明确了土壤污染问题的严重性以及修复的紧迫性，并提出了具体的方法。

2008 年，荷兰新《土壤质量法令》(Soil Quality Decree) 生效。作为《土壤保护法》的一部分，《土壤质量法令》规定了污染土壤的使用与再利用，并指出需要在重新安置受污染土壤与最大限度地再利用污染土壤之间寻求平衡。《土壤质量法令》的发布标志着荷兰的土壤政策发生了根本性的重点转移，从土壤保护转向土壤可持续利用发展，土壤环境管理职权从中央层面转向地方层面，《土壤保护法》也囊括了《土壤修复通令》中有关土壤修复的法规，以及《土壤质量法令》中有关污染预防与土地可持续管理的法规。2014 年，荷兰基础设施与环境部向议会提交了《环境规划法》(Environment and Planning Act)，旨在进一步强化土地利用与环境保护之间的关系，该法案已于 2022 年正式生效 (Swartjes et al.，2012)。

1.1.3.2 环境基准的制定与提出

在 1983 年发布的荷兰《土壤修复指南》中，荷兰政府首次提出了土壤环境标准，即A、B、C值。A值与C值分别基于土壤背景浓度和专家判断得出，当土壤中污染物浓度超过A值时则认为土壤受到污染，超过C值则需要对污染土壤进行修复。B值为A值与C值的平均值，当污染物浓度超过B值时则需要对场地进行进一步调查。1987年，荷兰政府为了和国际上采取的基于风险的标准看齐，开始通过风险评估和毒理学信息来评估和调整A、B、C值。1989年，荷兰住房、空间规划和环境部（VROM）发布了《风险管理前提》，奠定了基于风险建立环境标准的基础。1994年，VROM在《土壤保护法》中正式提出了基于风险的目标值与第一批次共70种化学物质的干预值。目标值是基于污染物对生态系统的潜在风险推导出的，干预值则同时考虑对人体健康与生态系统的潜在风险。荷兰国家公共卫生及环境研究院（RIVM）选择严重人体风险浓度（serious risk concentration for human，SRC_{human}）与严重生态风险浓度（serious risk concentration for ecological，SRC_{eco}）的最小值作为严重风险浓度（SRC）（Swartjes，1999）。但当二者中的最小值存在较大不确定性时，选择不确定性较小的数值作为SRC。RIVM制定SRC的过程是干预值正式发布的科学阶段，荷兰土壤保护委员会（TCB）与荷兰卫生理事会将对RIVM推导出的SRC进行审查，在考虑政策问题之后才能将其作为干预值加以执行。SRC_{human}是指在带花园的住宅情景下人体暴露量等于人体毒理学最大允许限值（human-toxicological maximum permissible risk，MPR_{human}）时的土壤污染物浓度，在科学意义上等同于我国基于人体健康的土壤环境基准。干预值是通用的土壤质量标准，将1987年之前污染的土壤界定为严重污染土壤，如果大于$25m^3$的土壤中污染物浓度超过干预值，则土壤处于严重污染状态。此时，原则上需要对污染土壤进行修复，但首先需要根据土壤污染物浓度超过干预值的程度确定修复紧急性。根据荷兰《土壤保护法》，土壤中污染物浓度超过干预值时可能会对人体健康或生态系统产生潜在风险，但对人体健康影响的潜在风险仍然未知，因而还需要进一步调查。当污染物浓度未超过干预值时，则需要对土地进行可持续管理。1997年和1999年，荷兰《土壤保护法》纳入了第2、第3、第4批次化学物质的土壤环境标准。RIVM对第2、第3、第4批次的化学物质提出了干预值建议，但荷兰政府并未给化学物质全部制定干预值，而是给部分物质提出了严重污染指示水平（indicative levels for severe contamination）。这是因为部分化学物质还没有可用的标准化测量方法和分析法规，或是RIVM推导这些物质的建议干预值时所采用的科学生态毒理学数据很少。自干预值公布以来，荷兰污染土壤管理政策已经发生改变，科学数据也在不断更新，因此，为基于最新的政策与科学依据制定干预值，1999年荷兰环境评估局委托RIVM开展了“土壤污染干预值技术评估”项目。

2001年，根据该项目的结果，RIVM发布了一系列关于评估CSOIL模型与MPR_{human}的报告，并提出了第1批次化学物质经评估后的干预值建议。2006年，荷兰以土壤背景值取代目标值。土壤背景值是根据未污染的自然和农业土壤中化学物质的含量确定的。当土壤中化学物质的浓度低于背景值，则土壤是未受污染且可持续利用的，适合于任何用地类型。背景值与健康风险没有科学关系，但在背景值浓度以下，土壤污染物产生的健康风险是可以忽略的，并能够保证食品的安全生产。2012年，RIVM对第2、第3、第4批次中16种优先控制化学物质的干预值进行评估，并提出了干预值建议。2013年，荷兰政府对部分干预值进行了更新。由于土壤管理政策的转变，1999年，RIVM根据风险评估方法确定了8种金属、PAHs及DDT等难迁移污染物的特定土地用途的修复目标（soil-use-specific remediation objectives，SRO）。由于2008年《土壤质量法令》的生效，SRO被背景值和最大值代替。《土壤质量法令》中引入了可持续管理原则并纳入了针对不同土地用途制定的通用最大值（generic maximal values，GMV）。GMV包括居住用地最大值以及工业用地最大值，其用途是管理土壤的再利用、改善污染土壤质量以及设定特定土地用途的修复目标。如果土壤中污染物的浓度高于工业用地最大值，则该土地不适合再利用。原则上，荷兰地方政府可以使用GMV对轻度污染土壤的再利用进行评估，并作为表层污染土壤的修复目标。但当受到轻度污染的土壤范围较大，或当地土壤的背景浓度高于全国范围的背景浓度时，GMV并不适用，此时地方政府可以自行制定地方最大值（local maximal values，LMV）。

LMV的用途与背景值和GMV相同。如果地方政府制定了LMV，则LMV将取代住宅和工业用地的通用最大值。在确定LMV时，可以对用地方式进行更详细的划分，而不是仅考虑住宅和工业用地LMV的保护级别。保护级别有3种选择：a. 保护水平以及土壤污染物浓度均严于GMV；b. 保护水平与GMV的保护水平一致，但由于可将生物可利用性纳入考虑而导致污染物限值更为宽松；c. 保护水平低于GMV的保护水平且土壤污染物限值更宽松。GMV和LMV应确保在相应用地类型下土壤是可持续利用的，重点是保护人体健康以及防止对生态系统的结构和功能产生不良影响。GMV或LMV均是以参考值（reference values，RV）为基础制定的。GMV是VROM根据RIVM推导出的RV而制定的。根据标准制定和土壤质量评估小组（NOBO）的要求，RIVM于2006年正式发布参考值。RV是与用地类型相关的土壤中允许的污染物浓度，当土壤中污染物浓度低于相应用地类型下的RV时，该土地将满足此种用地方式下的所有要求。推导RV时，对所有土地利用方式都需要考虑人体健康风险和生态风险。RV仅适用于难迁移污染物，挥发性物质没有推导出RV，这是因为对于挥发性污染物，其他一些因素如地下水位深度、建筑物类型等对RV推导的影响比土地利用方式的影响更大。此外，挥发性物质向地下水的扩散也很重要，但这些还没有包括在RV的推导过程中。RV是RIVM根据科学的程序提出的数值，最大值是具有法律效力的标准。通常最大值与参考值是相等的，但出于政策考虑，部分化合物的参考值与最大值存在一定差异。例如，其他绿地、建筑、基础设施和工业用地下土壤中铅的参考值为510mg/kg，鉴于该值与铅的干预值（530mg/kg）差异很小，因此基于政策考虑确定其最大值为530mg/kg。Ba、Be、Cu等基于科学计算的参考值与最大值也存在差异。

由于不同土壤环境标准所代表的风险水平以及不同用地方式下所允许的污染物浓度存在差异，因此不同土壤环境标准所代表的土壤污染物浓度也有区别。背景值是基于测量的土壤污染物浓度得出的，并未采取基于风险的方法，因此背景值所代表的污染物浓度是一个固定的数值。最大值与土地利用方式相关，由于居住用地最大值与工业用地最大值已经阐明了土地利用方式，因而这两个通用的最大值所代表的土壤污染物浓度也是固定的，GMV的浓度范围必须在背景值与干预值之间。LMV适用的土地利用方式由地方政府自行确定，因此LMV代表的土壤污染物浓度并不固定，浓度范围通常也在背景值与干预值之间，特殊情况下 LMV 可以高于干预值。干预值是基于带花园的住宅这一确定的土地利用方式推导出的，因此干预值代表的土壤污染物浓度通常是确定的，在特定情况下 LMV 和工业用地最大值代表的污染物浓度可以高于修复标准中的污染物浓度，例如非敏感用地所对应的 LMV 或工业用地最大值可能高于敏感用地的修复标准。

荷兰于 2008 年重新修订了《土壤质量法令》，首次提出了可持续土壤治理概念。通过计算土壤污染对食品安全、生态风险和人体健康的环境风险限值构建土壤质量标准，包括背景值、最大值（maximal values，MV）和干预值（intervention values，IV）。其中，居住和工业用地的土壤 MV 和 IV 取生态风险限值和人体健康限值的最小值，通常由生态风险限值决定，如表 1.6 所列。当土壤污染物浓度低于居住或工业用地的 MV 时，土壤被认为适用于居住或工业用地；当土壤污染物浓度超过 IV 时，应启动特定场地的标准生态风险评估（毒性单元法）和详细生态风险评估（证据权重分析法），判断开展修复的紧迫性；当土壤污染物浓度介于两者之间时，土壤不可被开发利用。

表 1.6　荷兰土壤生态筛选值的接触途径、推导方法以及有效性因子

荷兰土壤生态筛选值（MV、IV）	
土壤直接接触途径	植物、无脊椎动物和微生物主导的生态功能
毒性数据	NOEC、EC_{10} 和 E（L）C_{50}
外推方法	物种敏感性分布（SSD）法、评估因子（AF）法和平衡分配法
筛选值确定	MV：HC_5 和 HC_{50} 的几何均值（约 HC_{20}） IV：HC_{50}
背景含量	风险添加法
土壤理化性质（生物有效性因子）	有机物：E（L）C_{sta}=E（L）C×3.4/SOM； $NOEC_{sta}$=NOEC×3.4/SOM 重金属：不建议根据土壤理化性质归一化

注：HC_5 为生态系统中 5%物种的危害浓度，HC_{50} 为生态系统中 50%物种的危害浓度，HC_{20} 为生态系统中 20%物种的危害浓度，NOEC 为无观察效应浓度，EC_{10} 为 10%效应浓度，EC_{50} 为半数效应浓度，LC_{50} 为半致死浓度，E（L）C_{sta} 为标准条件下的 EC/LC 值，$NOEC_{sta}$ 为标准条件下的 NOEC，SOM 为土壤有机质。

1.1.4　英国

1.1.4.1　发展历程以及研究现状

英国对土壤环境浓度标准的研究可以追溯至 20 世纪 80 年代，通过英国污染土地再开发利用部门间委员会（the United Kingdom Interdepartmental Committee for Redevelopment of Contaminated Land，ICRCL）研究受污染土地的理化性质，英国政府给出了 17 种污染物的土壤触发值（trigger concentration），并规定如果超出触发值，则需要对污染土地进行深层次的调研，该指标也被用于指导城市污染土地的再开发利用工作。随着土壤触发值的发布、应用与修正，1990 年，英国下议院环境审计委员会提出应建立一套更广泛的、科学的技术导则，覆盖人体健康风险评估的不同方面，提升专业标准的制定水平。由于关于污染土地识别和修复的相关法律已经确立，因此土壤指导值的推算迫切需要设立评估污染土壤生态风险的筛选标准。英国环境署（Environment Agency，EA）组织相关人员对人体健康风险评估法及生态风险评估法进行了多年研究，最终于2002年开发了基于人体健康风险评估的污染场地暴露评估（contaminated land exposure assessment，CLEA）模型，用于指导土壤指导值的推算。其发展意味着英国的环境、食品和农村事务部及环境署已经制定了正确的土壤环境指导准则，可以继续发展指导值并将其用于维护生态系统的稳定。

2004年，英国环境署发布了《用于英国生态风险评估的土壤筛选值》（Soil Screening Values for Use in UK Ecological Risk Assessment），首次提出了土壤筛选值（SSVs）的概念，此时对筛选值的定义为土壤中污染物的浓度限值，超过这个浓度限值的土壤需要进一步的风险评估。

2008年，英国环境署又发布了《土壤污染物的生态风险评估框架》（An Ecological Risk Assessment Framework for Contaminants in Soil），对生态风险评估（ERA）框架进行了完善。2008年，《废弃物框架指令》（Waste Framework Directive）（2008/98/EC）确定了废弃物的判定标准。

2009年，英国环境署发布了《CLEA模型技术背景文件更新版》，建立了土壤指导值制定的概念模型，并以某一暴露途径下源于土壤的平均每日暴露量等于该暴露途径下的健康基准值时的土壤污染物浓度作为该暴露途径下污染物的土壤指导值，其中健康基准值可以反映人对污染物的最大承受阈值，是土壤指导值推算过程中必不可少的一个参数。

2010年，英国环境署根据《环境许可条例》（Environmental Permitting Regulations）规定了废弃物的土地回收率限值。这些条例在保护潜在的农业和经济利益的同时关注了广泛的健康和环境风险问题。

2017年，英国环境署发布了《用于生态风险评估的土壤筛选值的推导和使用》（Derivation and Use of Soil Screening Values for Assessing Ecological Risks），对SSVs进行了更新，结合实际案例，列出SSVs在回收废弃物和废弃物产生的物料重新利用到土地上的技术评估方面的用途，并考虑到国际上评估和表征污染物陆地生态毒性方法的最新进展，扩大应用SSVs的化学物质的覆盖范围。经过多年的研究及发展，土壤筛选值SSVs已经成为了英国现行的ERA框架下较为成熟的生态风险评估标准。

1.1.4.2 环境基准的制定与提出

SSVs是英国生态风险评估（ERA）框架中的一部分，作为现场调查的筛选工具（第一层次），用来筛选关注污染物，确定是否开展定量风险评估（第二层次）和因果归因分析（第三层次）（葛峰 等，2021）。在某些情况下，它们可以作为评估和评价土壤生物和野生动物风险的分层生态框架的一部分。SSVs并不代表土壤中化学物质的最大允许限度，仅表明超过这一水平的土壤浓度可能对人体健康和野生动物构成不可接受的风险。SSVs为英国环境署的生态风险评估和审查建议了一种用来确定土壤筛选值的方法（EA，2008）。

SSVs的推导依据一系列生态毒性数据，采用生态毒理学方法研究化学物质对土壤中生物体的影响，目的是保护生态系统的结构和功能，通常是通过评估对选定试验生物体的一个或多个物种的影响，并根据所获得的（无）效应浓度推导达到威胁生态系统种群安全的水平。在化学物质的生态毒理学风险评估中，将这些安全水平与预测或测量的暴露水平进行比较，以评估暴露的生态系统可能面临的风险。土壤生态毒理学研究化学物质对土壤环境中最重要的生物的影响，如细菌、真菌、植物和无脊椎动物（如蚯蚓）。20世纪60年代，第一批土壤生态毒理学研究揭示了杀虫剂对土壤无脊椎动物的负面影响，虽然陆地生物的现有数据通常比水生生物更有限，但近年来，由于需要了解现有和新型化学物质对环境的影响，研究的数量有所增加，范围有所扩大。生态毒理学研究方法可以大致分为以下两种：

① 预测方法，使用标准化条件下的实验室测试来获取目标生物的毒性数据和不良效应，从而得出（无）效应水平；

② 诊断方法，通过实地研究来观察对特定土壤有机体和土壤整体功能、质量的实际影响。

利用生态毒理学数据来推导SSVs需要使用一系列关键土壤生物的剂量-效应关系数据（表1.7），例如，常用的毒理学数据有LC_{50}（半致死浓度）、EC_{50}（半数效应浓度）、LC_{10}（10%致死浓度）、EC_{10}、NOEC和LOEC，其中LC_{50}和EC_{50}通常通过短期或急性毒性实验获得，而LC_{10}、EC_{10}、NOEC和LOEC值通常通过长期毒性实验获得。利用一系列生态毒理学数据可以推断一种化学物质对土壤生态系统的潜在影响。

表1.7 英国土壤筛选值的接触途径、推导方法以及有效性因子

英国土壤筛选值SSVs	
土壤直接接触途径	植物、无脊椎动物和微生物主导的生态功能
土壤和食物摄入途径	野生生物（哺乳动物和鸟类）
毒性数据	NOEC、EC_{10}和E（L）C_{50}
外推方法	物种敏感性分布（SSD）法、评估因子（AF）法
筛选值确定	$PNEC_{dt}$＝最低NOEC或EC_x/AF
背景含量	① 风险添加法（Zn和V） ② 总量法（其余污染物），SSVs不应低于土壤背景水平
土壤理化性质 （生物有效性因子）	通用SSV有机物： E（L）C_{sta}＝E（L）C×3.4/SOM； $NOEC_{sta}$＝NOEC×3.4/SOM 重金属不进行归一化 特定场地SSVs有机物： $SSVs_{特定场地}$＝$SSVs_{通用}$×SOM/3.4 重金属的$SSVs_{通用}$和毒性数据根据土壤理化性质（pH值、有机质、黏粒和效应阳离子交换量）归一

注：$PNEC_{dt}$为直接暴露中毒的预测无效应浓度。

1.1.5 澳大利亚

1.1.5.1 发展历程以及研究现状

澳大利亚以其独特的地理环境以及丰富的矿产资源，从 19 世纪 50 年代开始，吸引了大量的移民以及淘金者到本地大肆开采矿产以及耕种，使得土壤结构被破坏，并由此引发了土地盐碱化、土壤酸化、土地肥力消退，过度的放牧开垦导致了大范围的土壤流失等一系列的问题。虽然澳大利亚一直有保护环境、制定土壤法规的呼声，但土壤问题一直没有得到应有的重视，直到 1978 年联邦政府才正式发布报告并指出土壤问题的严重程度（邱荟圆 等，2020）。

1983 年澳大利亚确定了一系列土壤保护和土地重建及管理的目标，把实现这些目标作为国家的一项优先任务并制定了行动规划，为了更有效地实现这些目标，全国保护战略要求按问题制定专门的土壤保护战略，并于 1989 年正式公布了《澳大利亚全国土壤保护战略》（Australia's National Soil Conservation Strategy）。

1999 年澳大利亚政府发表了《1999 年国家环境保护（场地污染评估）措施》[National Soil Conservation Strategy Environmental Protection（Assessment of Site Contamination）Measure]，并指出每隔十年就要修订该方案。

2006 年澳大利亚政府联合各机构对《1999 年国家环境保护（场地污染评估）措施》（NEPM）进行了审核并提出了 27 条修改性建议。

2009 年 10 月澳大利亚政府及各机构与 NEPM 变更小组在会议上通过了提议的生态调查值（ecological investigation levels，EILs）推导方法，并将该方法作为 NEPM 修订版的一部分，征询公众意见。

2013 年澳大利亚政府根据《1994 年国家环境保护委员会法（联邦）》[National Environment Protection Council Act 1994（Cwlth)] 第 14（1）条（d）段所述事项及其他各环境保护法案，对《1999 年国家环境保护（场地污染评估）措施》重新进行了修订和汇编，出台了《2013 年国家环境保护（场地污染评估）修正案》[National Environment Protection（Assessment of Site Contamination）Amendment Measure 2013]。

1.1.5.2 环境基准的制定与提出

澳大利亚基于保护生态的土壤生态调查值 EILs 的数据必须是外源添加到土壤中以引起毒性的污染物含量，不可使用野外污染土壤的生物毒性数据。当使用这些毒性数据时，结果值称为添加污染物水平（added contaminant level，ACL)。由于土壤中某些元素本身存在背景值，澳大利亚在制定土壤 EILs 的时候考虑了土壤背景值的因素，在 ACL 中加入一个被调查土壤的环境背景值（ambient background concentration，ABC）来计算 EILs。

澳大利亚使用了包含土壤理化性质（pH 值、阳离子交换量和黏土含量）的多元模型计算特定土壤的 ACL。在这种方法中，不同理化性质的土壤具有不同的污染物 EILs，而不是每种污染物只有一个通用的 EILs 值，即每种污染物的 EILs 值不唯一。

ACL适用于三价铬［Cr(Ⅲ)］、铜（Cu）、镍（Ni）和锌（Zn），可用于特定土壤的EILs测定。由于澳大利亚没有足够的数据和相关模型支撑推导砷（As）、滴滴涕、铅（Pb）和萘的特定区域土壤的ACL，As、滴滴涕、Pb和萘的EILs为唯一的土壤通用值。由于土壤的异质性，澳大利亚采用了数据归一化的方法对不同土壤的生物毒性数据进行校正，使用校正过的数据通过物种敏感性分布（SSD）法推导EILs。该国《国家环境保护措施》（National Environment Protection Measure，NEPM）中纳入了不同研究团队开发的土壤与生物毒性关系的经验模型。经验模型利用土壤的物理化学性质（例如土壤pH值和有机碳含量）预测单一污染物对单一物种的毒性。通过使用归一化关系方程表达土壤特性对毒性数据的影响，以此来使毒性数据反映实验物种的固有敏感性。例如导则在推导土壤中Zn的EILs时，列出了文献所报道的7种Zn毒性的经验模型（表1.8）。其中，3种经验模型与植物有关、2种与微生物功能有关、2种与土壤无脊椎动物有关。该导则中的Zn利用不同归一化方程表征土壤理化性质对生物毒性数据的影响，所得到的毒性数据可反映实验物种的内在敏感性。Zn对不同生物物种的生物毒性数据按照表1.8的经验模型被归一到澳大利亚标准土壤的生物毒性数据中，澳大利亚规定本国的标准土壤理化参数如表1.9所列。

表1.8 Zn对土壤无脊椎动物、土壤过程和植物毒性的归一化模型

生物物种/土壤微生物过程		
赤子爱胜蚓（*E. fetida*）	$lgEC_{50}$	0.79×lg CEC
跳虫（*F. candida*）	$lgEC_{50}$	1.14×lg CEC
潜在硝化速率（PNR）	$lgEC_{50}$	0.15×pH
底物诱导效应（SIN）	$lgEC_{50}$	0.34×pH+0.93
小麦（*T. aestivu*）	$lgEC_{10}$	0.14×pH+0.89×lg OC+1.67
	$lgEC_{10}$	0.271×pH+0.702×CEC+0.477
	$lgEC_{50}$	0.12×pH+0.89×lg CEC+1.1

注：CEC为阳离子交换量，DC为有机碳含量。

表1.9 澳大利亚标准土壤理化参数

土壤理化性质	参数	土壤理化性质	参数
土壤酸碱度	6	阳离子交换量（CEC）/(cmol/kg)	10
黏粒含量/%	10	有机碳/%	1

澳大利亚为3种用地方式设置开发了EILs：具有生态价值的地区、城市住宅区和公共区域以及商业和工业用地。EILs不适用于农用地土壤，农用地土壤需要评估污染物对植物的毒性、植物污染物吸收富集和土壤类型等因素。一般土地使用设置的保护级别为：具有生态价值的地区物种保护水平为99%；城市住宅区和公共开放空间物种保护水平为80%；商业和工业用地的物种保护水平为60%。当污染物存在生物放大效应时，保护水平将相应增加5%。EILs在土壤中的适用深度为地面以下2m，地面以下

2m 为大多数生物物种的根系区和生物居住区。干旱地区的生物物种的根渗透率可能更大，具体考虑可能应用到地面以下 3m。

1.2 我国环境基准研究进展

1.2.1 我国水环境基准研究概述

水环境质量基准，简称水环境基准或水质基准，是指为保护水环境的特定用途，对水体中某物质存在水平的客观定量或定性限制；通常表述为水环境中某物质对特定对象不产生有害影响的最大剂量（或无作用剂量）或浓度，主要考虑自然生态特征，并主要基于毒理学及污染生态学实验的客观记录和科学推论，是制定水环境质量标准的科学依据，不具有法律效力。水环境质量标准是以水质基准为依据，在考虑自然环境和国家或地区的社会、经济、技术等因素的基础上，经过综合分析制定的，由国家相关管理部门颁布的具有法律效力的限值或限制，是进行环境评价、环境监控等环境管理的执法依据，具有法律强制性。水质基准和水质标准共同组成了水环境管理的重要尺度（刘征涛，2020）。

我国水环境基准的研究与发展应紧密结合国家水环境保护的重大需求，在充分借鉴国际水环境基准研究最新成果和先进经验的基础上，综合集成我国环境毒理学、污染生态学、环境化学与生物学以及预防医学和风险评估等科研成果，全面开展我国水环境（海洋、河口海岸、河流、湖库、地下水等）中本土生物区系及污染物特征调查研究，创新水环境基准理论方法与技术，建立水环境优控污染物名录，提出本土受试生物清单，确立相关毒理学及生态学基准指标测试与质控技术规范等，构建水环境基准基础数据库，完善我国基准/标准政策、法规保障体系，建立水环境基准/标准体系创新机制，为我国水环境保护与管理提供科学支撑。

环境与生态毒理学效应研究是水质基准研究的基础。新中国成立以来，我国学者陆续进行了水环境生态毒理学及相关污染物生态效应的研究。从 20 世纪 60 年代初开始，有关学者开展了污染物对大型溞、鱼卵、鱼苗的毒理学实验研究。70 年代以来是我国水环境生态毒理学发展的重要时期。1972 年我国参加了在瑞典斯德哥尔摩召开的第一次联合国人类环境会议；1973 年我国召开了第一届全国环境保护会议，成立了国务院环境保护领导小组，标志着我国环境保护事业的正式启动。80 年代以来，我国相继建立了环境与生态毒理学相关研究团队。1981 年，国内有关学者翻译出版了《水质评价标准》（美国水质基准《红皮书》），首次将国外水环境基准技术体系文件引入国内；1982 年成立了环境保护局；1983 年首次发布了《地面水环境质量标准》，是我国第一个水环境质量标准；1986 年国内学者翻译了《淡水鱼类的水质标准》（英国）一书，对英国水环境基准研究进行了介绍。20 世纪 90 年代后，相关学者翻译编著出版了《水质标准手册》，介绍了美国制定水质基准体系中有关水生生物基准的原则方法等，并采用 US EPA 的相关方法探讨了丙烯腈、硫氰酸钠等污染物的水生生物基准推导。直至 21 世纪初，我国的水环境基准研究基本以学者零散的技术介绍性探讨为主，尚未开展国家层面的系统性水环境基准技术方法体系的研发。

21 世纪以前，我国部分学者主要在介绍国外发达国家水质基准技术方法的基础上，较零散地开展了对一些典型污染物水质基准阈值的研究尝试。由于前期国内水质基准研究的系统性与科学性都较有限，尚无法对我国水质标准制修订提供管理应用上的支持。鉴于我国严峻的水环境污染态势及水质基准/标准在水环境管理中的重要作用，“十一五”以来，我国陆续在国家重大科技水专项、“973”计划以及环保公益性行业科研专项中设置了基准相关的科研项目，启动了国家层面上系统的流域水环境质量基准方法体系的研究，经过国内优势科研院所及大专院校的不懈努力，在水质基准的方法体系框架、支撑技术平台、本土物种筛选、基准方法及阈值研究等诸多方面取得了显著进展，基本建立了涵盖水生生物基准、人体健康水质基准、水生态学基准、营养物基准和沉积物质量基准的我国水环境质量基准的技术方法体系（图 1.1），为进一步发展并完善建立具有我国特色的水环境质量基准/标准体系奠定了良好的基础。

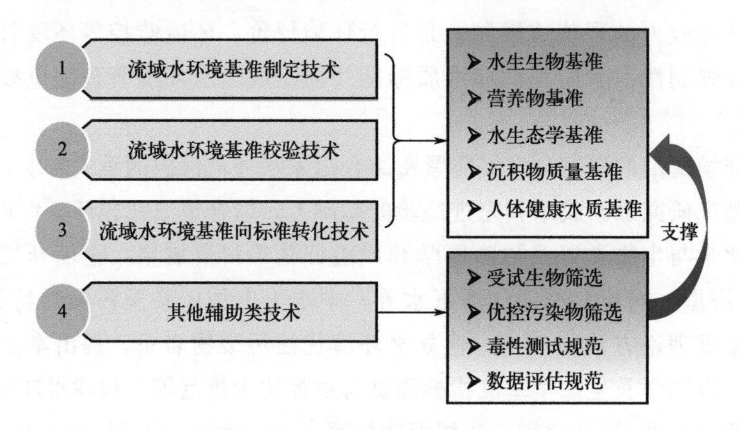

图 1.1 流域水环境基准技术体系

1.2.1.1 水生生物基准

水生生物基准是指水环境中的污染物或有害因素对水生生物及其用途不产生有害影响的最大浓度或水平（生态环境部，2022）。水环境质量水生生物基准值的计算推导技术包括毒理学数据分析、基准值推导、基准值校正与验证等过程。水质基准的推导与制定是一个复杂的过程，涉及生态毒理学与污染生态学的许多方面，包括目标物质对本土代表性水生生物的毒性效应数据，以及生物累积与生物降解代谢等污染生态效应的相关资料。保护水生生物的水质基准具有明显的区域性。区域环境差异包括水体的理化性质（温度、溶解氧、pH 值、硬度和有机质等）、水生生物群落结构、特征物质、水体污染程度以及物质的环境地球化学特性等。世界各国保护水生生物的水质基准是在各自国家或区域环境特征和自然背景基础上建立的，水质环境质量基准在保护特定水体功能或生物体时都限定在一定的环境条件内。水环境条件不同，水体理化性质、生物多样性和气候因素等就会不同，这些都会影响到水质基准对生态系统的保护效果。近年来，我国围绕水生生物基准开展了系列研究，筛选确定了我国水质基准受试生物，提出了我国

"3门6科"最少毒性数据需求原则，建立了我国水质基准生态毒性数据质量评估方法以及"生物效应比"水质基准外推技术，对水质参数对污染物毒性或生物有效性的影响也进行了系列研究，提出了一批符合我国流域水环境特征的污染物水质基准阈值，促进了我国水质基准发展（吴丰昌，2012；王晓南 等，2014）。

2017年，环境保护部发布了《淡水水生生物水质基准制定技术指南》（HJ 831—2017），2020年，生态环境部发布了《淡水水生生物水质基准—镉》（2020年版）（生态环境部公告2020年第11号）、《淡水水生生物水质基准—氨氮》（2020年版）（生态环境部公告2020年第24号）和《淡水水生生物水质基准—苯酚》（2020年版）（生态环境部公告2020年第70号），我国生态环境基准研究和研制工作取得了突破性进展。2022年生态环境部组织修订了《淡水水生生物水质基准制定技术指南》（HJ 831—2017）。新的指南［《淡水生物水质基准推导技术指南》（HJ 831—2022)］细化了基准制定工作程序，补充了毒性数据的预处理方法，调整了应用的SSD拟合模型种类，优化了基准审核和基准应用内容，细化了技术报告大纲框架，可更好地指导淡水生物水质基准的推导工作。

1.2.1.2 人体健康水质基准

人体健康水质基准是只考虑饮水和（或）食用水产品暴露途径时，以保护人体健康为目的的水质基准（环境保护部，2017a）。人体健康水质标准是国家法律规定，基于水体的指定用途［饮水和（或）食用水产品］计算人体健康水质基准。人体健康水质基准以保护人体健康或福利，改善水体质量为服务目标。保护人体健康作为水环境质量基准的核心内容之一，已成为世界各国水环境基准研究的重中之重。

与发达国家相比，我国保护人体健康水环境质量基准研究起步较晚，最初是对国外资料的收集和整理工作，以及对国外水质基准推导方法的一些论述。2017年环境保护部发布了《人体健康水质基准制定技术指南》（HJ 837—2017），为我国人体健康水质基准的构建提供了技术指导。保护人体健康水质基准考虑了人群摄入水产品以及饮水带来的健康影响，保护人体健康免受致癌物和非致癌物的毒性作用。对于已证实的致癌物，需估算本地人群致癌概率的增量；对于非致癌物，估算不对人体健康产生有害影响的污染物水环境浓度。致癌物的数值基准主要基于暴露、致癌潜力以及风险水平的判断评估。非致癌物的水质基准基于污染物对人体的健康毒性效应，根据调查实验的参考剂量和推荐的暴露模型计算推导获得。其中参考剂量值可采用动物毒性实验结果，再经安全系数校正得出。目前，我国人体健康水质基准的研究还处于起步阶段，人体健康的水质基准具有明显的区域性，基准的制定应以我国生物区系和人群特征为基础，从综合暴露评价、生物累积评价和健康风险评价3个方面多因素集成，结合本土暴露参数研究，根据地域特点和区域污染控制的需要，构建符合我国国情的人体健康水质基准制定技术方法（陈艳卿 等，2014；US EPA，2000a）。

1.2.1.3 营养物基准

营养物是水生生物生长、维持水生态系统正常功能的主要物质基础，但营养负荷过大会导致水生杂草和藻类的过度生长，引起溶解氧损耗，并可能导致鱼类、无脊椎动物等水生生物的死亡，破坏水生态系统平衡。水环境质量的营养物基准这一概念是基于营养物在湖泊、水库、河流和湿地等水体中的变化产生生态负效应危及水体功能或用途而提出的，水质营养物基准是指对水生态系统不产生危及其功能或用途的水中营养物浓度或水平，可以体现受到人类开发活动影响程度最小的地表水体富营养化情况，实践中主要指不产生地表水体中浮游藻类生物过量生长的“水华”现象而导致危害该水生态系统结构或功能的水体中营养物质的安全阈值（环境保护部，2017b）。一般氮和磷是水体富营养化的最主要因素，并且是营养物基准的主要变量，但是生物反应变量在说明水体富营养化的结果时也十分重要。从科学角度来说，营养物基准旨在涵盖原因变量和反应变量（如氮或磷的浓度）以及水生群落反应参数，如藻类生物量、叶绿素 a 及透明度等参数指标。

营养物基准不是毒理学基准而是生态学基准，不能利用实验室模拟研究的毒性剂量-响应效应关系来推断，因为氮磷等营养物本身在较低的环境浓度下不会直接对水生生物和人体产生毒害作用（Lamon et al.，2008）。营养物过度排放导致藻类的过度繁殖及其代谢产物大量产生是最终导致水生生物大量死亡、严重破坏水生态系统和水体使用功能的主因。因此，在大量野外观察数据分析的基础上通过统计学分析制定的营养物基准更具说明性和科学性（US EPA，2000b）。目前一些发达国家已经开展了营养物基准研究工作，初步形成了营养物基准研究体系。我国湖泊营养物基准研究初期主要是借鉴和参考发达国家的经验，重点对湖泊营养物基准指标的选取原则和参照状态的制定方法进行了系统分析，阐述了各个方法在我国湖泊营养物基准制定中的可行性和适用性（霍守亮 等，2009）。2008 年开始我国在湖泊营养物基准方面开展了大量的研究工作，并获得了系列研究成果，建立了以统计学方法为主，综合考虑历史反演法和模型推断法的不同分区营养物基准制定技术方法。2017 年，环境保护部发布了《湖泊营养物基准制定技术指南》（HJ 838—2017），2020 年，生态环境部发布了《湖泊营养物基准——中东部湖区（总磷、总氮、叶绿素 a）》（2020 年版）（生态环境部公告 2020 年第 77 号），我国营养物基准研究工作取得了突破性进展。

1.2.1.4 沉积物质量基准

沉积物质量基准（sediment quality criteria，SQC）是沉积物中的污染物不对底栖生物及其生态功能产生危害的最大允许浓度。水体沉积物质量基准制定的目标是保护水体中具有生物分类学意义、对群落结构稳定有较大作用或有一定经济价值的底栖生物免受沉积物中污染物的危害，并确保沉积物中污染物的生物累积或食物链迁移效应不会危害生态区系的各个营养级生物及水体的功能。水体沉积物既是污染物的汇，又是对水质具有潜在影响的污染源，因此建立切实可行的沉积物质量基准十分重要，是对沉积物污染进行科学评价和有效治理的前提（Chapman and Mann，1999；祝凌燕 等，2009）。

与美国等发达国家相比，我国的沉积物质量基准研究起步较晚，研究水平还有一定差距。我国目前除了针对海洋沉积物环境质量出台了一些环境质量标准之外，对于河流、湖泊等淡水沉积物环境质量尚无相应标准。之前，我国研究者在开展淡水及海洋沉积物质量评价和风险评估研究时，只能直接采用国外的沉积物质量基准数据。由于我国与其他国家的环境状况、污染特征、生物区系都不尽相同，直接照搬外国的基准，给我国的相关科学研究和环境保护工作带来了很多不确定性（Zhang et al.，2012；Huo et al.，2015）。

近年来，随着水质基准研究在我国逐渐受到重视，国内有关沉积物质量基准的研究也越来越多，取得了一定的研究进展和丰富的研究成果。国内学者研究推导了重金属和非离子有机污染物的沉积物质量基准，并应用于沉积物毒性识别和风险评价中（祝凌燕等，2009）。目前沉积物质量基准制定方法主要包括生物效应（BED）法、相平衡分配（EqP）法、评估因子（AF）法和物种敏感性分布（SSD）法。各类方法均具有其优缺点，其中物种敏感度分布法也是我国《淡水生物水质基准推导技术指南》（HJ 831—2022）推荐采用的水质基准推导方法。随着沉积物毒性测试方法的不断发展和标准化，沉积物中污染物对底栖生物的毒性数据不断增加，应用物种敏感度分布法推导沉积物质量基准成为可能，并受到广泛的关注和研究（Simpson et al.，2011；Campana et al.，2013）。SSD以保护95%的底栖生物为目标，根据沉积物中污染物对底栖生物的毒性，利用污染物效应浓度与受影响生物物种累积概率之间的关系曲线推算沉积物质量基准。相对于其他方法，SSD更加充分地利用了收集到的所有毒性数据，采用了更加精确的数理统计方法，因而科学性更强。

1.2.1.5 水生态学基准

水生态学基准是指维持水生态系统中种群、群落及系统等生物组成的结构平衡合理、生态学功能完整安全所需要的某种污染物浓度或相关生态学指标的限制阈值。水生态学基准可用文字或数值进行表述，并采用水生生物群落组成、生物多样性等指标，主要描述水生生物的生态学完整性及健康良好状态（US EPA，1996）。水环境生态学标准则是以基准为依据，在考虑自然条件和国家或地区的社会、经济、技术等因素的基础上，经过一定的综合分析后制定的对于不同指定用途水体具有法律效力（一般具有法律强制性）的限值（US EPA，1996）。

与发达国家相比，我国水生态学基准标准研究起步较晚，最初仅是对国外资料的收集和整理工作，以及对国外水生态学基准标准研究的零星论述。近年来，围绕水生态学基准开展了相关研究，逐步提出了适用于我国的生态学基准制定技术方法，将参照状态法、综合指数法、频数分布法及压力-响应关系法等主流的水质基准计算方法结合，形成了适合我国水体的生态学基准制定方法。考虑到我国各流域和生态分区的污染状况及数据资料量各异，该方法包含基于生态完整性的压力-响应法和频数分布法，并基于此方法提出多项水生态学基准建议值，是我国水质基准领域中的一项重要突破。

1.2.2 我国土壤环境基准研究概述

土壤环境基准是土壤环境标准制修订的科学依据，同时也是环境质量评价、环境风险控制及整个环境管理体系的科学基础，是国家环境保护和环境管理的基石与根本。土壤环境基准是指土壤环境中的污染物对生态安全、人体健康和食用农产品质量安全等保护对象不产生有害效应的最大浓度或水平（骆永明 等，2015）。不同于土壤环境质量标准的管理性需求，土壤环境基准属于基础科学范畴，不过多考虑社会、经济和技术等因素的影响，不具有法律约束力，仅作为一般性指导，是环境科学、生态学、毒理学和流行病学等多个学科成果的集成，包括环境容量理论、基准分配理论、剂量-效应理论以及暴露与风险理论等。土壤环境质量标准是以保护人体健康和生态安全为目标，对土壤中的污染物容许量所作的规定，是土壤污染防治的依据。土壤环境质量标准以土壤环境质量基准为基础，在考虑自然条件和国家或地区的社会、经济、技术等因素的基础上，经过综合分析后制定，由国家管理机关颁布实施（葛峰 等，2021；周启星，2010）。

我国从“六五”“七五”期间就组织开展了“土壤背景值”和“土壤环境容量”的调查工作，基于生态环境效应开展一些污染物的土壤环境基准研究（骆永明，2016；宋静 等，2016）。1995 年，我国发布了《土壤环境质量标准》（GB 15618—1995），该标准是在十几个全国代表性土壤的土壤环境基准值的基础上获得的，主要适用于农田土壤环境保护。从 2006 年起，我国开始了以农产品安全阈值研究为主的土壤环境基准研究工作。借鉴欧美国家土壤环境基准研究的方法和成果，2014 年我国出台了一系列污染场地风险评估技术导则，用于指导污染场地风险筛选值制定。在“国家环境基准管理项目”的推动下，《生态安全土壤环境基准制定技术指南》（征求意见稿）、《人体健康土壤环境基准制定技术指南》（征求意见稿）、《农产品安全土壤环境基准制定技术指南》（征求意见稿）3 份技术文件公开征求意见。指南文件要求基于不同保护目标的风险评估方法进行基准推导，包括保护土壤环境因子暴露下的人体健康、土壤生态系统安全、农产品质量与地下水安全等，对于保护水平也尝试作出规定。虽然 3 份文件最终没有发布，但是为我国土壤环境基准研究工作提供了借鉴。2018 年生态环境部发布了《土壤环境质量　建设用地土壤污染风险管控标准（试行）》（GB 36600—2018）和《土壤环境质量　农用地土壤污染风险管控标准（试行）》（GB 15618—2018），对加强土壤环境管理水平具有重要意义（龙涛 等，2023）。

1.2.2.1 保护人体健康的土壤环境基准

保护人体健康，作为土壤环境基准的核心内容之一，已成为世界各国土壤环境基准研究的首要考虑对象。人体健康土壤环境基准值是以人体健康风险评估过程中致癌及非致癌终点的最小值进行定值的，所获得的基准值是一个纯科学性的值。相比之下，标准值则是以土壤环境基准为依据，并综合考虑社会、经济和技术等因素进行定值，具有一定的社会性（CCME，2006；马瑾，2021）。

目前国际上人体健康土壤环境基准制定方法学基本一致，方法学的核心是人体健康风险评估。人体健康风险评估法的主要原理是美国国家科学院提出的环境健康风险评价理念，包括危险识别、毒性分析、暴露评估、风险评价。根据可接受的风险水平，非致癌物质采用总风险商（hazard quotient，HQ）$\leqslant 1$，致癌物质采用总致癌风险$<10^{-6}$或10^{-5}，并结合暴露模型来反演土壤中的污染物临界含量。对于非致癌性污染物，以每日允许摄入剂量（tolerable daily intake，TDI）作为制定保护人体健康的土壤环境质量标准的起点或基准；对于致癌性污染物，以可接受致癌概率水平下的每日摄入剂量

（acceptable risk dose，ARD）作为保护人体健康的土壤环境质量标准的制定起点或基准。《土壤环境质量 建设用地土壤污染风险管控标准（试行）》（GB 36600—2018）即以人体健康为保护目标，规定了保护人体健康的建设用地土壤污染风险筛选值和管制值。由于各国或地区在不同暴露场景下的默认暴露途径、暴露评估和污染物迁移模型、人体暴露参数等并不完全相同，在制定基准时要考虑模型、参数等的本土适用性。

1.2.2.2 保护生态安全的土壤环境基准

污染土壤中的有毒有害物质，除了经各暴露途径危害人体健康外，另一显著的负面效应就是对陆地土壤生态系统产生毒害效应。随着土壤中污染物含量水平的变化，毒害效应可表现为对生态系统结构和功能的生物性与非生物性破坏，也可能是对生态物种的慢性毒害过程。保护生态安全的土壤环境基准，又可称为土壤生态基准，旨在保护土壤中或与土壤相关的植物、土壤无脊椎动物、土壤微生物活性或代谢过程等不会因暴露于土壤污染中而产生显著风险（王国庆 等，2005；Jensen et al.，2006）。通过对生物个体进行生态毒性效应测试并建立剂量-效应关系，根据污染物的既定影响程度，利用科学的方法反推出基于生态风险的土壤环境基准。当前，国内外土壤环境基准的外推方法主要包括物种敏感性分布（SSD）法 、评估因子（AF）法和平衡分配法（冯承莲 等，2015）。当污染物的生态毒性数据丰富时，一般选用 SSD。当毒性数据较少时，可选择评估因子法确定土壤环境基准，评估因子根据毒性数据生物营养级和数量来确定。当缺少污染物的陆生毒性数据时，可考虑采用平衡分配法外推得到土壤环境基准。与发达国家相比，我国土壤环境基准研究相对滞后。自 2005 年起，我国开始围绕土壤生态安全环境基准开展系统研究，在我国的本土化暴露情景以及本土模式生物筛选等方面取得了一定成果，构建了《生态安全土壤环境基准制定技术指南》（征求意见稿）、《场地生态安全土壤环境基准制定技术指南》等技术方法，提出了一批土壤生态基准值，为我国土壤环境基准的持续深入研究奠定了基础。

1.2.2.3 农产品安全土壤环境基准

农产品安全土壤环境基准是以保障食用农产品质量安全为目的制定的土壤环境基准。农产品安全土壤环境基准需从污染物在土壤-植物系统中的迁移富集特点出发，充分考虑污染物的生物有效性和我国农田土壤性质差异及农作物类型和品种特点，结合食品安全国家标准，制定适合我国国情的土壤环境基准，以满足农产品产地土壤环境管理和安全生产的需要。我国 1995 年发布的《土壤环境质量标准》（GB 15618—1995）是基于当时的背景值和土壤环境容量调查结果，以及一些针对土壤-农作物体系、土壤-微生物体系和土壤-水体系的污染物基准研究成果制定的。之后我国才逐步开始以农产品安全阈值研究为主的土壤环境基准研究工作。目前已经开展了大量土壤-农作物系统中的重金属污染富集研究，通过室内模拟、盆栽、大田实验等调查研究重金属在农田土壤中的环境行为、植物富集程度及其影响因素，积累了大量单一污染及复合污染条件下农作物对重金属的富集系数数据和富集模型等，形成了较为成熟的研究体系（宋静 等，2019）。2018 年，《土壤环境质量 农用地土壤污染风险管控标准（试行）》（GB 15618—

2018）发布，我国农产品安全土壤环境基准研究取得突破性进展。

1.2.2.4 地下水土壤环境基准

土壤中的污染物渗入地下水，可造成地下水污染。人们如利用被污染的地下水，将危害人体健康或农业生产。因此，开展地下水土壤环境基准研究旨在保护具有饮用水功能和农业用途的地下水，以及保护与地下水交汇的地表水环境。我国地下水土壤环境基准的相关研究尚处于起步阶段，应结合国际经验和我国区域土壤特征，逐步完善方法体系。

参考文献

陈艳卿，韩梅，王红梅，等，2014. 美国水质基准方法学概论［M］. 北京：中国环境出版社.

冯承莲，赵晓丽，侯红，等，2015，中国环境基准理论与方法学研究进展及主要科学问题［J］. 生态毒理学报，10（1）：2-17.

葛峰，徐坷坷，刘爱萍，等，2021. 国外土壤环境基准研究进展及对中国的启示［J］. 土壤学报，58（2）：331-343.

环境保护部，2017a. 人体健康水质基准制定技术指南：HJ 837—2017［S］. 北京：中国环境出版社.

环境保护部，2017b. 湖泊营养物基准制定技术指南：HJ 838—2017［S］. 北京：中国环境出版社.

霍守亮，陈奇，席北斗，等，2009. 湖泊营养物基准的制定方法研究进展［J］. 生态环境学报，18（2）：743-748.

刘征涛，2020. 中国水环境质量基准方法［M］. 北京：科学出版社.

龙涛，林玉锁，陈樯，2023. 我国土壤环境基准研究的历程与展望［J］. 生态与农村环境学报，39（3）：273-281.

骆永明，2016. 土壤污染毒性、基准与风险管理［M］. 北京：科学出版社.

骆永明，夏家淇，章海波，2015. 中国土壤环境质量基准与标准制定的理论和方法［M］. 北京：科学出版社.

马瑾，2021. 世界主要发达国家土壤环境基准与标准理论方法研究［M］. 北京：科学出版社.

邱荟圆，李博，祖艳群，2020. 土壤环境基准的研究和展望［J］. 中国农学通报，36（18）：67-72.

宋静，骆永明，夏家淇，2016. 我国农用地土壤环境基准与标准制定研究［J］. 环境保护科学，42（4）：29-35

宋静，许根焰，骆永明，等，2019. 对农用地土壤环境质量类别划分的思考：以贵州马铃薯产区 Cd 风险管控为例［J］. 地学前缘，26（6）：192-198.

生态环境部，2022. 淡水生物水质基准推导技术指南：HJ 831—2022［S］. 北京：中国环境出版社.

王国庆，骆永明，宋静，等，2005. 土壤环境质量指导值与标准研究 I 国际动态及中国的修订考虑［J］. 土壤学报，42（4）：666-673.

王晓南，郑欣，闫振广，等，2014. 水质基准鱼类受试生物筛选［J］. 环境科学研究，27（4）：341-348.

吴丰昌，2012. 水质基准理论与方法学及其案例研究［M］. 北京：科学出版社.

吴颐杭，杨书慧，刘奇缘，等，2022. 荷兰人体健康土壤环境基准与标准研究及其对我国的启示［J］. 环境科学研究，35（01）：265-275.

周启星，2010. 环境基准研究与环境标准制定进展及展望［J］. 生态与农村环境学报，26（1）：1-8.

祝凌燕，邓保乐，刘楠楠，等，2009. 应用相平衡分配法建立污染物的沉积物质量基准［J］. 环境科学研究：762-767.

Campana O，Blasco J，Simpson S L，2013. Demonstrating the appropriateness of developing sediment quality guidelines based on sediment geochemical properties［J］. Environ Sci Technol，47：7483-7489.

CCME，1991. Interinm Canadian environmental quality criteria for contaminated sites［R］. Winipe：Canadian Council of Ministers of the Environment.

CCME，1996. A framework for ecological risk assessment：General guidance. The national contaminated sites remediation program［R］. Winipe：Canadian Council of Ministers of the Environment.

CCME，1999. Canadian soil quality guidelines for the protection of environmental and human health：Introduction//Canadian environmenatal quality guidelines［R］. Winipe：Canadian Council of Ministers of the Environment.

CCME，2006. A protocol for the derivation of environmental and human health soil quality guidelines［R］. Winipe：

Canadian Council of Ministers of the Environment.
CCME, 2017. Canadian soil quality guidelines for the protection of environmental and human health: Methanol [R]. Canadian Council of Ministers of the Environment, Winnipeg, MB.
Chapman P M, Mann G S, 1999. Sediment quality values (SQVs) and ecological risk assessment (ERA) [J]. Marine Pollution Bulletin, 38: 339-344.
EA, 2008. Guidance on the use of soil screening values in ecological risk assessment (Science Report SC070009/SR2B) [R]. Bristol: Environment Agency.
Huo S, Zhang J, Yeager K M, et al., 2015. Mobility and sulfidization of heavy metals in sediments of a shallow eutrophic lake, Lake Taihu, China [J]. Journal of Environmental Sciences, 31: 1-11.
Jensen J, Mesman M, Bierkens J, et al., 2006. Ecological risk assessment of contaminated land-decision support for site specific investigations [M]. Bilthoven: National Institute of Public Health and the Environment (RIVM): 11-29.
Lamone E C, Qian S S, 2008. Regional scale stressor-response models in aquatic ecosystems [J]. Journal of the American Water Resources Association, 44: 771-781.
Simpson S L, Batley G E, Hamilton I L, et al., 2011. Guidelines for copper in sediments with varying properties [J]. Chemosphere, 85: 1487-1495.
Souren A, Poppen R S, Groenewegen P, et al., 2007. Knowledge production and the science-policy relation in Dutch soil policy: Results from a survey on perceived roles of organisations [J]. Environmental Science & Policy, 10 (7/8): 697-708.
Swartjes F A, 1999. Risk-based assessment of soil and groundwater quality in the Netherlands: Standards and remediation urgency [J]. Risk Analysis, 19 (6): 1235-1249.
Swartjes F A, Rutgers M, Lijzen J P A, et al., 2012. State of the art of contaminated site management in the Netherlands: Policy framework and risk assessment tools [J]. Science of the Total Environment, 427/428: 1-10.
US EPA, 1991. Risk assessment guidance for superfund. Volume Ⅰ: Human health evaluation manual, Part A [R]. Washington DC: United States Environment Protection Agency.
US EPA, 1994. Soil screening guidance, quick reference fact sheet [R]. Washington DC: United States Environmental Protection Agency.
US EPA, 1996. Biological criteria: Technical guidance for streams and small rivers, revised edition [S]. Washington DC: EPA/822/B-96/001.
US EPA, 1998. Guidelines for ecological risk assessment [R]. Federal Register.
US EPA, 1999. Issuance of final guidance: Ecological risk assessment and risk management principles for superfund sites. OSWER Directive, 92857-28 [R]. Washington DC: United States Environment Protection Agency.
US EPA, 2000a. Methodology for deriving ambient water quality criteria for the protection of human health. EPA-822-B-00-004 [R]. US Environmental Protection Agency, Office of Water, Office of Science and Technology, Washington DC.
US EPA, 2000b. Nutrient criteria technical guidance manual lakes and reservoirs [R]. Washington DC: US Environmental Protection Agency, Office of Water.
US EPA, 2002a. Supplemental guidance for developing soil screening levels for superdund sites. OSWER 9355. 4-24 [R]. Washington DC: United States Environment Protection Agency.
US EPA, 2002b. Draft guidance for evaluating the vapor intrusion to indoor air pathway from groundwater and soils (subsurface vapor intrusion guidance) [R]. Washington DC: United States Environment Protection Agency.
US EPA, 2002c. Supplemental guidance for developing soil screening levels for superfund sites [R]. Washington DC: United States Environment Protection Agency.
US EPA, 2003a. Guidance for developing ecological soil screening levels. OSWER Directive 92857-55 [R]. Washington DC: United States Environment Protection Agency.
US EPA, 2003b. Guidance for developing ecological soil screening levels: Attachment 1-2: Discussion concerning soil microbial process [R]. Washington DC: United States Environmental Protection Agency.
US EPA, 2003c. Guidance for developing ecological soil screening levels: Attachment 1-3: Review of dermal and inhalation exposure pathway for wildlife [R]. Washington DC: United States Environmental Protection Agency.
US EPA, 2003d. Guidance for developing ecological soil screening levels: Attachment 3-2 Eco-SSL standard operating

procedure ＃2 [R]. Washington DC：United States Environmental Protection Agency.
US EPA，2003e. Guidance for developing ecological soil screening levels：Attachment 4-1：Exposure factors and bioaccumulation models for derivation of wildlife Eco-SSLs [R]. Washington DC：United States Environmental Protection Agency.
US EPA，2003f. Guidance for developing ecological soil screening levels：Attachment 4-2：Eco-SSL standard operating procedure ＃3 [R]. Washington DC：United States Environmental Protection Agency.
Zhang Y，Hu X N，Yu T，2012. Distribution and risk assessment of metals in sediments from Taihu Lake，China using multivariate statistics and multiple tools [J]. Bulletin of Environmental Contamination and Toxicology，89：1009-1015.

第2章　土壤环境基准关键技术概述

土壤环境基准的制定是一个复杂的系统性工作，涉及环境科学、土壤学、生态毒理学、生物学和统计学等一系列学科，具体可分为土壤的保护目标（生态、人体健康）、敏感受试生物名单（敏感受体筛选）、毒理学测试、基准推导模型的构建等方面的研究。此外，土壤性质（pH 值、有机质含量、阳离子交换量、机械组成等）是显著影响生物有效性和生态毒性的重要因素，因此，生态毒性数据的归一化、生态毒性预测模型的构建、污染物的生物有效性分析及预测模型是土壤环境基准研究的关键内容，本章将主要对上述关键技术进行分析和说明。

2.1 土壤受试生物的筛选

在水质基准的研究上，美国等发达国家早已提出相应的水质基准受试生物名单，我国针对淡水水生生物水质基准提出了受试生物推荐名录（覃璐玫 等，2014），研究的物种种类较为丰富（刘婷婷 等，2014；蔡靳 等，2014；郑欣 等，2014；郑欣 等，2015）。因此，土壤环境基准与风险评估也需开展相应生态受体和受试生物的筛选研究。

目前土壤环境基准研究方面，可基于具体土壤或场地的情况来筛选相应受试生物。由于每个污染场地的生物物种都不同，因此各国在推导土壤环境基准时考虑的代表性物种及受体数量也有所不同。US EPA 在推导土壤生态筛选值（ecological soil screening levels，Eco-SSLs）时，选择 4 种生态受体（植物、土壤无脊椎动物、陆生动物和鸟类），每种生态受体选择 3 种代表性物种，通常考虑采用体型较小的代表性物种，以保护同一营养类别中其他物种。欧盟委员会构建土壤生态筛选值时推荐了来自 2/3 个营养级的 3 种及以上代表性物种。

在构建场地生态安全土壤环境基准时，推导基准值基于一系列生态毒理学实验，研究化学物质对土壤环境中最重要的生物的影响。通过一系列测试筛选出土壤环境中的敏感生态受体。这一系列土壤有机体的毒性测试数据最好能代表完整的陆地生态系统，如高级消费者、初级生产者和分解者，对一个或多个特定生物体的结果进行推断，以预测污染物对更广泛生态系统的影响。如表 2.1 所列，描述了在一个简化的陆地生态系统中污染土壤的潜在受体，在各级营养水平上都存在暴露受体，包括依赖土壤的生物体（植物、土壤无脊椎动物、土壤微生物）和高级消费者（陆生动物、鸟类）。一些化学物质可以在环境中存留，随着时间的推移在生物体中累积，并通过食物链被放大。例如，土壤中持久性较强的化学物质可能在蚯蚓体内累积，之后蚯蚓可能会被鸟类或陆生动物捕食，因此，这些处于食物链末端的动物可能会接触到有害水平的化学物质，这种影响被称为二次中毒。二次中毒涉及生活在水生或陆生环境中的食物链高级捕食者，是由于其摄入了含有累积物质的营养级较低的生物体而产生毒性作用。在某些情况下，二次中毒可能比化学物质对土壤有机体的直接作用危害更大。

表 2.1　生态安全土壤环境基准受试生物推荐名录

序号	受试生物	物种拉丁名	分类	
1	蚯蚓	*Eisenia fetida*	环节动物门	正蚓科
		Eisenia andrei		
2	蜗牛	*Fruticicolidae*	软体动物门	蜗牛科
3	跳虫	*Folsomia candida*	节肢动物门	棘跳虫科
		Folsomia fimetaria		
4	线蚓	*Enchytraeus albidus*	环节动物门	线蚓科
5	线虫	*Caenorhabditis elegans*	线虫动物门	小杆科
6	螨虫	*Hypoaspis aculeifer*	节肢动物门	厉螨科
7	昆虫类	*Oxythyrea funesta*	节肢动物门	
8	凤仙花	*Impatiens balsamina* L.	被子植物门	凤仙花科
9	蒲公英	*Taraxacum mongolicum* Hand. -Mazz.	被子植物门	菊科
10	燕麦	*Avena sativa* L.	被子植物门	禾本科
11	稗	*Echinochloa crus-galli*（L.）P. Beauv.	被子植物门	禾本科
12	落花生	*Arachis hypogaea* Linn.	被子植物门	豆科
13	紫苜蓿	*Medicago sativa* L.	被子植物门	豆科
14	绿豆	*Vigna radiata*（*Linn.*）Wilczek	被子植物门	豆科
15	草莓	*Fragaria ananassa* Duch.	被子植物门	蔷薇科
16	飞燕草	*Onagraceae* Juss.	被子植物门	毛茛科
17	益母草	*Leonurus japonicus* Houtt	被子植物门	唇形科
18	薄荷	*Mentha canadensis* Linnaeus	被子植物门	唇形科
19	菌根真菌	*Glomus mosseae*	真菌	
20	球形节杆菌	*Arthrobacter globiformis*	细菌	节细菌属

我国的生态毒理研究以往更多的是采用国际模式生物（如蚯蚓采用赤子爱胜蚓、土壤跳虫采用白符跳虫、根伸长实验采用大麦等）。如中国科学院南京土壤研究所开展的一项研究，以植物、微生物、土壤动物（蚯蚓、跳虫等）为关注受体，开展了室内和田间毒性实验，获取了污染物剂量-效应关系，并尝试采用生态风险评估的方法推导典型区域农田土壤环境基准。

2.1.1 国外土壤受试生物的筛选

用于推导土壤生态环境基准的毒性数据在很大程度上依赖于代表性的生态受体。然而，由于地理差异，土壤动植物、微生物和野生动物的多样性存在显著差异（Oliverio et al.，2020），一些国家在推导土壤生态环境基准时选择了具有代表性的本土物种，如美国的北美短尾鼩鼱、加拿大的驯鹿（表 2.2）。

事实上，国际标准化组织（ISO）推荐了用于毒理学实验的模式物种。如赤子爱胜蚓是一种毒性实验的模式物种（ISO，1998）。但赤子爱胜蚓在天然土壤中并未广泛存在，主要生活在富含有机质的土壤中（Nahmani et al.，2007）。Langdon 等（2005）也指出赤子爱胜蚓与欧洲的许多蚯蚓种类不同，并且相对于其他种类的蚯蚓，赤子爱胜蚓对污染物的敏感度也相对较低。白符跳虫是污染物毒性实验的另一种模式物种（ISO，2011），但实际上不同跳虫对重金属的耐受性和敏感性存在显著差异。例如，镍对曲毛裸长角跳（*Sinella curviseta*）、四刺泡角（*Ceratophysella duplicispinosa*）、小原等节（*Proisotoma minuta*）、茉莉花长角（*Entomobrya* sp.）、符氏直棘（*Orthonychiurus-folsomi*）的 LC_{50}（72h）相差 3～10 倍（苗秀莲 等，2017）。

对于高营养级别的物种，不同物种对污染物的敏感度相差可达上千倍。当暴露于多氯联苯硫化物（PCDPSs-17 和 PCDPSs-19）时，环颈野鸡和日本鹌鹑的 AHR-LRG（荧光素酶报告基因）检测的平均相对效应分别为鸡的 2～34 倍和 4～400 倍（张睿，2014）。由此可见，毒性作用在不同受体间存在显著差异，选择模式物种推导土壤生态环境基准并不能准确反映当地的实际水平。因此，在推导土壤生态环境基准时基于当地生态系统选择合适的代表性物种尤为重要（CCME，2006）。

2.1.2 国内受试生物的筛选

我国于 20 世纪 80 年代后陆续开展土壤背景值和土壤环境容量的调查工作（刘婷婷 等，2014）。目前我国土壤污染问题涉及地区较多、类型复杂、污染物种类广泛（Hu et al.，2020），总体情况不容乐观，这不仅提高了我国土壤生态风险评估的难度，也致使我国土壤环境基准研究发展相对缓慢。

因此有必要开展我国土壤生态风险评估和环境基准中关键技术的探索，生态毒性数据便是其中基础且重要的一环。从方法的标准化与数据的有效性、可比性等角度考虑，用于构建土壤生态基准的毒性数据的获取在很大程度上依赖于本土的代表性物种。在以往的研究中，对我国本土模式生物的筛选、基于本土模式生物的标准毒性测试方法的建立以及本土模式生物的生态毒性数据积累严重不足，且缺乏系统的梳理与应用。在生态毒理实验中，普通小麦 *Triticum aestivum*（Song et al.，2002a；Ju，2016）、大麦 *Hordeum vulgare*（Zhu et al.，2018；Fu et al.，2020）、黄瓜 *Cucumis sativus*（Ju，2016）、西红柿 *Lycopersicon esculentum*（Song et al.，2002b）、萝卜 *Raphanus sativu*（Gong et al.，2001；Yang et al.，2009）、高粱 *Sorghu bicolor*、玉蜀黍 *Zea mays* 等是现阶段常用的受试植物，主要是禾本科、十字花科等的农作物，但我国植物物种资源丰富，以上农作物的使用相对片面、代表性不全。使用基础信息与来源较为全面的受试生物有助于获得更为精

表 2.2　主要发达国家用于推导土壤生态基准的代表性物种

国家	初级生产者	无脊椎动物	哺乳动物				鸟类				两栖动物	爬行动物
			食草	食肉	食虫	杂食	食草	食肉	食虫	杂食		
荷兰①	初级生产者（植物、微生物群落）	消费者（蚯蚓等）	家鼠、田鼠、欧洲兔子、褐家鼠	—	—	短尾猿物种（猴子）	—	—	—	鸡	—	—
美国②	微生物群落	蚯蚓、线虫、跳虫、螨虫、陆生甲壳类动物（木虱）、陆生腹足类动物（蜗牛、鼻涕虫）	草甸田鼠	长尾鼬	北美短尾鼩鼱	—	哀鸠	红尾鹰	美洲丘鹬	—	—	—
英国③	植物（大麦、小麦、燕麦、莴苣、油菜、西加云杉、番茄、萝卜）、微生物群落	无脊椎动物（蚯蚓）、白符跳虫、东洋棘跳	—				—				—	—
加拿大④	苔藓、草、灌木、树、草、微生物	无脊椎动物群落、特定物种（蚯蚓、春尾巴、甜菜）、蜻蜓	田鼠、老鼠、松鼠、野兔、牛、羊、鹿、驯鹿	鼩鼱、鼹鼠、蝙蝠	貂、鼬鼠、家猫、家养狗、土狼、山猫	狐狸、臭鼬、浣熊、熊	加拿大鹅	鸢、捕蝇草、燕子	猫头鹰、鹰、隼	黑鹂、麻雀、乌鸦、松鸡、山雀、知更鸟	青蛙、蟾蜍、蝾螈	蛇、蜥蜴
澳大利亚⑤	莴苣、微生物群落、藻类	蜗牛、蛞蝓、肠线虫、土虫、线虫、昆虫、跳虫、蜈蚣、千足虫、螨虫、蜘蛛、木虱、变形虫、纤毛虫、鞭毛虫、水熊虫	—				—				—	—
新西兰⑥	草、植物	无脊椎动物（昆虫）	脊椎动物（牛）				—				—	—

①TK，1989。②Efroymson et al.，1997a；Efroymson et al.，1997b。③Ashton，2004。④CCME，2006。⑤NEPC，2013。⑥Cavanagh，2015。

确的毒性数据（Liu et al.，2016）。目前，已有大量学者开展了我国本土生态物种毒性研究，并正在逐步形成我国本土敏感性物种名录。中国农业科学院马义兵团队利用文献筛选出19种植物、2种微生物的生态毒理学数据，推导了我国保护生态的重金属铜土壤环境阈值（王小庆 等，2014）；筛选出14种植物、1种无脊椎动物和2种微生物的生态毒理学数据，推导了我国保护生态的重金属镍土壤环境阈值（王小庆 等，2012）。在土壤环境基准研究方面，基于具体污染场地的情况来筛选相应受试植物，如筛选出蚕豆作为废弃农药厂的敏感植物，也筛选了化工污染场地的受试植物。受试植物的筛选也会考虑到物种代表性及分布范围。

在推导我国场地生态安全土壤环境基准时，推荐的代表性物种主要包括土栖生物（包括陆生植物、土壤无脊椎动物以及土壤微生物）、土壤生态过程（如硝化作用、呼吸作用等）以及在特殊条件下考虑二次中毒的陆生动物和鸟类。在确定不同受试物种的生态受体时应首先考虑推荐的本土化受体，在没有明确推荐的本土生态受体时可选择ISO组织推荐的模式生物。推导基准值时优先选择使用本土模式生物的毒性数据。

不同受试物种的生态受体数量推荐如下。

① 陆生植物：至少4种本土主栽植物，如农作物和需要保护的野生植物等，需保证每种陆生植物的毒性数据量≥4个。

② 土壤无脊椎动物：至少3种本土无脊椎动物或模式生物如蚯蚓、跳虫、螨虫、线虫等，需保证每种土壤无脊椎动物的毒性数据量≥4个。

③ 土壤微生物和微生物主导的土壤生态过程：至少包括微生物生物量、土壤呼吸作用、土壤硝化作用，需保证每种土壤微生物和微生物主导的土壤生态过程的毒性数据量≥4个。

④ 哺乳动物和鸟类：至少3种本土哺乳动物和鸟类，需保证每种哺乳动物和鸟类的毒性数据量≥4个。

2.2 土壤类型对生态毒性的影响及生态毒性归一化

2.2.1 国外土壤生态毒性归一化概述

加拿大在土壤质量指导值推导方案中考虑了粗粒径与细粒径两种通用的土壤类型（马瑾 等，2021）。土壤理化性质已被证实对生态毒性数据有影响，pH值是毒性实验中的一个关键参数，在低pH值、有机质含量（organic matter，OM）和阳离子交换量（cation exchange capacity，CEC）土壤条件下，铅和镉对蜗牛的危害较大。土壤pH值和OM与蚯蚓的半致死浓度（50% of lethal concentration，LC_{50}）也存在显著正相关关系，两种因子共同影响了LC_{50}预测回归模型构建，LC_{50}值在不同的土壤中存在显著差异，而涉及的土壤理化性质指标包括质地、OM、pH值、TN含量、总吸附容量。

因此量化土壤性质和生态受体毒性之间关系的经验模型，对于特定土壤条件下的生态风险评估是必要的。澳大利亚对土壤生态毒性归一化的要求是在已证明污染物的毒性数据受土壤性质影响时，毒性数据必须归一化到澳大利亚参考土壤条件下，其中参考土壤的理化性质包括pH值、黏土含量、CEC、有机碳，对应推荐数值分别为6、10%、

10cmol/kg、1%或等效 OM。荷兰在对土壤毒性进行处理时，如果在陆地毒性实验中使用了多种类型的土壤，则要对实验结果进行标准化，有机质和黏土含量被用于将其他类型土壤中某一化学物质的含量转化到标准土壤（含有 10% OM 和 25%黏土的土壤）中，并提出了金属与有机物研究的不同标准化公式。美国在推导基准值时主要关注土壤 pH 值和 OM，对其进行评分计算。欧洲化学品管理局（European Chemical Agency，ECHA）建议将陆地生态毒性测试数据转化为标准土壤来减小土壤理化性质对化学物质生物有效性的影响（马瑾 等，2021）。

2.2.2 国内土壤生态毒性归一化概述

我国因气候、地形等因素，造成土壤类型极为多样化（Fan et al.，2019），在中国国标分类系统中，共有 60 个土类，分别属于 12 个土纲。鉴于土壤性质（pH 值、OM、CEC 等）对污染物的土壤生态毒性的潜在影响，在土壤环境基准的制定中应考虑基于土壤性质的生态毒性值的归一化（田彪 等，2022）。王晓南等（2016）开展了保定潮土铅对 11 种土壤生物的生态毒性研究，对 2 种土壤动物（赤子爱胜蚓 *Eisenia fetida*、曲毛裸长角跳 *Sinella curviseta*）的毒性值采用荷兰的土壤生物毒性归一化模型进行校正（TRAAS，2001），并推导了保定潮土铅的土壤环境基准。陈苏等（2010）以土壤脲酶抑制率为依据，确定了不同抑制条件下铅的土壤基准值。Zhang 等（2020）开展了锑在 21 种土壤中对大麦根伸长的毒性研究，并用土壤中总磷、总铝、黏粒和砂粒做了多元逐步回归模型。李波（2010）建立了铜的毒性值和土壤性质之间的回归模型，提出 pH 值是影响土壤中铜毒性大小的最主要控制因子。李星等（2020）构建了我国 9 种典型土壤对白符跳虫 *Folsomia candida* 的毒性预测模型，提出白符跳虫 *F. candida* 对 Cu 较为敏感。郑丽萍等（2016）采用 6 种动物、16 种植物和 5 种微生物过程的毒性值，通过求毒性值的几何平均值方法，推导了铅的土壤生态环境基准值。王小庆等（2013a）采用 19 种植物和 2 种微生物的毒性数据推导了铜在酸性土等土壤类型中的 HC_5 值，该推导过程未考虑土壤动物。鉴于土壤生态毒性数据比较缺乏的现状，王小庆等（2013b）开展了土壤生物毒性值的种间外推归一化的可行性分析。

2.3 土壤生态毒性预测模型

2.3.1 国外土壤生态毒性预测模型概述

污染物生物毒性数据的缺乏是土壤基准研究和生态风险评价中的常见问题，模型预测的方法可在一定程度上解决上述问题。US EPA 的互联网应用程序物种种间关系估算模型（interspecies correlation estimation，ICE）是一套相对成熟的预测模型，可使用替代物种和预测分类单元（适用于物种、属或科）敏感性的最小二乘回归推断物种对所列分类单元的敏感性，可以预测 250 多种物种的毒性，如鱼类和水生无脊椎动物、藻类和野生动物，ICE 模型得到的预测值与观测值之间可表现出较高的一致性（王晓南 等，2014）。有研究人员以锌做测试证明 ICE 对于我国水质基准的制定同样适用。利用 ICE

方法进行水质基准研究有以下几个优点：a. 能够利用有限的毒性数据对未知数据进行预测；b. 减少了动物的实验使用量；c. 使用充分的数据构建物种敏感性分布（species sensitivity distribution，SSD），使拟合更优化。

在土壤生态毒性 ICE 的研究方面，US EPA 研究人员已开始对土壤生态毒性数据进行 ICE 预测，在目分类水平上显示出高精度（例如蚯蚓-蚯蚓），但在两个跨类群物种（节肢动物到环节动物）中预测精度较低。因此，本节将开展我国土壤生态毒性 ICE 的研究，并进一步对土壤中其他物种的毒性数据进行预测，并探索不同分类水平上 ICE 模型的预测精度。

2.3.2 国内土壤生态毒性预测模型概述

王晓南等对 12 种受试植物两两进行建模预测，共得到 132 个物种种间关系估算模型（interspecies correlation estimation，ICE），其中 88 个为显著性模型（F 检验，$P<0.05$）；回归分析了已构建 ICE 模型的评价参数，得出预测效果较好的 ICE 模型应满足交叉验证成功率≥80.00%、MSE（均方误差）≤0.62、$R^2 \geqslant 0.76$ 和分类学距离≤4 的标准。最终筛选出 25 个符合上述标准的 ICE 模型，涉及禾本科-禾本科、十字花科-十字花科的预测等（罗晶晶 等，2022）。

定量构效关系（QSAR）是指定量表征有机污染物分子结构与其活性之间的数学模型，该模型通过理论计算方法和统计分析工具相结合的方式来建立有机物的理化性质与生物活性之间的关系，从而实现对未知化合物生物活性预测的功能。对于离子型污染物，定量离子特征参数-活性关系（QICAR）模型是 QSAR 模型的发展延续，主要探索无机物的理化性质与生物活性之间的关系，目前被成功应用于各种生物类群。

此外，机器学习等新技术和方法也被逐渐应用在污染物的土壤生态毒性预测方面。机器学习能够在大量的数据中将复杂的关系和模式提取出来，从而预测数据的某种具体属性，与传统的基于统计假设开发的模型相比，机器学习可以挖掘出实验中未知和未获取的部分，为不同土壤生态受体的毒性和风险评价提供依据。

2.4 土壤污染物生物有效性研究现状

2.4.1 土壤重金属生物有效性的影响因素与表征方法

2.4.1.1 影响因素

重金属生物有效性受重金属自身性质、土壤理化性质和生物受体等因素的综合影响，过程十分复杂（Duan et al.，2016；Teng et al.，2015；Xiao et al.，2020）。进行生物有效性研究时，应当充分考虑重金属在土壤-生物系统中的生物有效性动态过程（Harmsen，2007）。重金属的土壤-生物有效性过程包括重金属在土壤基质中向土壤溶液中迁移的环境有效性过程、从土壤溶液向生物体迁移的环境生物有效性过程和重金属进入生物体特定靶器官后产生毒性效应的毒理生物有效性过程（Harmsen，2007）。污染物的生物有效性受土壤的性质、化学物质浓度等因素的影响，不同生物受体的生物有效性响应也存在差异，因此，在土壤污染的风险评估过程中需要考虑特定的土壤性质等对生物有效性的影响（Naidu et al.，2008）。

有研究表明土壤重金属有效态含量与多种土壤性质间存在显著相关关系，土壤中Cd、Cu、Pb、Zn和As的生物有效态含量均与重金属总含量成极显著（$P<0.01$）的正相关关系；pH值是影响土壤类型中Cd（Zhang et al.，2023）、Cu（Dinić et al.，2019）、Zn（Luo et al.，2012）和Pb（Wu et al.，2020）有效性的主要因素；铁矿物对重金属有较为明显的吸附作用（邵金秋 等，2019）；有机质含量与Cd、Zn、Pb总含量和生物有效性均具有显著正相关性（王春香 等，2014）。由于研究区域的有限性，很多研究得出的结论有所不同，例如：美国加利福尼亚州不列颠哥伦比亚省的超镁铁质土壤研究显示，pH值、CEC、黏粒含量（clay）和SiO_2含量可以解释Ni生物有效性的变化（Vasiluk et al.，2019）；巴西东部亚马孙地区天然富含金属的土壤显示，OM、Fe_2O_3、Al_2O_3、SiO_2和clay是影响土壤Cu和Ni生物有效性的关键因素，其中Fe_2O_3、Al_2O_3和clay对Cu和Ni的吸附起主导作用（Martins et al.，2021）。总体而言，影响重金属可溶性与吸附解析的平衡过程会影响其整体生物有效性（Naidu et al.，2008）。

2.4.1.2 表征方法

土壤中重金属生物有效性的表征方法主要有生物评价法和化学提取法两种（Harmsen，2007）。

（1）生物评价法

该法通常需要做大量的生物实验，从生物受体本身的角度，采用生物富集或毒性实验，直接对土壤重金属的生物有效性进行表征（Harmsen，2007），通过血液、细胞、组织提取等途径获得，高成本、研究耗时等问题很大程度上限制了该方法的发展（Yan et al.，2020）。目前土壤生物和植物有的以生物组织富集量来表征生物有效性，例如Gopalapillai等（2019）提取了燕麦（*Avena sativa* L.）组织中的金属；Ardestani（2020）提取了土壤无脊椎动物白符跳虫（*Folsomia candida*）和植物大麦（*Hordeum vulgare* L.）的体内金属，并以此为基础进行了Cd和Cu的LC_{50}和EC_{50}值的测定；Wang等（2020）测定了Ni在蚯蚓体内的生物富集量，并测定了7d、14d蚯蚓的LC_{50}值。

（2）化学提取法

该法是从土壤化学的角度，用不同的化学提取剂对土壤中具有潜在生物有效性的重金属进行提取。目前有多种方法可用来表征生物有效性，如采用螯合剂乙二胺四乙酸（ethylenediaminetetraacetic acid，EDTA）和二乙基三胺五乙酸（diethylenetriaminepentaacetic acid，DTPA）等提取一些重金属可对蚯蚓等生物有效性有较好的表征效果；采用盐溶液（如$MgCl_2$、$CaCl_2$等）来表征植物对重金属吸收的生物有效性效果不错（Ma et al.，2020；Feng et al.，2005）。胃肠道模拟方法，例如生理原理提取法（physiologically based extraction test，PBET）、生物可及性简化提取法（simplified bioaccessibility extraction test，SBET）和欧洲生物可及性研究小组生物可及性统一测定法（the BARGE unified bioaccessibility method，UBM）等均以人体胃肠道环境为依据确定体系固液比、温度以及pH值等条件（唐文忠 等，2019；Yan et al.，2020；Liu et al.，2018；Kumpiene et al.，2017），一些螯合剂、盐溶液等，例如 EDTA、DTPA、HCl、HOAc、HNO_3、NH_4OAc 和 $CaCl_2$ 溶液缺少对生物体的具体考虑（Wu et al.，2020；Kumpiene et al.，2017）。有学者在研究过程中会根据具体情况改进提取方法，例如 EDTA 方法的溶液浓度和 DTPA 方法中的固液比等都有所差异。相对生物有效性浸出程序（relative bioavailability leaching procedure，RBALP）主要针对 Pb 的生物有效性研究（Yan et al.，2020），蚯蚓肠道模拟实验方法（simulated earthworm gut test，SEG）主要针对蚯蚓肠道对重金属吸收的研究，这种针对性较强的方法通常有更好的效果，而大型植物少有涉及。土壤动物研究种类少是土壤重金属生物有效性研究需要进一步解决的问题。

生物学评价法需要通过较长时间的实验，而化学提取法具有简便快捷的特点。通过建立化学提取法与生物体吸收含量或毒性效应之间的相关关系，筛选可用于准确、快速表征土壤重金属生物有效性的化学方法来代替生物测试，对土壤环境质量评价具有重要意义。

2.4.2 土壤重金属生物有效性预测模型研究现状

已有相关研究对生物有效性预测进行了探索。有报道指出生物有效性在植物中使用土壤数据进行预测，可用于风险评估计算（Zhang et al.，2020），如 Dinić 等（2019）用塞尔维亚农业土壤建立了 Mn、Cu、Zn、Ni 和 Pb 生物有效性含量（DTPA 溶液提取）的预测模型，模型涉及的影响因素有 pH 值、OM、clay 和金属总含量，其中 Cu（$R^2=0.76\sim0.83$）和 Pb（$R^2=0.6\sim0.83$）的预测模型较为可靠；Liu 等（2018）在研究中国广西桂林矿区土壤时，利用 3 种金属的总含量、土壤总有机碳（total organic carbon，TOC）、pH 值和 Mn 含量对矿区土壤 Pb、Cd 和 Zn 生物有效性（PBET 方法提取）建立了逐步回归模型（$R^2=0.37\sim0.93$）。有研究指出，在污染土壤风险评估中，利用土壤性质数据或土壤化学提取数据预测土壤重金属生物有效性是十分可取的。但有限的土壤区域、难以统一的测试方法及生物种类，限制了污染土壤生态风险评估中对污染物生物有效性部分的综合考虑。

2.4.3 生物有效性在土壤重金属生物毒性效应研究中的应用

正如国际纯粹与应用化学联合会所定义的，引起毒性的剂量应该是“能够与生物体接触并与之相互作用的部分”（Zhu et al.，2015）。生物有效性能够反映土壤中重金属的反应以及生物吸收过程，在以往的研究中，生物有效性经常用于去除土壤中的重金属或预测特定土壤中生物的吸收，将其作为用于重金属毒性预测剂量因子的研究较少（Kumpiene et al.，2017；Jiang et al.，2020）。土壤污染物生态风险评估现在处于分层研究的模式中，从保守方法（也就是基于土壤污染物总含量的毒性测试方法）逐渐转向基于生物有效性的测试方法，以了解污染物带来的真正风险（Gopalapillai et al.，2019；Cipullo et al.，2019）。相关研究近年来呈现递增趋势，例如 Zhang 等（2019）研究了 Pb 在 6 种不同性质土壤中的生物有效性和毒性，结果表明，土壤性质（pH 值、CEC 和孔隙水中 Ca 浓度）对 Pb 的生物有效性和线虫（*Enchytraeus crypticuswas*）毒性有显著影响；Ardestani（2020）提取了土壤无脊椎动物跳虫（*Folsomia candida*）和植物大麦（*Hordeum vulgare* L.）体内的 Cd 和 Cu 的生物有效性含量，并以此为基础进行了 Cd 和 Cu 的 LC_{50} 和 EC_{50} 值的测定；

Wang 等（2020）测定了 Ni 在蚯蚓体内的生物有效性含量，并测定了 7d、14d 的蚯蚓 LC_{50} 值。除此之外，很多研究表明，利用化学提取法表征的生物有效性可以较好地预测毒性值，例如 Gopalapillai 等（2019）研究了 4 种不同形态的 Ni 估计值：a. 土壤中的总 Ni；b. 环境可利用的 Ni 部分（草酸盐可提取部分）；c. 环境可利用的 Ni 部分（在孔隙水中的游离离子活性部分）；d. 毒理学生物有效性的 Ni 部分（植物组织中的金属浓度）。其旨在描述燕麦（*Avena sativa* L.）毒性，他们基于生物有效性的预测模型的验证表明，生物有效性含量最能预测观察到的燕麦毒性，生物有效性含量的表现优于总金属含量模型。Jiang 等（2020）采用能表达土壤中有效和潜在有效 Cu 的 EDTA 提取方法来评价土壤中 Cu 的生物有效性，并作为剂量因子建立剂量-毒性关系模型，结果显示 EDTA 提取 Cu 和土壤性质可以解释 90%以上的大麦根伸长毒性效应变化。

参考文献

蔡靳，闫振广，何丽，等，2014. 水质基准两栖类受试生物筛选 [J]. 环境科学研究，(04)：349-355.

陈苏，孙丽娜，晁雷，等，2010. 基于土壤酶活性变化的铅污染土壤修复基准 [J]. 生态环境学报，19 (7)：1659-1662.

李波，2010．外源重金属铜，镍的植物毒害及预测模型研究 [D]. 北京：中国农业科学院．

李星，林祥龙，孙在金，等，2020．我国典型土壤中铜对白符跳（*Folsomia candida*）的毒性阈值及其预测模型 [J]. 环境科学研究，33 (3)：744-750.

刘婷婷，郑欣，闫振广，等，2014. 水生态基准大型水生植物受试生物筛选 [J]. 农业环境科学学报，33 (011)：2204-2212.

罗晶晶，吴凡，王晓南，等，2022．我国土壤受试植物筛选与毒性预测 [J]. 中国环境科学，42 (7)：3295-3305.

马瑾，刘奇缘，陈海燕，等，2021. 世界主要发达国家土壤环境基准与标准理论方法研究 [M]. 北京：科学出版社．

苗秀莲，刘传栋，贾少波，等，2017．中国 5 种土壤跳虫对重金属镍的毒性响应 [J]. 生态毒理学报，12 (1)：268-276.

覃璐玫，张亚辉，曹莹，等，2014．本土淡水软体动物水质基准受试生物筛选 [J]. 农业环境科学学报，33 (009)：1791-1801.

邵金秋，温其谦，阎秀兰，等，2019．天然含铁矿物对砷的吸附效果及机制 [J]. 环境科学，40 (09)：4072-4080.

唐文忠，孙柳，单保庆，2019．土壤/沉积物中重金属生物有效性和生物可利用性的研究进展 [J]. 环境工程学报，13 (8)：1775-1790.

田彪，卿黎，罗晶晶，等，2022. 重金属铜和铅的生态毒性归一化及土壤环境基准研究 [J]. 环境科学学报，42 (3)：431-440.

王春香，徐宸，许安定，等，2014．植烟土壤重金属的有效性及影响因素研究 [J]. 农业环境科学学报，33 (08)：1532-1537.

王晓南，陈丽红，王婉华，等，2016．保定潮土铅的生态毒性及其土壤环境质量基准推导 [J]. 环境化学，35 (6)：1219-1227.

王晓南，郑欣，闫振广，等，2014．水质基准鱼类受试生物筛选 [J]. 环境科学研究，27 (4)：341-348.

王小庆，李波，韦东普，等，2013．土壤中铜和镍的植物毒性预测模型的种间外推验证 [J]. 生态毒理学报，8 (1)：77-84.

王小庆，李菊梅，韦东普，等，2014．土壤中铜生态阈值的影响因素及其预测模型 [J]. 中国环境科学，34 (2)：445-451.

王小庆，马义兵，黄占斌，2012．土壤中镍生态阈值的影响因素及预测模型 [J]. 农业工程学报，28 (5)：220-225.

王小庆，韦东普，黄占斌，等，2013．物种敏感性分布法在土壤中铜生态阈值建立中的应用研究 [J]. 环境科学学报，(6)：1787-1794.

张睿，2014. 类二噁英有机污染物毒性的鸟类种间敏感性差异研究 [D]. 南京：南京大学．

郑欣，闫振广，刘征涛，等，2015．水生生物水质基准研究中轮虫，水螅，涡虫类受试生物的筛选 [J]. 生态毒理学报，010 (001)：225-234.

郑欣，闫振广，王晓南，等，2014．水质基准甲壳类受试生物筛选 [J]. 环境科学研究，27 (004)：356-364.

郑丽萍，龙涛，冯艳红，等，2016．基于生态风险的铅（Pb）土壤环境基准研究 [J]. 生态与农村环境学报，32

(6): 1030-1035.

Ardestani M M, 2020 . Comparison among test substrates in metal uptake and toxicity to *Folsomia candida* and *Hordeum vulgare* [J]. Bulletin of Environmental Contamination and Toxicology, 104 (4): 400-410.

Ashton D, 2004 . Biological test methods for assessing contaminated land [Z]. Science Report: P5-069/TR1.

Cavanagh J, 2015 . Developing soil guideline values for the protection of soil biota in New Zealand [J]. Wellington. Ministry for the Environment.

CCME, 2006 . A Protocol for the derivation of environmental and human health soil quality guidelines [R]. Winipe: Canadian Council of Ministers of the Environment.

Cipullo S, Snapir B, Prpich G, et al. , 2019 . Prediction of bioavailability and toxicity of complex chemical mixtures through machine learning models [J]. Chemosphere, 215: 388-395.

Dinić Z, Maksimović J, Stanojković-Sebić A, et al. , 2019. Prediction models for bioavailability of Mn, Cu, Zn, Ni and Pb in soils of republic of serbia [J]. Agronomy, 9 (12): 856.

Duan X, Xu M, Zhou Y, et al. , 2016 . Effects of soil properties on copper toxicity to earthworm *Eisenia fetida* in 15 Chinese soils [J]. Chemosphere, 145: 185-192.

Efroymson R A, Will M E, Suter Ⅱ G W, 1997a. Toxicological benchmarks for contaminants of potential concern for effects on soil and litter invertebrates and heterotrophic process: 1997 Revision [Z].

Efroymson R A, Will W E, Suter Ⅱ G W, et al. , 1997b. Toxicological benchmarks for screening contaminants of potential concerns for effects on terrestrial plants: 1997 Revision [Z].

Fan J, Yan Z, Zheng X, et al. , 2019. Development of interspecies correlation estimation (ICE) models to predict the reproduction toxicity of EDCs to aquatic species [J]. Chemosphere, 224: 833-839.

Feng M H, Shan X Q, Zhang S, et al. , 2005. A comparison of the rhizosphere-based method with DTPA, EDTA, $CaCl_2$, and $NaNO_3$ extraction methods for prediction of bioavailability of metals in soil to barley [J]. Environmental Pollution, 137 (2): 231-240.

Fu P N, Gong X F, Luo L Y, et al. , 2020. Toxicity of chromium to root growth of barley as affected by chromium speciation and soil properties [J]. Environmental Science, 41 (5): 2398-2405.

Gong P, Zhou Q X, Song Y F, et al. , 2001 . Eco-toxicology of heavy metal on the inhibition of seed germination and root elongation of turnip in soil [J]. Chinese Journal of Ecology, 20 (3): 4-8.

Gopalapillai Y, Dan T, Hale B, 2019 . Ni bioavailability in oat (*Avena sativa*) grown in naturally aged, Ni refinery-impacted agricultural soils [J]. Human and Ecological Risk Assessment, 25 (6): 1422-1437.

Harmsen J, 2007 . Measuring bioavailability: From a scientific approach to standard methods [J]. Journal of Environmental Quality, 36 (5): 1420-1428.

Hu B F, Shao S, Ni H, et al. , 2020 . Assessment of potentially toxic element pollution in soils and related health risks in 271 cities across China [J]. Environmental Pollution, 270, 116196.

ISO, 1998. Soil quality-effects of pollutants on earthworms (*Eisenia fetida*) -Part Ⅱ: Method for the determination of effects on reproduction [S]. International Standard Organization. Geneva. Standard Number: 11268-2.

ISO, 2011. Soil quality-Avoidance test for determining the quality of soils and effects of chemicals on behaviour-Part Ⅱ : Test with collembolans (*Folsomia candida*) [S]. International Standard Organization. Geneva. Standard Number: 17512-2.

Jiang B, Ma Y, Zhu G, et al. , 2020 . Prediction of soil copper phytotoxicity to barley root elongation by an EDTA extraction method [J]. Journal of Hazardous Materials, 389: 121869.

Ju X, 2016 . The toxicological effects of antimony on different plants and its soil ecological criteria [D]. Beijing: North China Electric Power University .

Kumpiene J, Giagnoni L, Marschner B, et al. , 2017 . Assessment of methods for determining bioavailability of trace elements in soils: A review [J]. Pedosphere, 27 (3): 389-406.

Langdon C, Hodson M E, Arnold R E, et al. , 2005 . Survival, Pb-uptake and behavior of three species of earthworm in Pb treated soils determined using an OECD-style toxicity test and a soil avoidance test [J]. Environmental Pollution, 138: 368-375.

Liu N, Jin X W, Wang Y Y, et al. 2016. Review of criteria for screening and evaluating ecotoxicity data [J]. Asian Journal of Ecotoxicology, 11 (3): 1-10.

Liu S, Tian S, Kexin L, et al. , 2018 . Heavy metal bioaccessibility and health risks in the contaminated soil of an abandoned, small-scale lead and zinc mine [J]. Environmental Science and Pollution Research, 25: 1-13.

Luo X S, Yu S, Li X D, 2012 . The mobility, bioavailability, and human bioaccessibility of trace metals in urban soils of Hong Kong [J]. Applied Geochemistry, 27 (5): 995-1004.

Ma Q, Zhao W, Guan D X, et al. , 2020 . Comparing $CaCl_2$, EDTA and DGT methods to predict Cd and Ni accumulation in rice grains from contaminated soils [J]. Environmental Pollution, 260: 114042.

Martins G C, Da Silva Junior E C, Ramos S J, et al. , 2021 . Bioavailability of copper and nickel in naturally metal-enriched soils of Carajas Mining Province, Eastern Amazon, Brazil [J]. Environmental Monitoring and Assessment, 193 (5): 256.

Nahmani J, Hodson M E, Blask S, 2007. A review of studies performed to assess metal uptake by earthworms [J]. Environmental Pollution, 145: 402-424.

Naidu R, Bolan N S, Megharaj M, et al. , 2008 . Chapter 1 Chemical bioavailability in terrestrial environments [M/OL]. Developments in Soil Science: Elsevier: 1-6.

NEPC, 2013. Schedule B (5b) Guideline on methodology to derive ecological investigation levels in contaminated soils [R]. Canberra: National Environment Protection Council. Federal Register of Legislative Instruments: F2013L00768.

Oliverio A M, Geisen S, Delgado B M, et al. , 2020 . The global-scale distributions of soil protists and their contributions to belowground systems [J]. Science Advance, 6: eaax8787.

Song Y F, Zhou Q X, Xu H X, et al. , 2002a. Eco-toxicology of heavy metals on the inhibition of seed germination and root elongation of wheat in soils [J]. Chinese Journal of Applied Ecology, 13 (4): 459-462.

Song Y F, Zhou Q X, Xu H X, et al. , 2002b . Eco-toxicological effects of phenanthrene, pyrene and 1, 2, 4-trichlorobenzene in soils on the inhibition of root elongation of higher plants [J]. Acta Ecologica Sinica, 22 (11): 1945-1950.

Teng Y, Feng D, Wu J, et al. , 2015 . Distribution, bioavailability, and potential ecological risk of Cu, Pb, and Zn in soil in a potential groundwater source area [J]. Environmental Monitoring and Assessment, 187 (5): 293.

TK, 1989. Nationaal Milieubeleidsplan (NMP) . Notitie "Omgaan met risico's" [R]. Tweede Kamer der Staten-Generaal, vergaderjaar 1988-1989, 21137: 5.

TRAAS T P, 2001. Guidance document on deriving environmental risk limits [R]. Netherlands: RIVM.

Vasiluk L, Sowa J, Sanborn P, et al. , 2019 . Bioaccessibility estimates by gastric SBRC method to determine relationships to bioavailability of nickel in ultramafic soils [J]. Science of the Total Environment, 673: 685-693.

Wang G, Xia X, Yang J, et al. , 2020. Exploring the bioavailability of nickel in a soil system: Physiological and histopathological toxicity study to the earthworms (*Eisenia fetida*) [J]. Journal of Hazardous Materials, 383: 121169.

Wu X, Cai Q, Xu Q, et al. , 2020 . Wheat (*Triticum aestivum* L.) grains uptake of lead (Pb), transfer factors and prediction models for various types of soils from China [J]. Ecotoxicology and Environmental Safety, 2020, 206: 111387.

Xiao L, Li M H, Dai J, et al. , 2020 . Assessment of earthworm activity on Cu, Cd, Pb and Zn bioavailability in contaminated soils using biota to soil accumulation factor and DTPA extraction [J]. Ecotoxicology and Environmental Safety, 195: 110513.

Yan K, Dong Z, Naidu R, et al. , 2020 . Comparison of in vitro models in a mice model and investigation of the changes in Pb speciation during Pb bioavailability assessments [J]. Journal of Hazardous Materials, 388: 121744.

Yang Q, Wang X, Shen Y L, 2009 . Effect of soil extract solution from different aged alfalfa standings on seed germination of three species [J]. Acta Agrestia Sinica, 17 (006): 784-788.

Zhang J W, Liu Z, Tian B, et al. , 2023 . Assessment of soil heavy metal pollution in provinces of China based on different soil types: From normalization to soil quality criteria and ecological risk assessment [J]. Journal of Hazardous Materials, 441: 129891.

Zhang L, Verweij R A, Van Gestel C A M, 2019 . Effect of soil properties on Pb bioavailability and toxicity to the soil invertebrate Enchytraeus crypticus [J]. Chemosphere, 217: 9-17.

Zhang X, Dayton E A, Basta N T, 2020. Predicting the modifying effect of soils on arsenic phytotoxicity and phytoaccumulation using soil properties or soil extraction methods [J]. Environmental Pollution, 263: 114501.

Zhu G Y, Jiang B, Li J M, et al. , 2018 . Toxicity thresholds based on Mehlich-3 extractable nickel to barley root elongation [J]. China Environmental Science, 38 (8): 3143-3150.

Zhu X, Yang F, Wei C, 2015 . Factors influencing the heavy metal bioaccessibility in soils were site dependent from different geographical locations [J]. Environmental Science and Pollution Research, 22 (18): 13939-13949.

第二篇

技术篇

第3章 土壤受试生物筛选

土壤受试生物或生态受体是开展土壤生态环境基准、风险评估和生态毒理学等研究的基本要素，生态受体的选择也间接反映了生态环境基准和风险评估的保护范围和评估水平，因此土壤受试生物（生态受体）的筛选至关重要。本章开展了陆生植物和土壤动物的筛选探索，尝试基于物种代表性、广泛分布性、可获取性、标准方法可参考性等原则筛选出我国土壤受试生物（生态受体），为土壤生态环境基准的制定、风险评估、生态毒理测试和环境管理提供支持。

3.1 受试生物筛选方法

3.1.1 土壤动物筛选

用于生态毒理实验的土壤动物物种相对固定，部分物种购买渠道有限，不适合广泛用于实验，故土壤动物的筛选主要根据公开发表的文献，统计研究人员使用过的土壤动物物种，根据物种外形大小、物种分类的描述，整理成受试土壤动物名单。根据文献描述确定其中文名和拉丁学名等，对未有可靠中文名的土壤动物物种，暂以属名代称，若同属有多个物种无法确定中文名，则按顺序进行编号。

3.1.2 土壤植物筛选

依据《中国生物物种名录　第一卷　植物　总名录》（上中下册）对我国植物物种多样性的记录，统计高等植物（苔藓、蕨类、被子、裸子植物）的省份分布（图 3.1），鉴于我国气候类型复杂、植物种类丰富，整理分布在 20 个及以上省份的植物物种，认为其具有可靠的本土植物代表性。高等植物中，苔藓植物与蕨类植物依靠孢子繁殖，对周围生长环境的变化表现出高敏感性，现有毒性数据少且购买渠道不便，故未推荐作为受试植物。裸子植物均为多年生木本植物，与周围环境因素关系复杂，不宜在短期内观察生长情况，故未推荐作为受试植物。因此，本章在梳理各高等植物分布及物种量的基础上，选择被子植物作为主要的受试植物选择库。在最新的研究进展中，中国环境科学研究院的王晓南团队针对生态安全土壤环境基准初步筛选了本土植物物种，以生物分布、是否易于获得和培养、有无标准测试方法等为依据，探索土壤基准受试生物，初步搜集了被子植物门在国内分布广泛的物种。该研究初步筛选分布广泛的被子植物物种共计78种，部分易于识别的物种可在野外采集。禾本科提供了较多的分布广泛物种，其中包括重要的粮食作物，如稻（*Oryza sativa*）、大麦（*Hordeum vulgare*）、小麦（*Triticum aestivum*）、高粱（*Sorghu bicolor*）、玉蜀黍（*Zea mays*），十字花科也提供了较为常见的蔬菜品种；此外，还有常见的牧草、杂草、中草药等分布在各科中。我国被子植物物种资源丰富，《中国生物物种名录　第一卷　植物　总名录》（上中下册）记录在册的被子植物共有263科总计30379种，占高等植物总物种数的85%（图3.1），其中菊科、禾本科、豆科、兰科、毛茛科、唇形科、莎草科、荨麻科等均含有较多物种数。从中选择在我国20个及以上省份有分布的被子植物，进一步搜集其购买及野外采集信息，将易获得且分布广泛的被子植物作为受试植物。受试植物应具备一定的可操作性，便于获得且易于培养（马瑾 等，2021），可在实验室环境下提供良好的毒性数据。

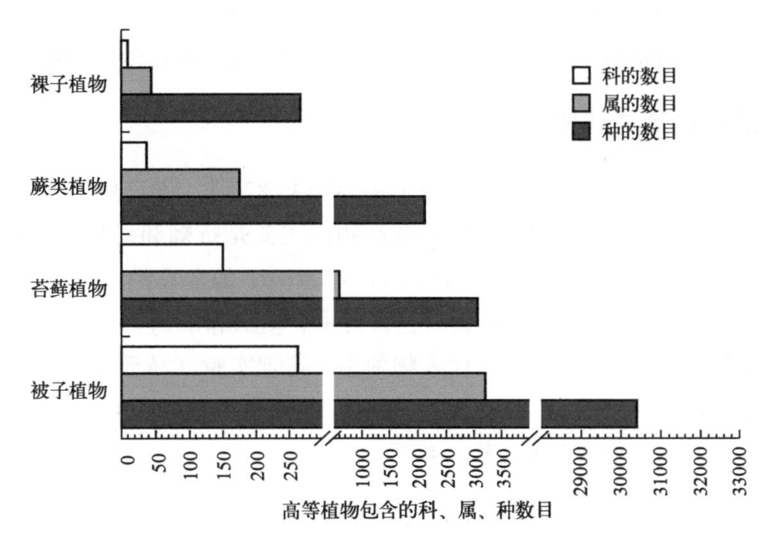

图3.1　中国高等植物物种分布数目

搜集受试植物名单中各物种的生态毒性数据，考察其对污染物的敏感性情况。在ECOTOX数据库（https://cfpub.epa.gov/ecotox/index.cfm）以及公开发表的文献中，检索并记录受试植物现有的生态毒性数据，毒性终点选择EC_{50}、IC_{50}（半数抑制效应浓度）、LC_{50} 3类指标。获得毒性数据后按照以下条件进行筛选：

① 有明确的毒性终点记录。

② 单位统一，符合土壤生态毒理实验的真实情况。因研究人员采用不同的实验方法，如水培或者土培养，会导致毒性数据浓度值单位不一致，本研究以mg/kg作为统一筛选单位。

③ 对于同一污染物，如有较多毒性值，优先采用来源相同的可靠数据，计算几何平均值作为种平均毒性值（Liu et al.，2014）。记录毒性数据相对丰富（即含有3种及3种以上污染物毒性数据）的受试植物，并将各受试植物的污染物毒性值均按从小到大的顺序排列，获得对相应受试植物毒性最大（毒性值最小）的污染物种类。

汇总对各受试植物毒性最大的污染物种类，记录重叠次数，排除重叠次数为1的污染物，其余污染物以CAS号、中英文名称等从ECOTOX数据库及公开发表的文献中检索毒性数据，保留被子植物物种的毒性数据。根据毒性数据筛选原则，计算各被子植物物种对同一污染物的累积概率，以种平均毒性值的对数为横坐标，以对应的累积概率为纵坐标，绘制物种敏感度分布曲线。毒性数据相对丰富的受试植物若累积概率排在前列，则为敏感性受试植物，该污染物为高毒性污染物。所用软件为Excel 2019及Origin 9.1。

3.2 土壤受试生物筛选结果

土壤受试生物的筛选，主要基于动物界和植物界的物种，通过文献检索、毒性数据搜集，筛选出物种大类，通过生物分类代表性、应用广泛性、基因稳定性、分布范围是否广泛等多个层面得出相应的受试物种名单。不仅汇总了现有研究人员在生态毒理实验中的常用物种，也提出了更为广泛的实验选材物种，从而进一步扩充相应物种的生态毒性，更符合我国的实际情况，也便于研究者评价相应环境基准和生态风险。

3.2.1 土壤动物筛选结果

典型有机污染物生态毒性数据涉及的土壤动物共27种，涉及环节动物门、节肢动物门、软体动物门、线虫动物门。其中环节动物门主要是蚯蚓和线蚯，包含11个属分类，赤子爱胜蚓、安德爱胜蚓和*Enchytraeus crypticus*是常见的实验物种（李涛 等，2021；Lisboa et al.，2021）。节肢动物门包含跳虫、螨虫和鼠妇，分别有2个不同的属分类，其中白符跳虫常被作为弹尾目代表物种用于毒理实验（马瑾 等，2021）。软体动物门主要是蜗牛，包含2个属分类。秀丽隐杆线虫是线虫动物门常见的物种代表（ASTM，2001），受试动物名单见表3.1。

表3.1 受试动物名单

序号	科	属	物种名	拉丁学名
1	正蚓科	爱胜蚓属	赤子爱胜蚓	*Eisenia foetida*
2		爱胜蚓属	安德爱胜蚓	*Eisenia andrei*
3		爱胜蚓属	威尼斯爱胜蚓	*Eisenia veneta*
4		流蚓属	背暗流蚓	*Aporrectodea caliginosa*
5		流蚓属	流蚓	*Aporrectodea nocturna*
6		正蚓属	红正蚓	*Lumbricus rubellus*
7		正蚓属	陆正蚓	*Lumbricus terrestris*
8		异唇蚓属	异唇蚓1	*Allolobophora icterica*
9		异唇蚓属	异唇蚓2	*Allolobophora tuberculata*
10		枝蚓属	八毛枝蚓	*Dendrobaena octaedra*

续表

序号	科	属	物种名	拉丁学名
11	巨蚓科	环棘蚓属	穴居环棘蚓	*Perionyx excavatus*
12		远盲蚓属	秉氏远盲蚓	*Amynthas carnosus*
13		腔蚓属	威廉腔蚓	*Metaphire guillelmi*
14	真蚓科	真蚓属	尤金真蚓	*Eudrilus eugeniae*
15	线蚓科	线蚓属	线蚓 1	*Enchytraeus crypticus*
16		线蚓属	线蚓 2	*Enchytraeus albidus*
17		线蚓属	线蚓 3	*Enchytraeus luxuriosus*
18		白线蚓属	球肾白线蚓	*Fridericia bulbosa*
19	等节跳科	符跳属	白符跳虫	*Folsomia candida*
20		符跳属	短角跳虫	*Folsomia fimetaria*
21	潮虫科	鼠妇属	平甲鼠妇	*Porcellio scaber*
22		腊鼠妇属	多霜腊鼠妇	*Porcellionides pruinosus*
23	小杆科	广杆线虫属	秀丽隐杆线虫	*Caenorhabditis. elegans*
24	厉螨科	下盾螨属	尖狭板螨	*Hypoaspis aculeifer*
25	奥甲螨科	奥甲螨属	甲螨	*Oppia nitens*
26	玛瑙螺科	玛瑙螺属	非洲大蜗牛	*Achatina fulica*
27	大蜗牛科	蜗牛属	散大蜗牛	*Helix aspersa*

在黄健等（2006）对我国蚯蚓资源的研究中，巨蚓科有多个物种在我国四川、云南等亚热带地区生活，其中远盲蚓属和腔蚓属的物种共有 236 个，占据了其总记录物种数的 77%。安德爱胜蚓不仅用于土壤生态毒理实验，也是研究蚯蚓再生机制的良好模型。

3.2.2 土壤植物筛选结果

在高等植物中，分布在我国 20 个及以上省份的裸子植物主要有杉科的杉木、水杉，柏科的柏木、圆柏，松科的雪松、马尾松，共 6 种（图 3.2）。分布广泛的苔藓植物主要来自青藓科，如青藓属、燕尾藓属、美喙藓属、同蒴藓属、鼠尾藓属、长喙藓属等，此外细鳞苔科也提供了较多的物种数。分布广泛的蕨类植物涉及 24 科，如铁角蕨科。尽管苔藓植物在我国大部分省份可见踪迹，但部分苔藓植物对污染物过于敏感（Ray et al.，2021），受到的毒害作用可能来自空气中的污染物，影响了其在土壤生态毒性研

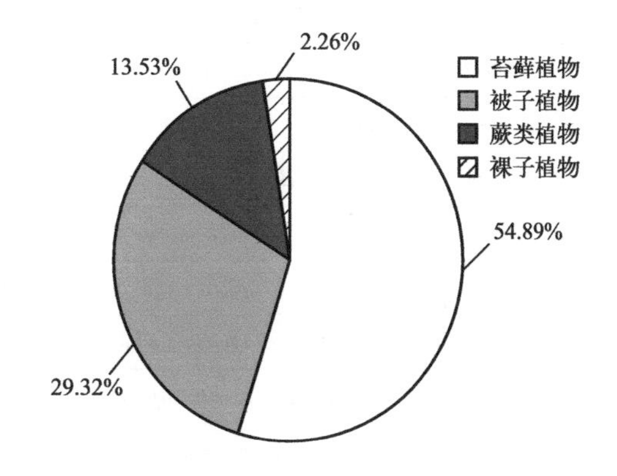

图 3.2 高等植物广泛分布物种数（种分类水平）

究中的应用。分布广泛的被子植物共有78种，其中53种易于购买，且部分物种可在野外进行采集，种子获取渠道较为多样，符合受试植物种子易得易栽培的条件。此外，这53种植物分布在我国多数省份，横跨多个气候带，在我国拥有较长的发展史，与人类生活息息相关，故认为其具有本土代表性，可作为我国土壤受试植物（表3.2）。禾本科与十字花科依然占据了较多物种数，多数主要用于农作，唇形科的物种常见用途是药用，其他科物种则功能不一。

表3.2 受试植物名单

科	属	物种名	拉丁学名	野外	科	属	物种名	拉丁学名	野外
菊科	牛蒡属	牛蒡	*Arctium lappa*	—	唇形科	香薷属	香薷	*Elsholtzia ciliata*	—
	蒿属	黄花蒿	*Artemisia annua*	是		活血丹属	活血丹	*Glechoma longituba*	—
	凤仙花属	凤仙花	*Impatiens balsamina*	—		益母草属	益母草	*Leonurus japonicus*	是
	蒲公英属	蒲公英	*Taraxacum mongolicum*	是		蜜蜂花属	香蜂花	*Melissa officinalis*	—
						薄荷属	薄荷	*Mentha canadensis*	是
禾本科	燕麦草属	燕麦草	*Arrhenatherum elatius*	—		鼠尾草属	一串红	*Salvia splendens*	—
	燕麦属	燕麦	*Avena sativa*	是		水苏属	绵毛水苏	*Stachys byzantina*	—
	野牛草属	野牛草	*Buchloe dactyloides*	—	伞形科	芹属	旱芹	*Apium graveolens*	—
	薏苡属	薏苡	*Coix lacryma-jobi*	—		蛇床属	蛇床	*Cnidium monnieri*	—
	稗属	稗	*Echinochloa crus-galli*	是		芫荽属	芫荽	*Coriandrum sativum*	是
	大麦属	大麦	*Hordeum vulgare*	—		茴香属	茴香	*Foeniculum vulgare*	—
	稻属	稻	*Oryza sativa*	是		水芹属	水芹	*Oenanthe javanica*	—
	黍属	稷	*Panicum miliaceum*	—		变豆菜属	变豆菜	*Sanicula chinensis*	—
	黍属	柳枝稷	*Panicum virgatum*	—	豆科	落花生属	落花生	*Arachis hypogaea*	是
	芦苇属	芦苇	*Phragmites australis*	是		苜蓿属	紫苜蓿	*Medicago sativa*	是
	早稻禾属	早熟禾	*Poa annua*	是		草木樨属	草木樨	*Melilotus officinalis*	—
	狗尾草属	狗尾草	*Setaria viridis*	是		豇豆属	绿豆	*Vigna radiata*	是
	高粱属	高粱	*Sorghum Bicolor*	是	蔷薇科	龙芽草属	龙芽草	*Agrimonia pilosa*	—
	小麦属	普通小麦	*Triticum aestivum*	是		草莓属	草莓	*Fragaria*×*ananassa*	—
	黑麦草属	黑麦草	*Lolium perenne*	—	莎草科	莎草属	异型莎草	*Cyperus difformis*	—
	玉蜀黍属	玉蜀黍	*Zea mays*	是		水蜈蚣属	短叶水蜈蚣	*Kyllinga brevifolia*	—
十字花科	芸薹属	芥菜	*Brassica juncea*	—					
	芸薹属	欧洲油菜	*Brassica napus*	—	马齿苋科	马齿苋属	马齿苋	*Portulaca oleracea*	是
	芸薹属	芜青	*Brassica rapa*	是					
	荠属	荠	*Capsella bursa-pastoris*	—	葫芦科	黄瓜属	黄瓜	*Cucumis sativus*	是
	播娘蒿属	播娘蒿	*Descurainia sophia*	—	毛茛科	飞燕草属	飞燕草	*Consolida ajacis*	—
	屈曲花属	屈曲花	*Iberis amara*	—	荨麻科	堇菜属	三色堇	*Viola tricolor*	是
	紫罗兰属	紫罗兰	*Matthiola incana*	—	茜草科	拉拉藤属	猪殃殃	*Galium spurium*	是

在受试植物名单中，作为常见的药用植物，和尚菜、牛蒡、蒲公英、香薷、活血丹、益母草、一串红、马齿苋等的基因组都已得到部分研究，遗传背景相对清晰，有利于生态毒理实验的开展。作为常见牧草，柳枝稷近年被发现可作为生物燃料，格兰马草因具有较高的遗传多样性，在开发优良高产牧草研究中显现出较好应用前景，野牛草、草木樨等同样在其他领域被发现可加以利用。作为常见的经济作物，如小麦、燕麦、玉蜀黍等，其本身在人类生活中就扮演着重要角色，一旦受到污染，不仅引发粮食安全、生态污染问题，也会影响到人体健康。筛选得到的受试植物，每个物种基本都具有两种以上的功能，如草木樨既是常见牧草也是中草药之一，马齿苋既是中草药也是牧草、蔬菜，多样化的功能使得其与人类生产活动互相影响。因其在人类生活中的重要角色，及现有生物技术手段对其遗传背景的研究，将其应用在生态毒理实验中的可行性较高，对于土壤生态风险评估及环境基准的研究也具有实际的生态意义。

其中，燕麦、普通小麦和芜青被 ISO 优先推荐为受试植物，玉蜀黍与豆科植物在必要条件下也可使用（ISO，2012a；ISO，2012b）。欧洲油菜、芜青、黄瓜、绿豆、大麦、黑麦草、高粱、普通小麦、玉蜀黍、稻被经济合作与发展组织（Organization for Economic Co-operation and Development，OECD）推荐为土壤生态毒理实验的受试植物（OECD，2006）。黄瓜、燕麦、黑麦草、玉蜀黍、芜青、欧洲油菜被 US EPA 推荐作为植物早期幼苗生长实验的受试植物（US EPA，2012a；US EPA，2012b）。此外，OECD 与 US EPA 也提出了非农作物的受试植物名单，并认为具有生态或经济价值的植物在特定条件下用作受试植物具有重大意义。

对表 3.2 中 53 种受试植物进行土壤生态毒性数据的搜集，根据条件筛选后，共有 12 种受试植物具有相对丰富的毒性数据，即毒性数据涉及污染物≥3 个（图 3.3）。筛选后的现有毒性数据涉及污染物最多的是燕麦，共 37 种污染物，其次是芜青，普通小麦与玉蜀黍涉及相同数目的污染物，涉及污染物最少的是大麦。12 种受试植物目前均在中国多个省份有分布（王利松 等，2018），都可认为是本土植物；此外，燕麦、芜青、普通小麦、玉蜀黍普遍被推荐为受试植物（ISO，2012a；ISO，2012b；OECD，2006；US EPA，2012a；US EPA，2012b）。

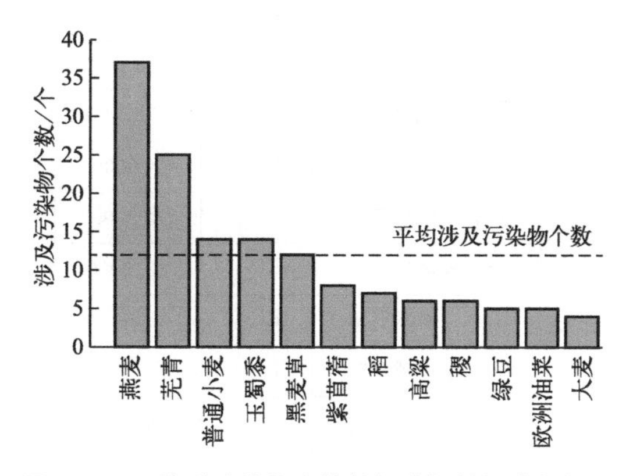

图 3.3　12 种受试植物毒性数据涉及的污染物数目

这 12 种受试植物涉及污染物总数 118 种，对各物种毒性较大的污染物见表 3.3，排除重叠后，共有 13 种污染物对 2 种及 2 种以上受试生物有较高毒性。即阿特拉津（CAS 号：1912249）、西玛津（CAS 号：122349）、氨磺乐灵（CAS 号：19044883）、氟乐灵（CAS 号：1582098）、二丙烯草胺（CAS 号：93710）、唑嘧磺草胺（CAS 号：98967409）、2,6-二氯苄腈（CAS 号：1194656）、重铬酸钾（CAS 号：7778509）、五氯酚（CAS 号：87865）、硼酸（CAS 号：10043353）、硫酸铜（CAS 号：7758987）、2,

4,6-三硝基甲苯（CAS 号：118967）、2,4-二硝基甲苯（CAS 号：121142）这 13 种污染物，主要起除草、杀虫、除菌等作用。此外，对稻毒性较大的 5 种污染物与其他受试生物未重叠（表 3.3），可能是稻的特异性谷胱甘肽 S-转移酶（GST）对常见除草剂类污染物有解毒作用造成的（Lee et al.，2011；Hu，2014）。

表 3.3　12 种受试植物的污染物毒性 EC_{50} 和 IC_{50} 值

物种名称	污染物	终点指标	c/(mg/kg)	物种名称	污染物	终点指标	c/(mg/kg)
燕麦	阿特拉津	EC_{50}	0.0750	稷	氟乐灵	IC_{50}	0.8150
	西玛津	EC_{50}	0.0800		阿特拉津	EC_{50}	1.0000
	氨磺乐灵	IC_{50}	0.2240		甲醇	EC_{50}	2.9510
	氟乐灵	IC_{50}	0.3640		氯化镉	EC_{50}	53.8340
	二丙烯草胺	IC_{50}	1.0000		蒽	EC_{50}	107.8400
欧洲油菜	唑嘧磺草胺	IC_{50}	0.7700	高粱	氟乐灵	IC_{50}	0.2150
	2,6-二氯苄腈	EC_{50}	1.0000		氟草胺	IC_{50}	0.3200
	重铬酸钾	EC_{50}	10.0000		氨磺乐灵	IC_{50}	0.3600
	五氯酚	EC_{50}	100.0000		2,4-二氯苯氧乙酸	IC_{50}	1.0000
	硼酸	EC_{50}	266.0000		草克死	IC_{50}	1.0000
大麦	阿特拉津	EC_{50}	0.0450	普通小麦	西玛津	EC_{50}	0.0150
	西玛津	EC_{50}	0.1500		阿特拉津	EC_{50}	0.1150
	镉	EC_{50}	61.7000		2,6-二氯苄腈	EC_{50}	1.0000
	硫酸铜	IC_{50}	1659.2800		乐果	EC_{50}	13.5000
	2,4,6-三硝基甲苯	IC_{50}	4076.0500		乙酸	EC_{50}	23.3000
黑麦草	2,6-二氯苄腈	EC_{50}	1.0000	绿豆	2,6-二氯苄腈	EC_{50}	1.0000
	2,4-二硝基甲苯	EC_{50}	3.2300		五氯酚	EC_{50}	100.0000
	地散磷	EC_{50}	12.0000		重铬酸钾	EC_{50}	100.0000
	2,6-二硝基甲苯	EC_{50}	25.5000		全氟辛酸	EC_{50}	365.6000
	1,3,5-三硝基苯	EC_{50}	44.5000		三氟乙酸钠	EC_{50}	770.0000
紫苜蓿	氯磺隆	EC_{50}	0.0003	玉蜀黍	嘧草硫醚	EC_{50}	0.0100
	2,6-二硝基甲苯	EC_{50}	16.1670		氨磺乐灵	EC_{50}	0.4080
	2,4-二硝基甲苯	EC_{50}	46.8330		氟乐灵	EC_{50}	0.7480
	1,3,5-三硝基苯	EC_{50}	70.0000		唑嘧磺草胺	EC_{50}	0.7900
	2,4,6-三硝基甲苯	EC_{50}	85.0000		地散磷	EC_{50}	8.7500
稻	喹禾灵	IC_{50}	0.0170	芜青	阿特拉津	EC_{50}	0.3700
	100646524①	IC_{50}	3.7500		2,6-二氯苄腈	EC_{50}	0.6900
	磺胺甲噁唑	EC_{50}	25.5000		五氯酚钠	EC_{50}	11.3200
	精喹禾灵	EC_{50}	34.5000		五氯酚	EC_{50}	17.5000
	磺胺二甲嘧啶	EC_{50}	131.5000		重铬酸钾	EC_{50}	21.0000

① 数字表示化合物 CAS 号。

基于生态系统中物质循环的基本原则，土壤污染与地下水污染、饮用水污染等具有一定关联性（Xue et al.，2015）。以上 13 种污染物中，阿特拉津与西玛津是常见的三嗪类除草剂，三嗪类除草剂因发明较早、效果显著，得到了大范围应用，其中阿特拉津已被公认为地表水和地下水的主要污染物之一（Mesquini et al.，2015），在土壤中对豆科植物的毒性可在使用 18 周后仍被检测到（Simarmata et al.，2018）。氟乐灵是一种广泛使用且在环境中持久存在的二硝基苯胺类除草剂，具有显著的生态毒性（Coleman et al.，2020）。二丙烯草胺被归类为土壤中的淋滤剂，其对地下水的污染潜力与甲草胺和异丙甲草胺相当（Balinova，1997）。在土壤中，2,6-二氯苄腈本身不但抑制燕麦幼苗发芽，还会杀死或阻碍幼嫩植物的生长（Koopman et al.，1960），其降解产物 2,6-二氯苯甲酰胺（BAM）已在 19%的丹麦地下水样本中检出（Holtze et al.，2006）。2,4,6-三硝基甲苯对植物根系的微观结构会造成损害并抑制光合作用，如造成紫苜蓿氧化酶系统紊乱（Yang et al.，2021），其在土壤中的代谢物质 2,4-二硝基甲苯等可对人体及环境造成潜在的危害（Neuwoehner et al.，2010；Doherty et al.，2019）。此外，五氯酚对土壤微生物群具有高毒性（Marti et al.，2011），唑嘧磺草胺会抑制豆科作物的发芽并导致植物死亡（Bondareva et al.，2021）。这 13 种污染物使用较久，并在土壤中具有一定的积累性，对不同植物物种存在一定的毒害作用，会随着物质循环进入水体影响水体安全，同时也会因为直接或间接接触危害人体健康。

搜集这 13 个污染物的毒性数据，根据筛选条件得到了 5 种及 5 种以上被子植物对 6 个污染物的毒性数据（数据分析的基本数据点要求）。采用 log-logistic 物种敏感度分布法（Xiao et al.，2017；Wei et al.，2012；Wang et al.，2014）对 2,4-二硝基甲苯、2,4,6-三硝基甲苯、阿特拉津、氟乐灵、硫酸铜和西玛津等的植物毒性效应进行敏感性分析（图 3.4）。结果发现黑麦草对 2,4-二硝基甲苯、硫酸铜、2,4,6-三硝基甲苯较为敏感，紫苜蓿对 2,4,6-三硝基甲苯较为敏感，大麦对阿特拉津较为敏感，高粱对氟乐灵较为敏感，普通小麦对西玛津表现敏感。

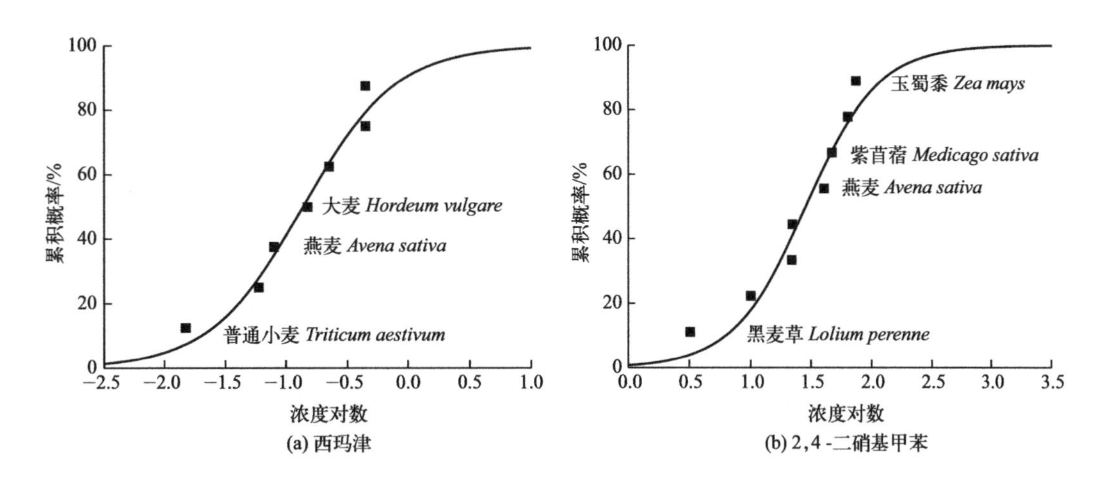

图 3.4

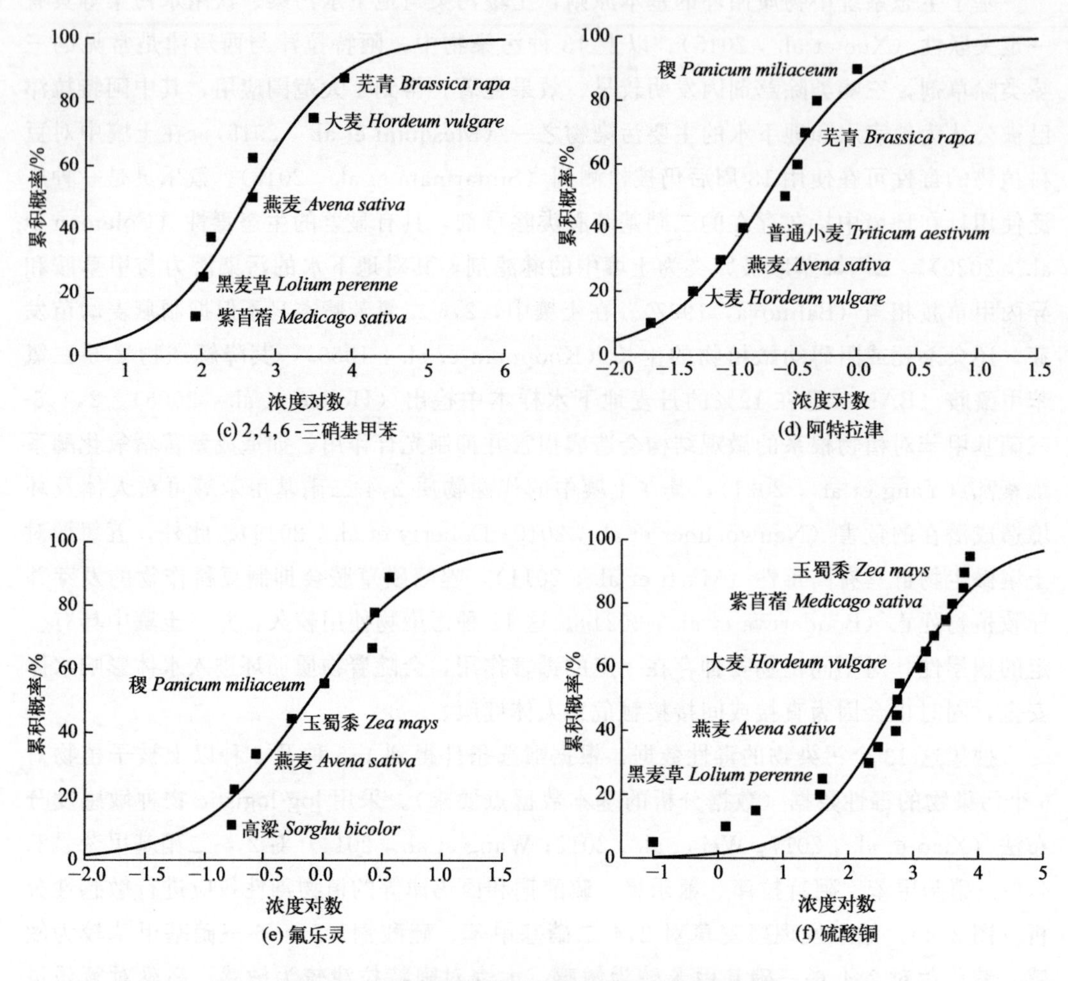

图 3.4　植物对典型污染物毒性的物种敏感度分布

注：未标注物种来自禾本科、豆科、十字花科、葫芦科、茄科、菊科、伞形科等

由图 3.4 可见，现有研究多集中在农作物上，关于其他具有生产生活功能的植物物种研究较少，植物物种代表性不足。此外，涵盖的污染物数据也不够全面，缺少对近年新兴污染物的研究，考虑到化合物总体数量庞大，我国的生态毒性数据尚需要更多补充。本土生态毒性数据多维度的不足，将不利于我国土壤生态风险的评估及环境基准的推导。

参考文献

黄健，徐芹，孙振钧，等，2006. 中国蚯蚓资源研究：Ⅰ. 名录及分布 [J]. 中国农业大学学报，03：9-20.

李涛，孟丹丹，郭水良，等，2021. 17 种常用除草剂对蚯蚓的急性毒性 [J]. 生态环境学报，30 (06)：1269-1275.

马瑾，刘奇缘，陈海燕，等，2021. 世界主要发达国家土壤环境基准与标准理论方法研究 [M]. 北京：科学出版社.

王利松，贾渝，张宪春，2018. 中国生物物种名录 第一卷 植物 总名录 [M]. 北京：科学出版社.

ASTM，2001. Standard guide for conducting laboratory soil toxicity tests with the nematode *Caenorhabditis elegans* [S]. West Conshohocken，PA：American Society of Testing Materials.

Balinova A M, 1997. Acetochlor—A comparative study on parameters governing the potential for water pollution [J]. Journal of Environmental Science and Health Part B, 32 (5): 645-658.

Bondareva L, Fedorova N, 2021. Pesticides: Behavior in agricultural soil and plants [J]. Molecules, 26 (17): 5370.

Coleman N V, Rich D J, Tang F, et al., 2020. Biodegradation and abiotic degradation of trifluralin: A commonly used herbicide with a poorly understood environmental fate [J]. Environmental Science and Technology, 54 (17): 10399-10410.

Doherty S J, Messan K S, Busby R R, et al., 2019. Ecotoxicity of 2,4-dinitrotoluene to cold tolerant plant species in a sub-arctic soil [J]. International Journal of Phytoremediation, 21: 958-968.

Holtze M S, Sørensen J, Hansen H, et al., 2006. Transformation of the herbicide 2,6-dichlorobenzonitrile to the persistent metabolite 2,6-dichlorobenzamide (BAM) by soil bacteria known to harbour nitrile hydratase or nitrilase [J]. Biodegradation, 17 (6): 503-510.

Hu T, 2014. A glutathione S-transferase confers herbicide tolerance in rice [J]. Crop Breeding and Applied Biotechnology, 14 (2): 76-81.

ISO, 2012a. Soil quality—Determination of the effects of pollutants on soil flora. Part 1: Method for the measurement of inhibition of root growth ISO 11269-1 [S]. Geneva: International Organization for Standardization.

ISO, 2012b. Soil quality—Determination of the effects of pollutants on soil flora. Part 2: Effects of chemicals on the emergence and growth of higher plants ISO 11269-2 [S]. Geneva: International Organization for Standardization.

Koopman H, Daams J, 1960. 2,6-dichlorobenzonitrile: A new herbicide [J]. Nature, 186 (4718): 89-90.

Lee J J, Jo H J, Kong K H, 2011. A plant-specific tau class glutathione S-transferase from oryza sativa having significant detoxification activity towards chloroacetanilide herbicides [J]. Bulletin- Korean Chemical Society, 32 (10): 3756-3759.

Lisboa R D, Storck T R, Silveria A D, et al., 2021. Ecotoxicological responses of *Eisenia andrei* exposed in field-contaminated soils by sanitary sewage [J]. Ecotoxicology and environmental safety, 214: 112049.

Liu T T, Zheng X, Yan Z G, et al., 2014. Screening of native aquatic macrophytes for establishing aquatic life criteria [J]. Journal of Agro-Environment Science, 33 (11): 2204-2212.

Marti E, Sierra J, Caliz J, et al., 2011. Ecotoxicity of chlorophenolic compounds depending on soil characteristics [J]. Science of the Total Environment, 409 (14): 2707-2716.

Mesquini J, Sawaya A, López B, et al., 2015. Detoxification of atrazine by *endophytic streptomyces* sp. isolated from sugarcane and detection of nontoxic metabolite [J]. Bulletin of Environmental Contamination and Toxicology, 95 (6): 803-809.

Neuwoehner J, Schofer A, Erlenkaemper B, et al., 2010. Toxicological characterization of 2,4,6-trinitrotoluene, its transformation products, and two nitramine explosives [J]. Environmental Toxicology and Chemistry, 26 (6): 1090-1099.

OECD, 2006. Guideline for the testing of chemicals. Proposal for updating guideline 208 [S]. Paris: Organization for Economic Cooperation and Development.

Ray S, Bhattacharya S, 2021. Manual for bryophytes: Morphotaxonomy, diversity, spore germination, conservation [M]. Florida: CRC Press.

Simarmata M, Harsono P, Hartal H, 2018. Sensitivity of legumes and soil microorganisms to residue of herbicide mixture of atrazine and mesotrione [J]. Asian J Agri and Biol, 6 (1): 12-20.

US EPA, 2012a. Ecological effects test guidelines. OPPTS 850.4230. Early seedling growth toxicity test [S]. Washington: U.S. Environmental Protection Agency.

US EPA, 2012b. Ecological effects test guidelines. OPPTS 850.4100. Seedling emergence and seedling growth [S]. Washington: U.S. Environmental Protection Agency.

Wang X, Yan Z, Liu Z, et al., 2014. Comparison of species sensitivity distributions for species from China and the USA [J]. Environmental Science and Pollution Research, 21 (1): 168-176.

Wei W, Liang D L, Chen S B, 2012. Plant species sensitivity distribution to the phytotoxicity of soil exogenous Zinc [J]. Chinese Journal of Ecology, 31 (3): 538-543.

Xiao P F, Lin X Y, Liu Y H, et al., 2017. Application of species sensitivity distribution in aquatic ecological risk assessment of chlopyrifos for paddy ecosystem [J]. Asian Journal of Ecotoxicology, 12 (3): 398-407.

Xue X, Hawkins T R, Ingwersen W W, et al., 2015. Demonstrating an approach for including pesticide use in life-cycle assessment: Estimating human and ecosystem toxicity of pesticide use in midwest corn farming [J]. The International Journal of Life Cycle Assessment, 20 (8): 1117-1126.

Yang X, Zhang Y, Lai J, et al., 2021. Analysis of the biodegradation and phytotoxicity mechanism of TNT, RDX, HMX in alfalfa (medicago saliva) [J]. Chemosphere, 281: 130842.

第4章 土壤生态毒性归一化及应用

鉴于土壤性质（pH 值、OC、CEC 和黏土含量等）对污染物的土壤生态毒性的潜在影响，在土壤环境基准的制定和风险评估中应考虑基于土壤性质的生态毒性值的归一化。但在现实中所搜集到的毒性数据往往是基于不同性质的土壤，而未归一化的毒性值推导出的基准值在实际应用中的效果不足，也不利于精准的风险评估工作。鉴于土壤性质对生态毒性数据的显著影响，结合土壤生态毒性数据比较缺乏的现状，本章开展了基于土壤性质的土壤生态毒性的多元归一化和种间外推归一化模型构建，结果将为土壤环境基准制定和风险评估提供技术支持。

4.1 土壤重金属生态毒性归一化研究

随着经济的快速发展，土壤重金属污染问题由于高毒性、持久性和对生态系统的不可挽回的损害而在中国变得越来越突出。目前，中国广泛应用的土壤环境质量标准是分别针对农用地（GB 15618—2018）和建设用地（GB 36600—2018）土壤污染的。长期研究集中在农用地和建设用地上是因为它们与人体健康息息相关。然而，生态系统也易受到重金属污染，高浓度的重金属会对生物体和生态系统功能产生不利影响。目前，生态系统中的重金属污染尚未得到充分的关注。这些挑战将在未来推动政府环境管理和重金属污染研究。

非生物因素（如土壤 pH 值、CEC、OM 和黏土含量）会影响重金属对陆地生物的毒性已得到充分证明，在推导土壤质量基准和评估风险时应予以考虑（Louzon et al.，2021；Cipullo et al.，2019；Wang et al.，2022）。物种敏感性分布（SSD）法基于几个物种的毒性数据的统计累积概率分布进行，它允许从生态系统的角度量化污染物的生态风险，因此经常用于推导质量基准值（Bandeira et al.，2021；Wang et al.，2015）。同时，归一化可以消除土壤性质差异的影响，反映物种敏感性的差异，比非归一化更加科学有效（Wan et al.，2020；Wang et al.，2020）。SSD 法结合不同土壤性质的归一化毒性数据，可以解决生活在不同生态分区物种毒性数据缺乏以及非生物因素对 SQC 推导的影响问题（Xu et al.，2019；Ding et al.，2018）。

本章用于推导 SQC 的所有毒性值都是外源添加的浓度。土壤重金属的生态毒性数据都有相应的毒性效应和土壤性质，共有 2 个来源：

① 所有陆生生物中重金属的可用和可靠的毒性数据收集于 ECOTOX 数据库和已发表的文章。选择了对土壤微生物、无脊椎动物和植物的生存、生长和繁殖等有明显不良毒性效应的慢性数据（$EC_{10add}/NOEC_{add}/LOEC_{add}$）。收集的所有信息应包括明确的土壤性质（pH 值、CEC、OM 和黏土含量）。删除水培条件下的记录，保留土壤作为实验介质时的数据。使用几何平均值对相同土壤特性下相同物种的相同毒性效应的毒性值进行进一步处理。

② 本章进行了 2 种土壤条件下 Cd、Cu、Pb 和 As 对紫苜蓿和黑麦草的生态毒性实验，共获得了 24 组慢性 EC_{10add} 值，根据①中的筛选标准，最终筛选了 9 个毒性值进行归一化。

4.1.1 多元归一化

采用多元线性回归分析建立回归模型，将毒性值归一化到目标土壤条件。该模型通常表示为：

$$\lg T = k_1 \mathrm{pH} + k_2 \lg \mathrm{OM} + k_3 \lg \mathrm{CEC} + k_4 \lg \mathrm{clay} + b \tag{4-1}$$

式中　T——土壤的 $EC_{10add}/NOEC_{add}/LOEC_{add}$ 值；

k_1、k_2、k_3、k_4——土壤的 pH 值、CEC、OM 和 clay 的常数；

b——常数。

用回归分析的 R^2 和 P 值来评估多元回归的效果。若归一化后毒性值≥2 个，则取几何平均值。

4.1.2 种间外推归一化

对于毒性值与土壤特性相匹配但自身数据数量不足以建立回归模型的物种，使用种间外推回归模型进行归一化（Wan et al.，2020；Wang et al.，2018a）。在特定测试土壤 x 中，物种 i 的单个 $T_{i,x}$［T 在式（4-1）中定义］被归一化为具有“目标土壤”性质 y 的毒性值，如式（4-2）所示：

$$T_{i,y} = T_{i,x} \times 10^{k_1(\mathrm{pH}_y - \mathrm{pH}_x) + k_2 \lg(\mathrm{OM}_y/\mathrm{OM}_x) + k_3 \lg(\mathrm{CEC}_y/\mathrm{CEC}_x) + k_4 \lg(\mathrm{clay}_y/\mathrm{clay}_x)} \tag{4-2}$$

式中 k_1、k_2、k_3、k_4 在式（4-1）中定义，具体数值来自物种 j 的归一化方程（在物种 j 与物种 i 的分类学距离≤2 时选用）。分类学距离采用 NCBI 的“taxonomy common tree”（https://www.ncbi.nlm.nih.gov）数据进行计算，计算规则为：同属物种，1；科，2；目，3；纲，4；门，5（Ceneviva Bastos et al.，2017；Raimondo et al.，2007）。

4.1.3 毒性归一化结果

利用 4.1.1 部分和 4.1.2 部分的归一化模型，根据土壤性质对重金属的生态毒性数据进行预测，并与实测值（实测值未参与归一化模型的构建）进行比较，验证归一化模型的预测效果。

统计了全国第二次土壤普查（1979～1994 年）的数据，并采用各省土壤性质的算术平均值进行聚类分析。K-means 聚类分析结果表明，中国土壤可分为酸性、中性和碱性 3 种具有代表性的类型（3 种土壤的命名是根据多种土壤性质的综合分析非以 pH 值为唯一依据），如表 4.1 所列。

表 4.1　我国 3 种代表性土壤

土壤类型	pH 值	CEC/(cmol/kg)	OM/%	clay/%
酸性	6.31	12.48	2.08	29.52
中性	6.93	20.82	2.02	24.72
碱性	7.92	13.75	1.54	19.14

其他研究也报道了类似的聚类结果（Wang et al.，2018b；Ding et al.，2018）。根据聚类结果对 31 个省份的土壤性质进行了分类。最后，开发了 59 个多元回归模型和 97 个种间外推回归模型（表 4.2）。

使用回归模型和种间外推回归模型将所有重金属的 $EC_{10add}/NOEC_{add}/LOEC_{add}$ 值归一化到 3 种代表性土壤的性质条件下。对于回归模型，使用实测数据验证模型预测数据，发现模型预测数据与实测数据相近（图 4.1，书后另见彩图）。发现超过 60%的物种预测 $EC_{10add}/NOEC_{add}/LOEC_{add}$ 值在测量值的 3 倍范围内，76%在 5 倍范围内，95%在 10 倍范围内。研究表明，10 倍的毒性差异是可以接受的（Wang et al.，2019；Dyer et al.，2006）。与之前的研究（Wang et al.，2018a）相比，本章建立的模型涉及了土壤无脊椎动物和土壤微生物过程，其预测精度在可接受的范围内。以前的研究也验证了归一化方法在预测土壤中外源添加 Zn 的毒性方面的可行性（Wan et al.，2020）。归一化是对 SQC 和 ERA 推导的改进，可以消除土壤性质差异对毒性的影响。根据土壤类型的分类结果，归一化的毒性数据可应用于不同省份的 SQC 推导。

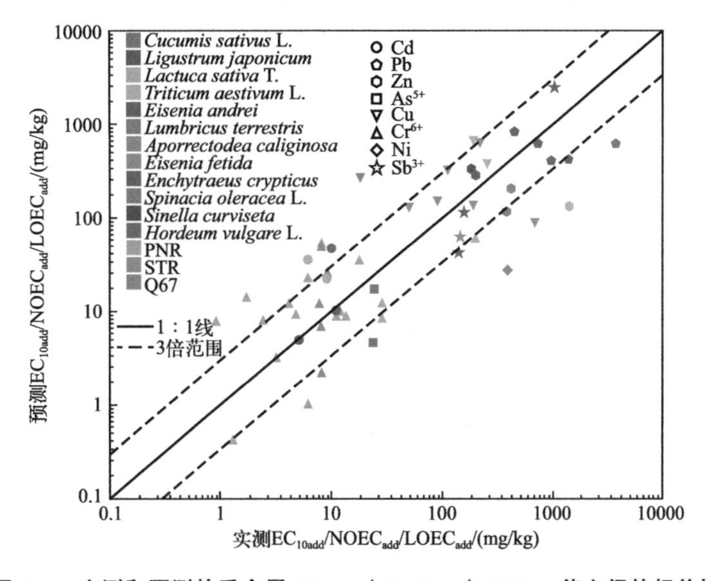

图 4.1　实测和预测的重金属 $EC_{10add}/NOEC_{add}/LOEC_{add}$ 值之间的相关性

表 4.2 土壤重金属的多元回归归一化模型与种间外推归一化模型和归一化至 3 种土壤条件下的土壤生物毒性数据

HMs（重金属）	物种/生物过程	归一化公式	R^2	归一化后 lg（毒性数据）/(mg/kg)		
				酸性	中性	碱性
Cd	*Folsomia candida*	$\lg(EC_{10})=2.180-0.056\,pH-0.663\lg(OM)+0.679\lg(clay)$	0.663	2.6140	2.5354	2.4826
	Eisenia fetida	$\lg(EC_{10})=-1.359+0.280pH+0.318\lg(OM)+1.045\lg(clay)$	0.775	2.0452	2.1342	2.2579
	Ligustrum japonicum	$\lg(EC_{10})=2.680-0.208pH+0.127\lg(OM)+0.289\lg(CEC)-0.823\lg(clay)$	0.753	0.5148	0.5119	0.3304
	Lactuca sativa L.	$\lg(EC_{10})=-0.729+0.830pH-1.124\lg(OM)-0.383\lg(CEC)-1.885\lg(clay)$	0.775	0.9598	1.5488	2.7814
	Avena sativa L.	$\lg(EC_{10})=-6.302+0.990pH+4.730\lg(OM)-0.771\lg(clay)$	0.885	0.3159	0.9290	1.4374
	Hordeum vulgare L.	$\lg(EC_{10})=1.383+0.219pH-0.454\lg(OM)+0.293\lg(CEC)-0.398\lg(clay)$	0.733	2.3566	2.5939	2.8557
	Urease	$\lg(EC_{10})=6.852+0.327\lg(OM)-5.118\lg(CEC)$	0.800	1.3456	0.2039	1.0875
	Dehydrogenase	$\lg(EC_{10})=4.184+1.847\lg(OM)-3.690\lg(CEC)$	0.861	0.7264	−0.1172	0.3300
	Lycopersicum esculentum Miller	$EC_{10}=161\times10^{[0.830(pH-5.9)-1.124\lg(OM/6.54)-1.885\lg(clay/3.3)]}$		1.3126	1.9867	3.1503
	Eisenia andrei	$EC_{10}=35\times10^{[0.280(pH-5.9)+0.318\lg(OM/6.54)+1.045\lg(clay/3.3)]}$		2.4951	2.5841	2.7077
	Enchytraeus crypticus	$EC_{10}=56\times10^{[0.280(pH-6.3)+0.318\lg(OM/1.5)+1.045\lg(clay/17)]}$ $EC_{10}=100\times10^{[0.280(pH-6.0)+0.318\lg(OM/10)+1.045\lg(clay/20)]}$ $EC_{10}=7\times10^{[0.280(pH-5.9)+0.318\lg(OM/6.54)+1.045\lg(clay/3.3)]}$		1.9780	2.0670	2.1907
	Enchytraeus albidus	$EC_{10}=66\times10^{[0.280(pH-6)+0.318\lg(OM/10)+1.045\lg(clay/20)]}$		1.8662	1.9552	2.0788
	Triticum aestivum L.	$EC_{10}=126.91\times10^{[0.219(pH-6.23)-0.454\lg(OM/3.86)+0.293\lg(CEC/19.88)-0.398\lg(clay/48.9)]}$		2.2709	2.5083	2.7700
	Zea mays L.	$EC_{10}=60.5\times10^{[0.219(pH-5.9)-0.454\lg(OM/6.54)-0.398\lg(clay/3.3)]}$		1.4176	1.5899	1.9044
	the soil microbial biomass carbon	$EC_{10}=1.13\times10^{[1.847\lg(OM/2.003)-0.69\lg(CEC/20.94)]}$		0.2384	0.0616	−0.0317
	Brassica campestris L.	$EC_{10}=125\times10^{[0.83(pH-6.6)-1.124\lg(OM/3)-1.885\lg(clay/26)]}$		1.9310	2.6052	3.7688

续表

HMs（重金属）	物种/生物过程	归一化公式	R^2	归一化后 lg（毒性数据）/(mg/kg)		
				酸性	中性	碱性
Cd	*Proisotoma minuta*	$EC_{10}=65\times10^{[0.056(pH-4.88)-0.663lg(OM/2.276)+0.679lg(clay/10)]}$		2.0779	1.9993	1.9466
	Lolium perenne L.	$EC_{10}=5.13\times10^{[0.219(pH-5.4)-0.454lg(OM/0.46)+0.293lg(CEC/31.227)-0.398lg(clay/68.1)]}$		0.6397	0.8770	1.1388
	Medicago sativa L.	$EC_{10}=5.748\times10^{[0.219(pH-5.4)-0.454lg(OM/0.46)+0.293lg(CEC/31.227)-0.398lg(clay/68.1)]}$ $EC_{10}=11.22\times10^{[0.219(pH-7.51)-0.454lg(OM/1.448)+0.293lg(CEC/10)-0.398lg(clay/24.97)]}$		0.8969	0.9904	1.1272
Pb	*Eisenia fetida*	$lg(NOEC)=0.103+0.065pH+0.065lg(OM)+2.056lg(CEC)-0.253lg(clay)$	0.979	2.4157	2.9317	2.6460
	nitrifying microorganisms	$lg(EC_{10})=-1.107+0.200pH+0.046lg(OM)+1.413lg(CEC)+0.407lg(clay)$	0.420	2.3169	2.7230	2.6158
	Cucumis sativa L.	$lg(EC_{10})=0.981+0.086pH+0.335lg(OM)+0.566lg(CEC)+0.580lg(clay)$	0.832	3.1033	3.2335	3.1127
	Lycopersicum esculentum Miller	$lg(EC_{10})=1.689+0.009pH-0.342lg(OM)+0.682lg(CEC)$	1.000	2.3846	2.5461	2.4725
	Folsomia candida	$lg(NOEC)=2.760+0.052pH+0.421lg(CEC)$	0.995	3.5496	3.6754	3.6511
	Hordeum vulgare L.	$lg(EC_{10})=0.639+0.165pH+0.222lg(OM)+0.174lg(CEC)+0.354lg(clay)$	0.911	2.4619	2.5728	2.6393
	Triticum aestivum L.	$EC_{10}=1300\times10^{[0.165(pH-8.1)+0.222lg(OM/2.31)+0.174lg(CEC/17.2)+0.354lg(clay/3.9)]}$		3.0954	3.2063	3.2728
	Zea mays L.	$EC_{10}=300\times10^{[0.165(pH-8.1)+0.222lg(OM/2.31)+0.174lg(CEC/17.2)+0.354lg(clay/3.9)]}$		2.4586	2.5695	2.6360
	Lactuca sativa L.	$EC_{10}=100\times10^{[0.165(pH-8.1)+0.222lg(OM/2.31)+0.174lg(CEC/17.2)+0.354lg(clay/3.9)]}$		1.9815	2.0924	2.1589
	Brassica pekinensis L.	$EC_{10}=300\times10^{[0.165(pH-8.1)+0.222lg(OM/2.31)+0.174lg(CEC/17.2)+0.354lg(clay/3.9)]}$		2.4586	2.5695	2.6360
	Glycine max L.	$EC_{10}=500\times10^{[0.165(pH-8.1)+0.222lg(OM/2.31)+0.174lg(CEC/17.2)+0.354lg(clay/3.9)]}$		2.6805	2.7913	2.8578
	Allium tuberosum	$EC_{10}=800\times10^{[0.165(pH-8.1)+0.222lg(OM/2.31)+0.174lg(CEC/17.2)+0.354lg(clay/3.9)]}$		2.8846	2.9954	3.0620
	Sinella curviseta	$EC_{10}=1029\times10^{[0.052(pH-8.1)+0.421lg(CEC/17.2)]}$		2.8607	2.9865	2.9621
	Achatina fulica	$EC_{10}=1200\times10^{[0.065(pH-8.1)+0.065lg(OM/2.31)+2.056lg(CEC/17.2)-0.253lg(clay/3.9)]}$		2.4510	2.9670	2.6813

HMs（重金属）	物种/生物过程	归一化公式	R^2	归一化后 lg（毒性数据）/(mg/kg)		
				酸性	中性	碱性
Pb	*Lolium perenne* L.	$EC_{10}=41.33\times10^{[0.165(pH-7.51)+0.222lg(OM/1.448)+0.174lg(CEC/10)+0.354lg(clay/24.97)]}$ $EC_{10}=155.487\times10^{[0.165(pH-5.4)+0.222lg(OM/0.46)+0.174lg(CEC/31.227)+0.354lg(clay/68.1)]}$		2.0532	2.1641	2.2306
	Medicago sativa L.	$EC_{10}=171.238\times10^{[0.165(pH-5.4)+0.222lg(OM/0.46)+0.174lg(CEC/31.227)+0.354lg(clay/68.1)]}$		2.3314	2.4423	2.5088
Zn	Potential nitrification rate (PNR)	$lg(EC_{10})=1.531+0.015pH+0.006lg(OM)+1.548lg(CEC)-0.649lg(clay)$	0.918	2.3704	2.7737	2.5810
	Hordeum vulgare L.	$lg(EC_{10})=-0.901+0.211pH-1.190lg(OM)+1.650lg(CEC)+0.209lg(clay)$	0.428	2.1679	2.6645	2.6931
	Brassica rapa L.	$lg(EC_{10})=-4.647+0.534pH-1.160lg(OM)+1.997lg(clay)$	0.937	1.2894	1.4813	1.9248
	Triticum aestivum L.	$lg(EC_{10})=1.098+0.164pH+0.623lg(OM)+0.363lg(CEC)+0.043lg(clay)$	0.681	2.7921	2.9633	2.9820
	Cucumis sativa L.	$lg(EC_{10})=1.894+0.186pH+0.519lg(OM)+0.016lg(CEC)-0.510lg(clay)$	0.589	2.5005	2.6521	2.8289
	Folsomia candida	$lg(EC_{10})=1.511+0.188pH+0.736lg(OM)-0.334lg(CEC)$	0.586	2.5652	2.5982	2.7578
	Eisenia fetida	$EC_{10}=289\times10^{[0.188(pH-6.3)+0.736lg(OM/10)-0.334lg(CEC/20)]}$		2.0293	2.0622	2.2218
	Sinella curviseta	$EC_{10}=340\times10^{[0.188(pH-6.3)-0.334lg(CEC/20.14)]}$		2.5652	2.6075	2.8538
	Lycopersicum esculentum Miller	$EC_{10}=28\times10^{[0.164(pH-4.9)+0.623lg(OM/1.48)+0.363lg(CEC/5.9)]}$ $EC_{10}=212\times10^{[0.164(pH-6)+0.623lg(OM/4.56)+0.363lg(CEC/16.1)]}$ $EC_{10}=324\times10^{[0.164(pH-8.1)+0.623lg(OM/1.96)+0.363lg(CEC/23.8)]}$		2.0618	2.2363	2.2598
	Lumbricus terrestris	$EC_{10}=115\times10^{[0.188(pH-6.35)+0.736lg(OM/2.35)]}$		2.0142	2.1214	2.2208
	Aporrectodea caliginosa	$EC_{10}=206\times10^{[0.188(pH-6.35)+0.736lg(OM/2.35)]}$		2.2673	2.3745	2.4739
	Proisotoma minuta	$EC_{10}=61\times10^{[0.188(pH-4.88)+0.736lg(OM/2.276)-0.334lg(CEC/3.65)]}$		1.8471	1.8801	2.0396

续表

HMs（重金属）	物种/生物过程	归一化公式	R^2	归一化后 lg（毒性数据）/(mg/kg)		
				酸性	中性	碱性
As^{5+}	*Oryza sativa* L.	$\lg(EC_{10})=-1.400+0.125pH-0.255\lg(OM)+0.164\lg(CEC)+1.150\lg(clay)$	0.604	1.1781	1.2066	1.2031
	Hordeum vulgare L.	$\lg(EC_{10})=-1.303+0.114pH+0.429\lg(OM)-1.126\lg(CEC)+2.235\lg(clay)$	0.631	1.6042	1.2469	1.2637
	Cucumis sativa L.	$\lg(EC_{10})=2.276-0.229pH+0.706\lg(OM)$	0.508	1.0556	0.9046	0.5947
	Vibrio fischeri	$\lg(EC_{10})=1.966-0.270pH-0.671\lg(OM)+1.236\lg(CEC)+0.577\lg(clay)$	0.961	2.2521	2.3234	1.8484
	Lactuca sativa L.	$\lg(EC_{10})=0.043+0.068pH+0.077\lg(OM)-0.817\lg(CEC)+1.579\lg(clay)$	0.598	1.9223	1.6602	1.6902
	Soil alkaline phosphatase	$\lg(EC_{10})=1.386-0.038pH+0.72\lg(OM)+0.124\lg(CEC)-0.122\lg(clay)$	0.588	1.3318	1.3361	1.2048
	*Eisenia fetida*①			0.9031	0.9031	0.9031
	*Folsomia candida*①			1.0000	1.0000	1.0000
Cu	*Eisenia fetida*	$\lg(EC_{10})=2.180-0.05pH-0.279\lg(OM)+0.943\lg(CEC)-0.474\lg(clay)$	0.565	2.1127	2.3313	2.1975
	Folsomia candida	$\lg(EC_{10})=0.610+0.19pH+0.258\lg(OM)+0.144\lg(CEC)+0.25\lg(clay)$	0.624	2.4163	2.5436	2.6476
	Hordeum vulgare L.	$\lg(EC_{10})=0.614+0.134pH+0.537\lg(OM)+0.290\lg(CEC)-0.072\lg(clay)$	0.646	1.8424	1.9887	2.0138
	Protista Kingdom	$\lg(EC_{10})=-1.985+0.501pH-2.315\lg(OM)+1.607\lg(CEC)+1.016\lg(clay)$	1.000	3.6952	4.3142	4.6805
	Brassica chinensis L.	$\lg(EC_{10})=-1.613+0.213pH+0.610\lg(OM)+0.037\lg(CEC)+0.929\lg(clay)$	0.527	1.3313	1.3923	1.4214
	Solanum Lycopersicum L.	$\lg(EC_{10})=0.360+0.165pH+0.302\lg(OM)+0.873\lg(CEC)-0.367\lg(clay)$	0.58	1.9147	2.2355	2.2467
	Substrate-induced respiration (SIR)	$\lg(EC_{10})=-0.156-0.082pH+0.045\lg(OM)+0.873\lg(CEC)+1.125\lg(clay)$	0.816	1.9518	2.0077	1.6389
	Vibrio qinghaiensis (Q67)	$\lg(EC_{10})=-1.894+0.353pH+0.183\lg(OM)+0.568\lg(CEC)+0.790\lg(clay)$	0.666	2.1757	2.4576	2.5954

续表

HMs（重金属）	物种/生物过程	归一化公式	R^2	归一化后 lg（毒性数据）/(mg/kg)		
				酸性	中性	碱性
Cu	*Lactuca sativa* L.	$\lg(EC_{10})=4.284-0.240pH+0.274\lg(OM)+4.413\lg(CEC)-4.238\lg(clay)$	0.988	1.4640	2.6192	2.0250
	Cucumis sativus L.	$\lg(EC_{10})=1.567+0.004pH+0.035\lg(OM)+1.624\lg(CEC)-0.739\lg(clay)$	1.000	2.2972	2.7172	2.5065
	Triticum aestivum L.	$\lg(EC_{10})=0.809+0.245pH+0.054\lg(OM)-0.043\lg(CEC)+0.380\lg(clay)$	0.677	2.8836	2.9960	3.1977
	Oryza sativa L.	$\lg(EC_{10})=2.807+0.180pH+0.189\lg(OM)-1.504\lg(clay)$	1.000	1.7919	2.0170	2.3400
	Zea mays L.	$\lg(EC_{10})=2.265+0.422pH-3.505\lg(CEC)$	0.992	1.0856	0.5682	1.6175
	Eisenia andrei	$EC_{10}=101.6\times10^{[-0.022(pH-5.9)+0.087\lg(OM/4.8)+0.6\lg(clay/3.3)]}$		2.5372	2.4763	2.3776
	Enchytraeus crypticus	$EC_{10}=150\times10^{[-0.022(pH-5.9)+0.087\lg(OM/4.8)+0.6\lg(clay/3.3)]}$		2.7064	2.6454	2.5468
	Folsomia fimetaria	$EC_{10}=466.667\times10^{[0.215(pH-5.5)+0.311\lg(OM/3.965)+0.283\lg(clay/5)]}$		2.9742	3.0818	3.2265
	Raphanus sativus L.	$EC_{10}=25\times10^{[0.098(pH-5.97)+0.212\lg(OM/7.861)+0.459\lg(CEC/16.1)]}$ $EC_{10}=98\times10^{[0.098(pH-4.94)+0.212\lg(OM/2)+0.459\lg(CEC/5.9)]}$		1.7762	1.9362	1.9256
	Capsicum annuum L.	$EC_{10}=33.8\times10^{[0.181(pH-6.57)+0.406\lg(OM/1.603)+0.59\lg(CEC/9.87)]}$		1.5879	1.8261	1.8511
	Lolium perenne L.	$EC_{10}=327\times10^{[0.154(pH-7)+0.637\lg(OM/3.1)+0.125\lg(clay/18)]}$ $EC_{10}=327\times10^{[0.154(pH-7.51)+0.637\lg(OM/1.448)+0.125\lg(clay/24.97)]}$		2.3819	2.4596	2.5231
	Solanum melongena L.	$EC_{10}=213.5\times10^{[0.252(pH-6.9)+0.694\lg(OM/1.138)]}$		2.3625	2.5100	2.6777
Cr^{6+}	*Folsomia candida*	$\lg(EC_{10})=0.857-0.061pH-0.172\lg(OM)+0.786\lg(CEC)-0.120\lg(clay)$	0.683	1.1026	1.2509	1.0825
	Lycopersicon esculentum Miller	$\lg(EC_{10})=-0.995+0.069pH+1.422\lg(OM)+0.670\lg(CEC)+0.296\lg(clay)$	1.000	1.0623	1.2131	0.9603
	Hordeum vulgare L.	$\lg(EC_{10})=1.562-0.117pH+0.794\lg(OM)-0.463\lg(CEC)+0.486\lg(clay)$	0.426	1.2832	1.0602	0.8802

续表

HMs（重金属）	物种/生物过程	归一化公式	R^2	归一化后 lg（毒性数据）/(mg/kg)		
				酸性	中性	碱性
Cr^{6+}	*Lactuca sativa* L.	$\lg(EC_{10})=1.452-0.240pH+1.907\lg(OM)-0.387\lg(CEC)$	1.000	0.1199	−0.1391	−0.5317
	Triticum aestivum L.	$\lg(EC_{10})=0.326-0.011pH+0.906\lg(OM)+0.061\lg(CEC)+0.719\lg(clay)$	0.560	1.6686	1.6084	1.3999
	Substrate-induced respiration (SIR)	$\lg(EC_{10})=4.676-0.189pH+2.054\lg(OM)-1.266\lg(CEC)-0.746\lg(clay)$	0.842	1.6522	1.2850	1.1669
	Potential nitrification rate (PNR)	$EC_{10}=8.35\times10^{[-0.189(pH-8.09)+2.054\lg(OM/1.513)-1.266\lg(CEC/10.4)-0.746\lg(clay/20.61)]}$		1.3254	0.9582	0.8400
	Zea mays L.	$EC_{10}=38\times10^{[-0.011(pH-8.24)+0.906\lg(OM/8.04)+0.061\lg(CEC/5.4)+0.719\lg(clay/5.34)]}$ $EC_{10}=105\times10^{[-0.011(pH-4.91)+0.906\lg(OM/10.1)+0.061\lg(CEC/12.1)+0.719\lg(clay/38.6)]}$ $EC_{10}=32\times10^{[-0.011(pH-8.1)+0.906\lg(OM/2.31)+0.061\lg(CEC/17.2)+0.719\lg(clay/3.9)]}$		1.8020	1.7418	1.5333
	Glycine max L.	$EC_{10}=55.6\times10^{[-0.011(pH-8.24)+0.906\lg(OM/8.04)+0.061\lg(CEC/5.4)+0.719\lg(clay/5.34)]}$ $EC_{10}=11.2\times10^{[-0.011(pH-4.91)+0.906\lg(OM/10.1)+0.061\lg(CEC/12.1)+0.719\lg(clay/38.6)]}$ $EC_{10}=32\times10^{[-0.011(pH-8.1)+0.906\lg(OM/2.31)+0.061\lg(CEC/17.2)+0.719\lg(clay/3.9)]}$		1.8058	1.7456	1.5371
	Allium tuberosum	$EC_{10}=10.5\times10^{[-0.017(pH-8.24)+0.794\lg(OM/8.04)-0.463\lg(CEC/5.4)+0.486\lg(clay/5.34)]}$ $EC_{10}=185\times10^{[-0.017(pH-4.91)+0.794\lg(OM/10.1)-0.463\lg(CEC/12.1)+0.486\lg(clay/38.6)]}$ $EC_{10}=32\times10^{[-0.017(pH-8.1)+0.794\lg(OM/2.31)-0.463\lg(CEC/17.2)+0.486\lg(clay/3.9)]}$		1.7907	1.5699	1.3941
	Brassica pekinensis L.	$EC_{10}=21.2\times10^{[-0.011(pH-8.24)+0.906\lg(OM/8.04)+0.061\lg(CEC/5.4)+0.719\lg(clay/5.34)]}$ $EC_{10}=19.9\times10^{[-0.011(pH-4.91)+0.906\lg(OM/10.1)+0.061\lg(CEC/12.1)+0.719\lg(clay/38.6)]}$ $EC_{10}=28\times10^{[-0.011(pH-8.1)+0.906\lg(OM/2.31)+0.061\lg(CEC/17.2)+0.719\lg(clay/3.9)]}$		1.6668	1.6066	1.3981
	Raphanus sativus L.	$EC_{10}=52.8\times10^{[-0.011(pH-8.24)+0.906\lg(OM/8.04)+0.061\lg(CEC/5.4)+0.719\lg(clay/5.34)]}$ $EC_{10}=204\times10^{[-0.011(pH-4.91)+0.906\lg(OM/10.1)+0.061\lg(CEC/12.1)+0.719\lg(clay/38.6)]}$ $EC_{10}=2.14\times10^{[-0.011(pH-8.1)+0.906\lg(OM/2.31)+0.061\lg(CEC/17.2)+0.719\lg(clay/3.9)]}$		1.5228	1.4641	1.2581

续表

HMs（重金属）	物种/生物过程	归一化公式	R^2	归一化后 lg（毒性数据）/(mg/kg)		
				酸性	中性	碱性
Cr^{6+}	*Apium graveolens* L.	$EC_{10}=5.63\times10^{[-0.011(pH-8.24)+0.906lg(OM/8.04)+0.061lg(CEC/5.4)+0.719lg(clay/5.34)]}$ $EC_{10}=1.46\times10^{[-0.011(pH-4.91)+0.906lg(OM/10.1)+0.061lg(CEC/12.1)+0.719lg(clay/38.6)]}$ $EC_{10}=4.39\times10^{[-0.011(pH-8.1)+0.906lg(OM/2.31)+0.061lg(CEC/17.2)+0.719lg(clay/3.9)]}$		0.5908	0.5560	0.3871
	Spinacia oleracea L.	$EC_{10}=4.39\times10^{[-0.011(pH-8.24)+0.906lg(OM/8.04)+0.061lg(CEC/5.4)+0.719lg(clay/5.34)]}$ $EC_{10}=1.26\times10^{[-0.011(pH-4.91)+0.906lg(OM/10.1)+0.061lg(CEC/12.1)+0.719lg(clay/38.6)]}$ $EC_{10}=3.71\times10^{[-0.011(pH-8.1)+0.906lg(OM/2.31)+0.061lg(CEC/17.2)+0.719lg(clay/3.9)]}$		0.4996	0.4658	0.2985
	Salvia bowleyana Dunn	$EC_{10}=24\times10^{[-0.011(pH-8.24)+0.906lg(OM/8.04)+0.061lg(CEC/5.4)+0.719lg(clay/5.34)]}$ $EC_{10}=56.8\times10^{[-0.011(pH-4.91)+0.906lg(OM/10.1)+0.061lg(CEC/12.1)+0.719lg(clay/38.6)]}$		1.2726	1.2124	1.0039
	Brassica juncea L.	$EC_{10}=15.5\times10^{[-0.011(pH-8.24)+0.906lg(OM/8.04)+0.061lg(CEC/5.4)+0.719lg(clay/5.34)]}$ $EC_{10}=29.7\times10^{[-0.011(pH-4.91)+0.906lg(OM/10.1)+0.061lg(CEC/12.1)+0.719lg(clay/38.6)]}$		1.0581	0.9979	0.7894
	Ipomoea aquatica Forssk	$EC_{10}=27.6\times10^{[-0.011(pH-8.24)+0.906lg(OM/8.04)+0.061lg(CEC/5.4)+0.719lg(clay/5.34)]}$ $EC_{10}=1.24\times10^{[-0.011(pH-4.91)+0.906lg(OM/10.1)+0.061lg(CEC/12.1)+0.719lg(clay/38.6)]}$		1.1886	1.1284	0.9198
	Brassica napus L.	$EC_{10}=53.9\times10^{[-0.011(pH-8.24)+0.906lg(OM/8.04)+0.061lg(CEC/5.4)+0.719lg(clay/5.34)]}$ $EC_{10}=39.7\times10^{[-0.011(pH-4.91)+0.906lg(OM/10.1)+0.061lg(CEC/12.1)+0.719lg(clay/38.6)]}$		1.5276	1.4674	1.2589
	Cucumis sativus L.	$EC_{10}=28\times10^{[-0.011(pH-8.1)+0.906lg(OM/2.31)+0.061lg(CEC/17.2)+0.719lg(clay/3.9)]}$ $EC_{10}=12.83\times10^{[-0.011(pH-7.1)+0.906lg(OM/1.677)+0.061lg(CEC/29.5)]}$		1.8030	1.7498	1.5528
	Avena sativa L.	$EC_{10}=11\times10^{[-0.011(pH-8.24)+0.906lg(OM/8.04)+0.061lg(CEC/5.4)+0.719lg(clay/5.34)]}$ $EC_{10}=3.5\times10^{[-0.011(pH-4.91)+0.906lg(OM/10.1)+0.061lg(CEC/12.1)-0.719lg(clay/38.6)]}$		1.2849	1.2112	1.0137
	Eisenia fetida	$EC_{10}=15.2\times10^{[-0.061(pH-8.1)-0.172lg(OM/2.31)+0.783lg(CEC/17.2)-0.12lg(clay/3.9)]}$		1.0843	1.2319	1.0641
	Achatina fulica	$EC_{10}=20\times10^{[-0.061(pH-8.1)-0.172lg(OM/2.31)+0.783lg(CEC/17.2)-0.12lg(clay/3.9)]}$		1.2035	1.3511	1.1833

续表

HMs（重金属）	物种/生物过程	归一化公式	R^2	归一化后 lg（毒性数据）/(mg/kg)		
				酸性	中性	碱性
Ni	*Eisenia fetida*	$\lg(EC_{10})=5.701-0.404pH-0.490\lg(OM)+0.100\lg(CEC)-0.434\lg(clay)$	0.567	3.4541	3.4656	2.9914
	Lycopersicon esculentum Miller	$\lg(EC_{10})=-2.154+0.467pH-0.058\lg(OM)+0.803\lg(CEC)+0.047\lg(clay)$	0.797	1.7237	2.1888	2.5081
	Brassica rapa L.	$\lg(EC_{10})=-3.419+0.453pH+0.473\lg(OM)+0.813\lg(CEC)+0.621\lg(clay)$	0.707	1.3940	1.8017	1.9790
	Hordeum vulgare L.	$\lg(EC_{10})=-1.579+0.377pH+0.797\lg(OM)+1.159\lg(CEC)-0.315\lg(clay)$	0.813	1.8608	2.3663	2.4718
	Substrate-induced respiration(SIR)	$\lg(EC_{10})=-3.264+0.559pH+0.179\lg(OM)+0.621\lg(CEC)+0.710\lg(clay)$	0.898	2.0448	2.4724	2.8139
	Vibrio qinghaiensis (Q67)	$\lg(EC_{10})=-0.682+0.309pH+0.280\lg(OM)-0.477\lg(CEC)+1.429\lg(clay)$	0.668	2.9347	2.9066	3.1067
	Zea mays L.	$\lg(EC_{10})=3.610+0.162pH-0.131\lg(CEC)-1.777\lg(clay)$	0.977	1.8762	2.0845	2.4659
	Capsicum annuum L.	$\lg(EC_{10})=-0.691+0.183pH+0.648\lg(CEC)$	0.998	1.1741	1.4316	1.4960
	Apium graveolens L.	$EC_{10}=64\times10^{[0.453(pH-8.9)+0.541\lg(OM/1.2068)+0.813\lg(CEC/8.33)+0.621\lg(clay/18)]}$		1.0370	1.4438	1.6130
	Brassica juncea L.	$EC_{10}=64\times10^{[0.453(pH-8.9)+0.541\lg(OM/1.2068)+0.813\lg(CEC/8.33)+0.621\lg(clay/18)]}$ $EC_{10}=9\times10^{[0.453(pH-5.31)+0.541\lg(OM/1.5516)+0.813\lg(CEC/7.47)+0.621\lg(clay/46)]}$		1.3558	1.7626	1.9319
	Spinacia oleracea L.	$EC_{10}=209\times10^{[0.453(pH-8.9)+0.541\lg(OM/1.2068)+0.813\lg(CEC/8.33)+0.621\lg(clay/18)]}$		1.5509	1.9578	2.1270
	Oryza sativa L.	$EC_{10}=143\times10^{[0.377(pH-6.7)+0.797\lg(OM/2.689)+0.813\lg(CEC/14.85)]}$		1.8318	2.3131	2.3836
	Triticum aestivum L.	$EC_{10}=200.3\times10^{[0.377(pH-6.87)+0.797\lg(OM/2.465)]}$		2.0317	2.2553	2.5347
	Ipomoea aquatica Forsk	$EC_{10}=43.67\times10^{[0.467(pH-5)-0.058\lg(OM/2.138)+0.803\lg(CEC/11.7)+0.047\lg(clay/31.28)]}$		2.2740	2.7391	3.0584
	Enchytraeus crypticus	$EC_{10}=100\times10^{[-0.404(pH-5.5)-0.49\lg(OM/2.7584)+0.1\lg(CEC/10)-0.434\lg(clay/7.9)]}$		1.4940	1.3054	0.9934

续表

HMs（重金属）	物种/生物过程	归一化公式	R^2	归一化后 lg（毒性数据）/(mg/kg)		
				酸性	中性	碱性
Sb^{3+}	*Avena sativa* L.	$\lg(EC_{10})=0.191+0.167pH-0.223\lg(CEC)+0.654\lg(clay)$	1.000	1.9618	1.9653	2.0982
	Folsomia candida	$\lg(EC_{10})=3.530-0.171pH+0.860\lg(OM)-1.276\lg(CEC)+0.919\lg(clay)$	0.980	2.6768	2.2054	2.0626
	Hordeum vulgare L.	$\lg(EC_{10})=1.393+0.087pH+0.383\lg(OM)+1.596\lg(CEC)-0.737\lg(clay)$	0.546	2.7299	3.1905	3.0258
	Brassica napus L.	$\lg(EC_{10})=1.386+0.281pH+0.475\lg(OM)-1.214\lg(CEC)-0.255\lg(clay)$	1.000	1.6045	1.5225	1.9918
	Brassica oleracea L.	$\lg(EC_{10})=0.948+0.070pH+0.222\lg(OM)+0.799\lg(CEC)$	0.554	2.3362	2.5544	2.4535
	Triticum aestivum L.	$\lg(EC_{10})=3.922-0.233pH-0.004\lg(OM)-0.077\lg(clay)$	0.839	2.3373	2.1988	1.9772
	Spinacia oleracea L.	$EC_{10}=42.4\times10^{[0.07(pH-5.4)+0.222\lg(OM/1.898)+0.799\lg(CEC/12.1)]}$		1.7106	1.9288	1.8280
	Raphanus sativus L.	$EC_{10}=201\times10^{[0.07(pH-5.4)+0.222\lg(OM/2.707)]}$		2.3415	2.3821	2.4252
	Eisenia foetida	$EC_{10}=56\times10^{[-0.171(pH-8.3)+0.86\lg(OM/3.258)]}$		1.9208	1.8039	1.5333
	Vigna radiata L.	$EC_{10}=400\times10^{[0.281(pH-5.08)+0.475\lg(OM/1.12)-0.255\lg(clay/9)]}$		2.9438	3.1317	3.3822
	Brassica rapa L.	$EC_{10}=333\times10^{[0.281(pH-5.08)+0.475\lg(OM/1.12)-0.255\lg(clay/9)]}$		2.8642	3.0521	3.3026
	Cucumis sativus L.	$EC_{10}=666\times10^{[0.281(pH-5.08)+0.475\lg(OM/1.12)-0.255\lg(clay/9)]}$		3.1653	3.3531	3.6036
	Oryza sativa L.	$EC_{10}=21.73\times10^{[0.167(pH-6.8)-0.223\lg(CEC/11.95)]}$		1.2510	1.3050	1.5105
	Amaranthus tricolor L.	$EC_{10}=31.3\times10^{[0.07(pH-5.4)+0.222\lg(OM/1.898)+0.799\lg(CEC/12.1)]}$		1.5788	1.7970	1.6962
	Ilex chinensis Sims	$EC_{10}=35.3\times10^{[0.07(pH-5.4)+0.222\lg(OM/1.898)+0.799\lg(CEC/12.1)]}$		1.6310	1.8492	1.7484
	Brassica juncea L.	$EC_{10}=54.5\times10^{[0.07(pH-6.41)+0.799\lg(CEC/10.35)]}$		1.7943	2.0153	1.9407
	Lactuca sativa L.	$EC_{10}=156\times10^{[0.07(pH-7.3)+0.222\lg(OM/2.707)]}$		2.0984	2.1390	2.1821

① 毒性数据不足以构建多元回归模型或种间外推模型。

4.1.4 基于归一化的土壤重金属生态风险评估

在传统的定性风险评估（deterministic risk assessment，DRA）方法中，通过计算预测的无效应浓度与暴露浓度的比值来确定风险水平的地累积指数（the geo-accumulation index，I_{geo}）、潜在生态风险指数（potential ecological risk index，RI）、单因素污染指数（single-factor pollution index，PI）和内梅罗综合污染指数（Nemerow integrated pollution index，P_N）等表示的风险商（hazard quotient，HQ）模型被广泛用于生态风险评估中。I_{geo} 和 RI 的无效应浓度通常由土壤重金属背景值（soil background value，SBV）表示，PI 和 P_N 可以通过考虑环境保护、人体健康和其他因素获得的 SQC 值表示。本研究分别使用 SBV 和 SQC 将生态风险评估方法定义为 1 级方法和 2 级方法。HQ 方法对于初始筛选阶段的风险评估简单有效，但缺乏对生态风险概率和规模的空间分析，并且未充分考虑环境浓度和物种敏感性的不确定性。基于概率分析的生态风险评估方法，通过暴露和毒性效应的概率分布评估风险，进行更高层次的评估，以实现更可信的风险估计。与输出单点值的传统 DRA（定性风险评估）方法不同，概率生态风险评估（the probabilistic ecological risk assessment，PERA）能处理不确定性和可变性对风险评估的影响，避免高估或低估风险，并促进改进风险管理和决策。概率生态风险评估，如联合概率曲线（the joint probability curve，JPC）和蒙特卡罗随机抽样模型，可以提供生态风险概率的详细信息，在本研究中被定义为 3 级 ERA 方法。近年来，应用 PERA 解决风险评估的不确定性已成为土壤污染评估领域的新趋势。然而，概率方法在中国土壤 ERA 中的应用远低于在水生环境中的应用。由于土壤复杂的空间异质性、不同的理化性质、重金属的背景值以及缺乏用于多区域尺度风险评估的适当方法，很少有研究在全国范围内关注重金属污染的生态风险评估。

本研究为综合风险评估系统开发一个新的框架，以获得适用于不同土壤类型的重金属的 SQC 值，并在多区域范围内评估生态风险，还分析了影响风险评估结果的因素。新的探索有助于量化评估不同区域土壤类型和土壤元素背景值的生态风险，从而为减轻土壤重金属污染的生态风险提供有价值的思路和科学依据。

提出的综合风险评估新框架如图 4.2 所示，包括 3 个主要阶段：

① 进行多元线性回归分析和种间外推回归建立归一化模型，将毒性值归一化到目标土壤条件下；

② 基于归一化后的毒性数据，应用 SSD 法和 SBVs 计算了中国 31 个省份的重金属（Cd、Pb、Zn、As、Cu、Cr、Ni 和 Sb）的 SQC；

③ 利用导出的 SQC，采用 3 级 ERA 方法对中国土壤环境中 Cd、Pb、Zn、As、Cu、Cr 和 Ni 的生态风险进行定性和定量的综合评价。

重金属的土壤生态毒性归一化结果见 4.1.3 部分。

（1）中国各省份重金属的土壤质量基准值

3 种土壤类型中重金属的 SSD 是使用 log-logistic 函数构建的（图 4.3，书后另见彩图）。一般来说，植物在面对重金属胁迫方面比土壤动物更敏感，与之前的研究结果一致。3 种土壤类型对不同重金属的物种敏感度具有明显差异。除 As^{5+} 和 Cr^{6+} 外，物种

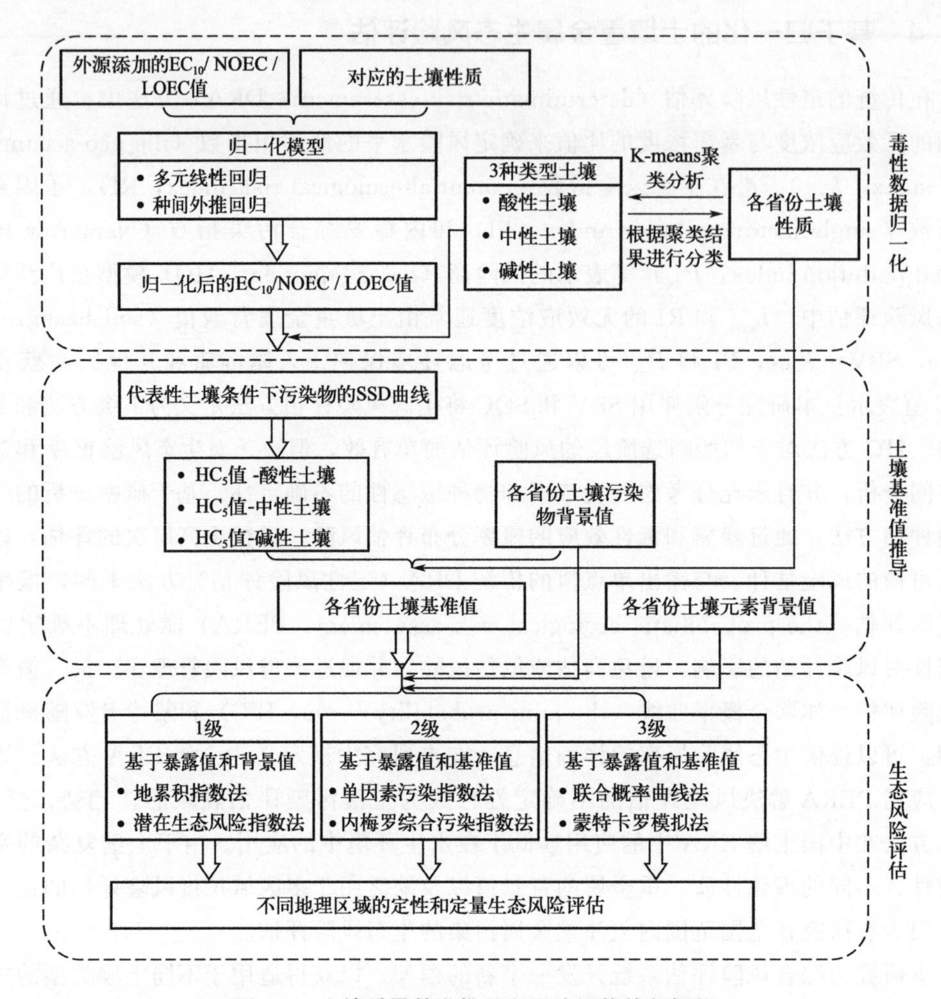

图 4.2　土壤质量基准推导和风险评估的新框架

EC_{10}—10%效应浓度（10% effect concentration）；LOEC—最低观察效应浓度（lowest observed effect of concentration）；NOEC—无观察效应浓度（no observed effect of concentration）

对重金属的敏感性顺序一般为酸性土壤 > 中性土壤 > 碱性土壤，表明土壤性质对重金属的毒性有显著影响，这与前人的研究结果一致。使用 SSD 曲线计算生态系统中 5% 物种的危害浓度（HC_5）。3 种土壤类型中 Pb、Cd、Cu 和 Ni 的 HC_5 值差异显著。其中，3 种土壤类型中 Ni 的 HC_5 值差异最大，约为 2 倍，即 6.59 mg/kg（酸性土壤）和 13.93mg/kg（碱性土壤）。高毒性重金属（Cd、Sb^{3+}、As^{5+} 和 Cr^{6+}）的 HC_5 值在不同土壤中的差异性较小（小于 2 倍）。

采用澳大利亚土壤参考值法，通过效应数据的统计外推和附加法构建土壤质量基准值。表 4.3 和表 4.4 显示了本研究推导的 SQC 和一些国家的土壤质量标准值。由于只有六价铬和五价砷的生态毒性数据足够，因此分别使用了六价铬和五价砷的 HC_5 值进行对比。由于地理生态、社会文化、行政法规和标准制定的科学依据不同，各国在制定土壤生态风险的土壤质量标准值方面具有各自的特点，导致名称和标准值存在差异

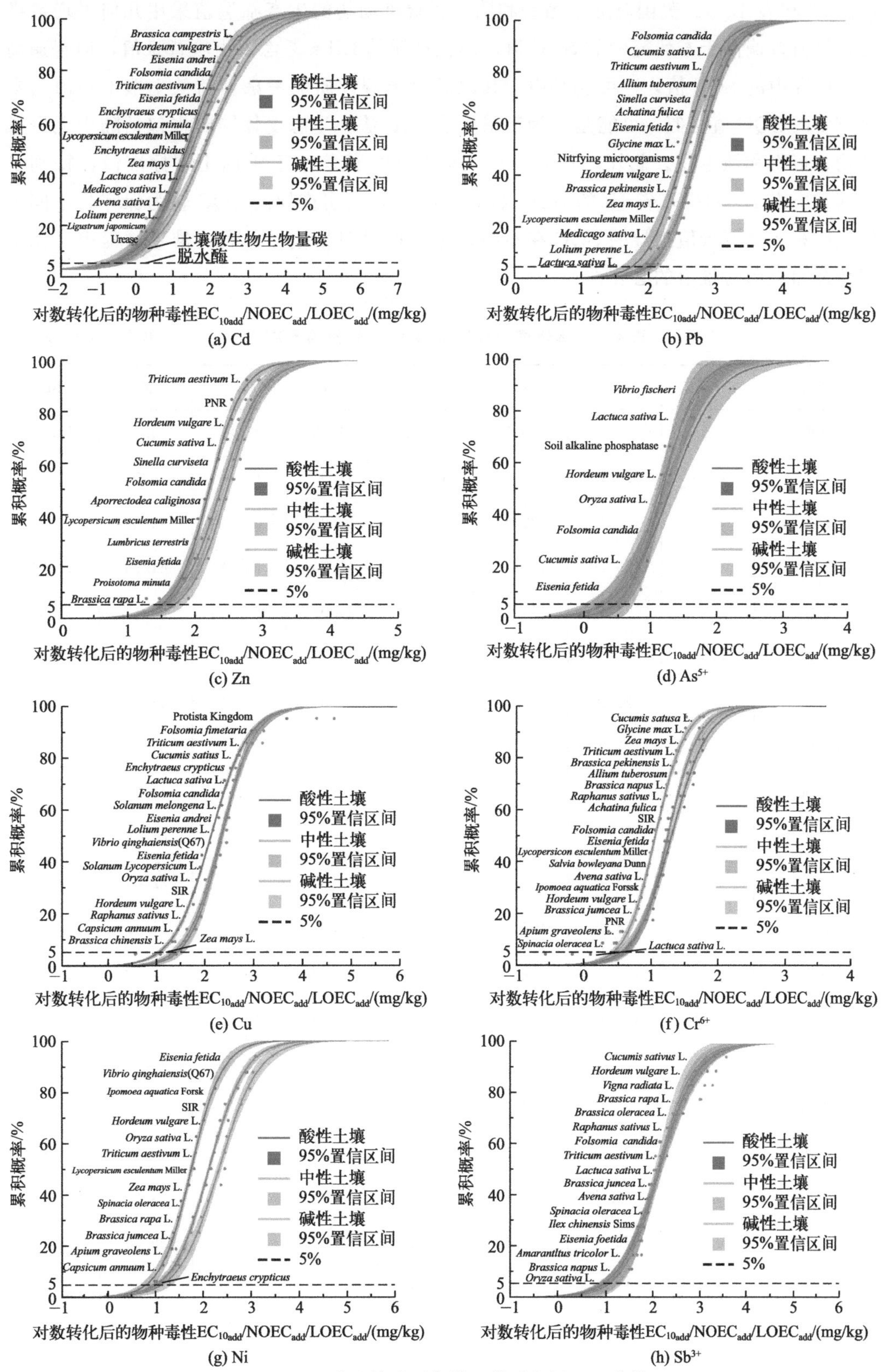

图 4.3 3种土壤类型条件下的重金属SSD曲线

(表 4.3 和表 4.4)。美国对陆生植物和陆生无脊椎动物的生态筛选值采用几何平均数推导，该值普遍高于本研究中的 SQC 值。澳大利亚的 EILs 考虑了土壤背景值，但普遍高于本研究中的 SQC 值，这可能是由于其缺乏对土壤性质的考虑。荷兰土壤干预值与本研究中的 SQC 值相似，可能是因为都采用了 SSD 法，生态受体同时也包括陆生无脊椎动物、植物和微生物。此外，除 Cd 外，其他 SQC 值均小于中国土壤标准值，特别是我国重庆市 As 和广东省 Ni 的 SQC（超过 6 倍），表明推导的 SQC 较为保守。不同土壤性质和元素背景值推导的 SQC 在不同地区表现出明显差异，表明推导过程中考虑土壤特征和土壤背景值的必要性。

表 4.3 本研究推导的中国 31 个省份的 SQC 值 单位：mg/kg

项目	Cd	Pb	Zn	As	Cu	Cr	Ni	Sb
甘肃	0.89	123.99	116.38	13.84	44.45	72.09	48.33	13.76
宁夏	0.88	126.19	105.78	13.64	41.95	62.49	50.03	13.69
青海	0.91	126.19	125.48	15.34	42.95	69.09	42.23	13.90
陕西	0.87	126.99	115.48	12.94	41.15	63.89	41.63	13.84
新疆	0.88	125.19	115.38	12.14	46.05	50.19	39.13	13.53
北京	0.49	123.59	131.05	12.46	48.55	70.82	39.07	12.20
河北	0.84	126.59	121.28	14.94	42.05	68.19	42.63	13.71
内蒙古	0.82	121.09	97.98	8.44	33.95	39.29	31.23	13.39
山西	0.89	121.59	121.78	11.54	46.05	61.89	44.73	13.76
天津	0.53	119.29	110.55	11.96	53.05	85.52	43.67	12.30
黑龙江	0.52	122.79	101.95	9.16	44.55	60.92	32.47	12.02
吉林	0.53	126.79	106.65	9.76	41.85	46.52	31.17	12.16
辽宁	0.87	126.39	109.18	10.34	39.25	56.99	37.73	13.30
河南	0.85	125.19	107.78	13.04	40.25	65.29	40.03	13.86
湖北	0.67	84.12	109.22	12.52	38.54	82.63	38.00	10.27
湖南	0.64	85.72	120.32	15.62	35.74	68.53	35.79	10.27
江西	0.51	128.59	97.55	14.36	43.15	43.52	26.67	11.99
重庆	0.50	119.61	79.44	5.78	38.75	43.74	23.37	12.18
贵州	0.77	89.72	118.62	18.02	37.24	88.03	39.49	10.59
四川	0.52	127.79	115.95	12.36	55.15	77.82	41.97	12.25
西藏	0.86	133.99	120.48	18.94	40.65	70.89	42.63	13.81
云南	0.66	94.42	112.22	12.82	43.94	61.23	39.99	10.47

续表

项目	Cd	Pb	Zn	As	Cu	Cr	Ni	Sb
安徽	0.64	84.42	90.32	10.42	29.64	66.23	34.69	10.06
福建	0.61	94.22	110.52	7.12	29.24	39.03	18.89	9.27
江苏	0.61	82.82	91.32	11.42	31.34	80.23	31.69	9.75
山东	0.85	130.59	110.18	11.04	43.35	67.09	38.33	13.35
上海	0.90	130.59	129.28	9.44	47.05	71.29	42.33	13.63
浙江	0.61	81.32	94.62	9.22	24.04	45.03	28.99	9.90
广东	0.60	88.22	68.02	8.82	20.84	39.23	16.19	9.13
广西	0.64	78.92	82.52	15.42	31.74	67.93	23.99	10.84
海南	0.57	117.93	111.48	8.58	42.32	64.92	41.52	12.18
最大值	0.91	133.99	131.05	18.94	55.15	88.03	50.03	13.90
最小值	0.49	78.92	68.02	5.78	20.84	39.03	16.19	9.13
平均值	0.71	112.74	108.02	11.98	39.96	62.92	36.41	12.11

表 4.4　各国土壤质量标准值

国家	Cd	Pb	Zn	As	Cu	Cr	Ni	Sb
加拿大	1.4	70	200	12	63	64	50	20
荷兰	0.8	85	140	29	36	100	35	3
澳大利亚	3	600	200	20	100	400	60	—
美国	32/140	120/1700	160/120	18/—	70/80	—/—	38/280	—/78
中国	0.3	120	250	30	100	200	100	—

（2）风险评估

基于我国 31 个省份重金属的 MEC（实测环境浓度）、SBV 和 SQC，3 级 ERA 方法评估结果如下。

① 1 级：基于重金属的 MEC 和 SBV，使用 I_{geo} 和 RI 方法进行了 1 级 ERA。由于暴露数据不足，未评估 Sb 的生态风险。I_{geo} 结果显示，未受污染（$I_{geo} \leqslant 0$）省份的百分比分别为 0.06%（Cd）、77.42%（Pb）、64.52%（Zn）、83.87%（As）、54.84%（Cu）、83.87%（Ni）和 96.77%（Cr）[图 4.4（a），书后另见彩图]。所有区域均低于中度污染（$I_{geo} \leqslant 1$），表明除 Cd 外，我国重金属的总体积累处于可控风险水平，与之前的研究结果一致。7 种重金属的 RI 值范围为 53.66～312.04 [图 4.4（b），书后另见彩图]。无风险（$0 \leqslant RI \leqslant 150$）、一般风险（$150 < RI \leqslant 300$）和中等风险（$300 < RI \leqslant 600$）的省份占比分别为 48.39%、45.16%和 0.06% [图 4.4（b）]，这是一种完全可

以接受的生态危害，与之前的研究结果一致。然而，Cd 在几个省份，特别是云南（201.18）、天津（210.17）、湖南（284.08）、广东（236.86）、浙江（272.04）、福建（173.38）、黑龙江（187.02）、北京（171.76）、江西（170.22）和广西（253.91）等省份构成了潜在的生态风险（$160 \leqslant E_r^i \leqslant 320$，其中 E_r^i 是第 i 元素的潜在生态危害指数）。7 种重金属的 1 级风险分析表明，除上述 10 个地区外，我国大部分地区的土壤污染是可接受的。

② 2 级：PI 法可以反映各评价因子的污染程度，快速确定土壤环境的主要污染因子。结果显示［图 4.4（c），书后另见彩图］，平均单因素污染值顺序为 Cr（0.94）＞As（0.93）＞Ni（0.89）＞Zn（0.83）＞ Cu（0.78）＞ Cd（0.53）＞ Pb（0.32），表明土壤在平均水平上没有被这些重金属污染（$P_i \leqslant 1$）。As、Cr、Ni、Zn 和 Cu 具有比 Cd 更高的潜在风险值，这与 1 级结果不同。此外，虽然大多数省份在平均水平上没有受到这些重金属的污染，但在西南、华东和华南的一些地区，个别重金属存在中度污染（$2 < P_i \leqslant 3$），如云南的 As 污染（2.09）和重庆的 Ni 污染（2.14）。P_N 方法的结果见图 4.4（d）（书后另见彩图）。空间分布格局显示，我国南部和东部沿海省份土壤重金属污染水平高于北部和西北地区。这可能是由于南部省份和东部沿海地区人群活动范围的扩大以及西南省份是主要矿区。

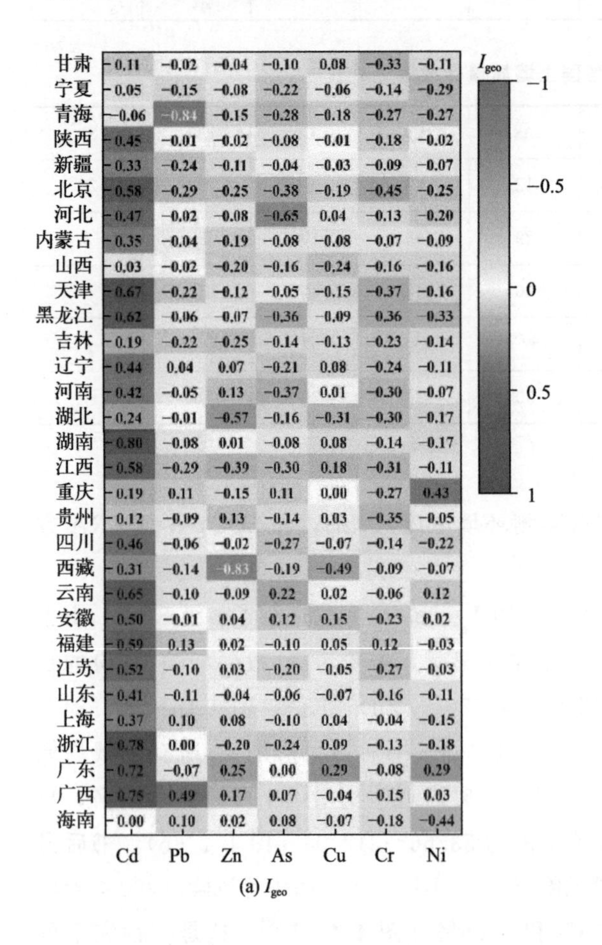

(a) I_{geo}

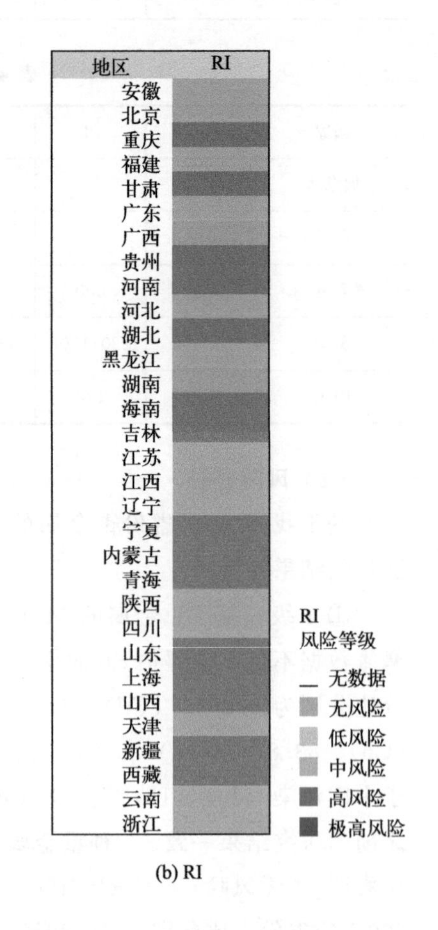

(b) RI

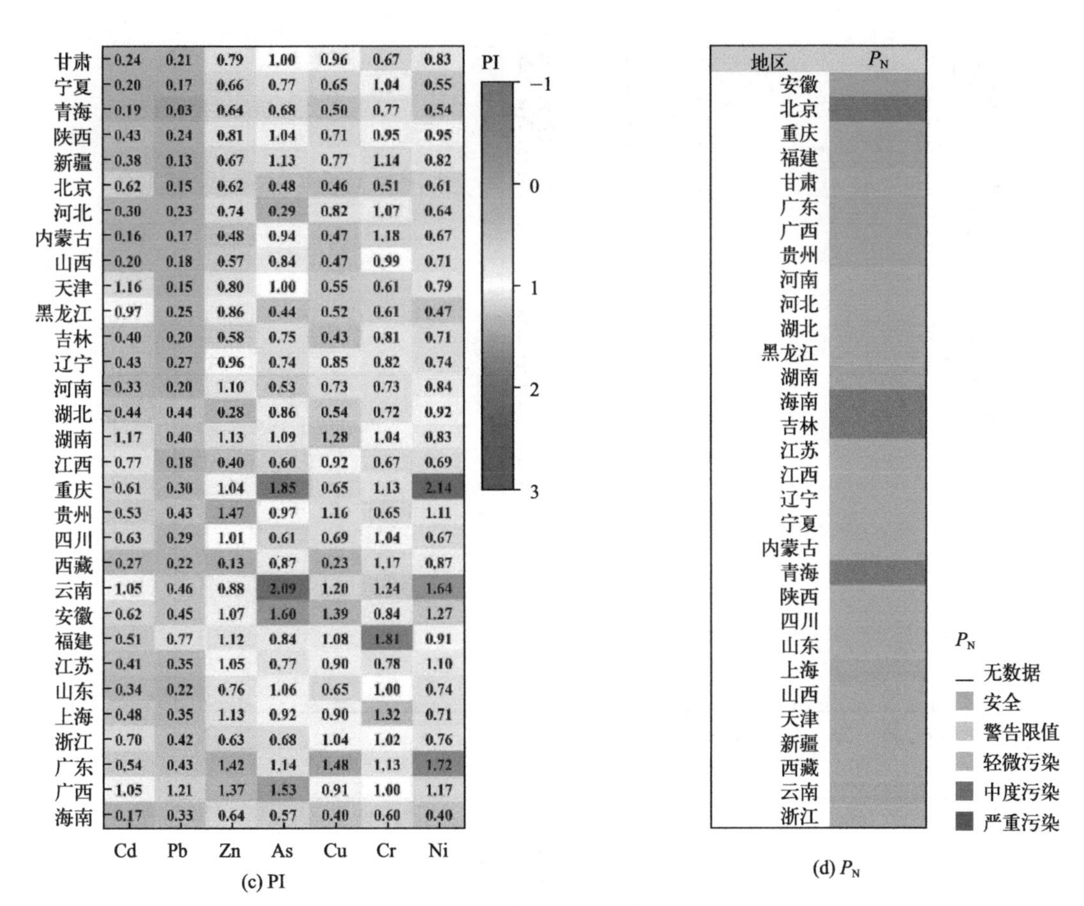

图 4.4 我国 31 个省份的 1 级和 2 级生态风险评估结果

注：I_{geo} 和 RI 的结果是根据测量的环境暴露浓度与土壤元素背景值之间的比值计算的，定义为 1 级方法；PI 和 P_N 的结果是根据测量的环境暴露浓度与 SQC 之间的比值计算的，定义为 2 级方法

③ 3 级：构建了我国 31 个省的 JPC。ORP（总体风险概率）的平均值分别为 2.42%（Cd）、2.82%（Pb）、12.17%（Zn）、14.89%（As）、10.42%（Cu）、32.20%（Cr）和 8.88%（Ni）[图 4.5（a），书后另见彩图]。因此，7 种金属的慢性风险按平均 ORP 分类为明确水平（ORP＞1.0%），而宁夏、青海、河北、内蒙古、山西和海南的 Cd，北京、河北、内蒙古、吉林、辽宁、重庆、江苏、山东和海南的 Pb，山西的 Zn 处于潜在水平（0.1%＜ORP≤1.0%），宁夏和西藏的 Pb 处于可忽略不计的水平（ORP≤0.1%）。5%物种受到危害的概率为 1.91%～21.37%（Cd）、0.13%～73.14%（Pb）、2.53%～98.51%（Zn）、14.1%～99.38%（As）、12.79%～79.5%（Cu）、92.28%～100%（Cr）和 5.3%～64.62%（Ni）[图 4.5（b），书后另见彩图]。根据蒙特卡罗模拟，潜在风险 [DBQ（基于分布的商值）=1.0] 的 DBQ 值量化为 0%～7%（Cd）、0%～40.11%（Pb）、4.34%～85.49%（Zn）、16.94%～87.39%（As）、0.02%～47.5%（Cu）、52.85%～99.98%（Cr）和 0%～85.93%（Ni）[图 4.5（d），书后另见彩图]。明确风险（DBQ=0.3）的 DBQ 值分别计算为 0%～2.52%（Cr）、0%～11.54%（Pb）、0%～31.05%（Zn）、0.078%～36.64%（As）、0%～18.54%（Cu）、10.37%～59.37%（Cr）和 0%～28.41%（Ni）[图 4.5（c），书后另见彩图]。

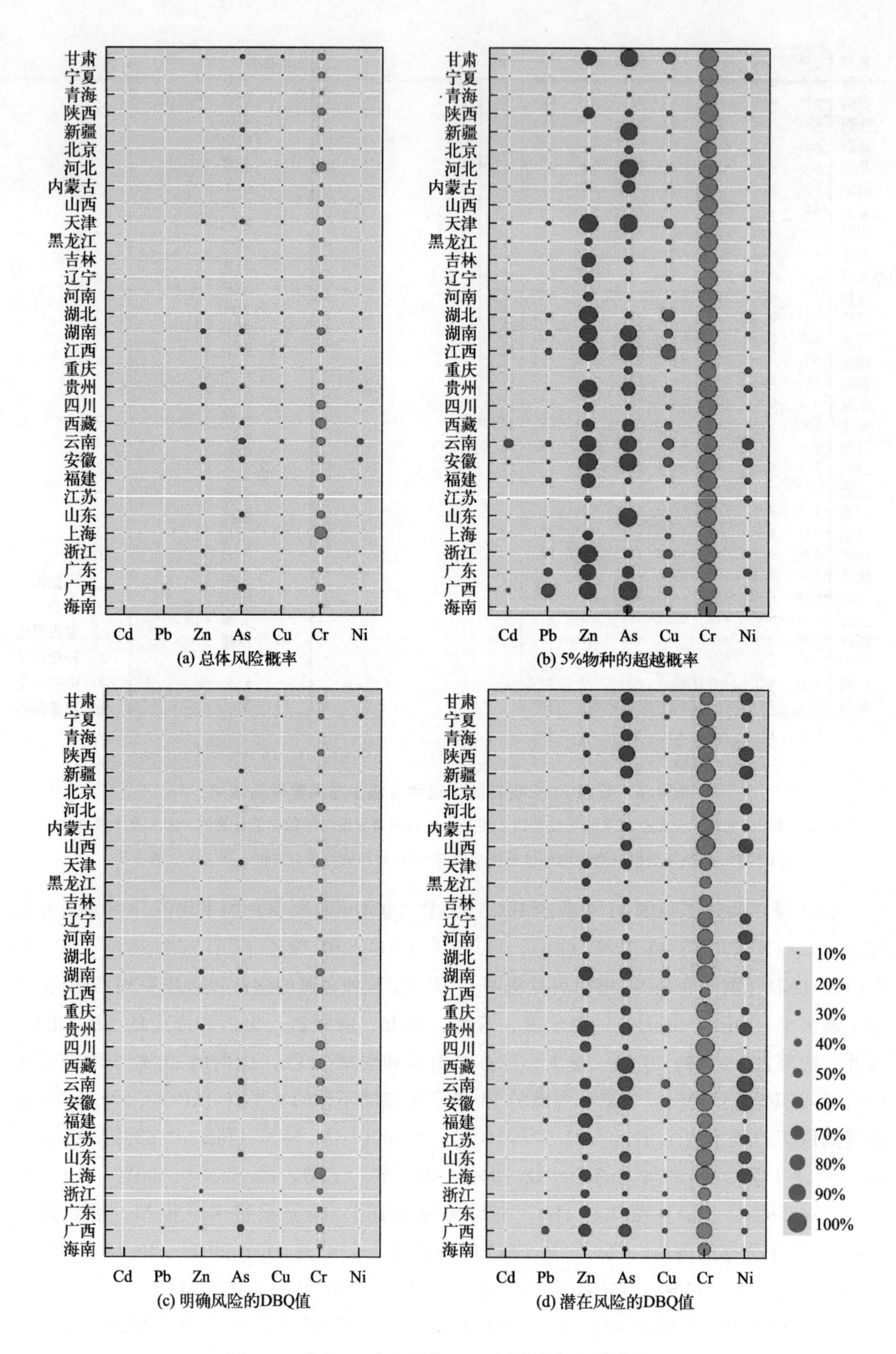

图 4.5　我国 31 个省份的 JPC 和蒙特卡罗模拟结果

注：ORP 和 5%物种受影响的概率结果来自 JPC，明确风险的 DBQ 值和潜在风险的 DBQ 值来自蒙特卡罗模拟。圆圈的大小表示生态风险产生的概率

1 级 ERA 表明，除 Cd 外，我国重金属的总体累积低于可控的风险水平，与之前的调查结果一致。SQC 值（2 级和 3 级）的评估结果表明，As、Cr、Ni、Zn 和 Cu 的风险值高于 Cd 的风险值，这与以前的研究一致，但与 1 级结果不同，这可能与土壤性质有关，并且在 SQC 的计算中还考虑了土壤元素的背景值。Cr 和 As 的高风险是意料之中的，因为它们的 SQC 来自高毒性价态的毒性数据。PERA 结果（3 级）显示出比其他方法更高的生态风险结果，与之前研究的结果一样。PERA 结果（3 级）提供了有关生态风险概率的详细信息，以补充传统的 DRA 方法（1 级和 2 级）。

1 级、2 级和 3 级方法进行的空间分布格局分析都表明，在重金属暴露的情况下，我国大部分地区处于可控的风险水平。但西南、华东、华南地区的土壤重金属污染相对高于北部和西北部地区。有证据表明，酸性土壤可以增加某些重金属的植物可利用性，使它们更容易被植物吸收。鉴于南部省份的大部分土壤是天然酸性的，应采取更有力的措施来解决土壤污染问题，保护生态系统免受危害。

4.2 土壤有机污染物生态毒性归一化研究

基于搜集整理的有机污染物的生态毒理数据，结合相匹配的土壤理化性质各项数据，进行生态毒性数据归一化，尽可能减小不同土壤条件对生态毒性数据的影响。

4.2.1 生态毒性数据与土壤理化性质的相关关系

经过验证，不区分物种、污染物时的毒性数据值与各理化性质间的相关关系会表现显著（$P<0.05$），但 Person 相关系数的绝对值低于 0.2，说明毒性值与土壤理化性质之间具有相关关系，但不区分污染物和物种导致相关关系不强。对污染物-物种-指标完全对应的毒性数据和土壤理化性质（clay、pH 值、CEC、OM）做相关性分析，见图 4.6（书后另见彩图）。其中三丁基氧化锡对应的物种为安德爱胜蚓（EC_{50}），涉及两篇文献共 26 条数据；三硝基甲苯对应的物种为 *Enchytraeus crypticus*（LOEC），涉及一篇文献共 24 条数据；甜菜宁对应的物种为 *Enchytraeus luxuriosus*（EC_{50}），涉及两篇文献共 26 条数据。3 种污染物的毒性值与有机质含量均表现出较为显著的相关关系，且均是正相关，其中三丁基氧化锡毒性值与 OM 的相关系数为 0.72，说明两者的相关性较强，三硝基甲苯的毒性值与其他土壤理化性质的相关关系也较为显著。

4.2.2 多元归一化

共构建了 13 个有机污染物的毒性数据归一化方程，其中多环芳烃的菲、芘、芴都有相对丰富的生态毒性数据，且构建的线性回归方程通过了 F 检验。菲和芘的线性方程拟合优度在 0.9 以上，分别构建了全氟化合物的全氟辛酸和全氟辛烷磺酸盐对青菜的归一化方程，满足 $P<0.05$ 的同时拟合优度也较高。双酚 A 和五氯酚作为酚类化合物的代表，采用混合指标共构建了两个归一化方程，但双酚 A 线性方程的拟合优度较低，与指标及物种混合有一定关系。苯系物以甲苯为代表，构建的归一化方程各项系数表现较好。有机农药类中的三丁基氧化锡有足够的生态毒性数据，对蚯蚓、跳虫和植物都可

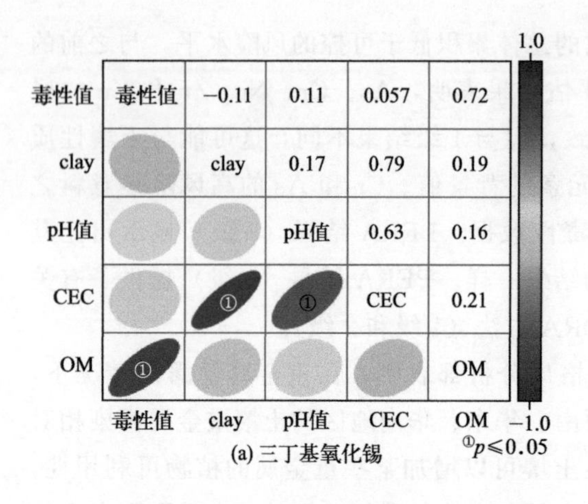

(a) 三丁基氧化锡

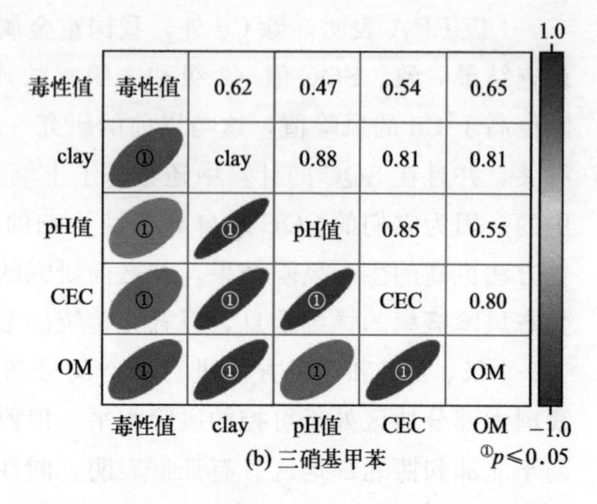

(b) 三硝基甲苯

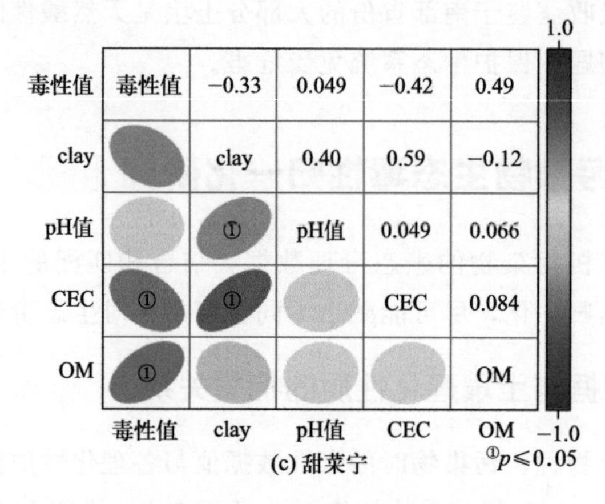

(c) 甜菜宁

图 4.6 毒性值与土壤理化性质的相关关系

以构建相应的归一化方程，拟合优度在 0.45 以上，见表 4.5。

表 4.5 归一化模型

污染物	物种	指标 (y)	方程	R^2	P 值	归一化毒性值 /(mg/kg)
三丁基氧化锡	安德爱胜蚓	EC_{50}	$\lg(y)=-0.020+1.125\times\lg(OM)$	0.465	0.000	1.51
	芜青	EC_{50}	$\lg(y)=1.116+1.920\times\lg(OM)$	0.513	0.046	28.45
	白符跳虫	EC_{50}	$\lg(y)=1.491+0.897\times\lg(OM)$	0.475	0.027	44.56
三硝基甲苯	线蚓 1	LC_{50}	$\lg(y)=-1.103+2.050\times\lg(clay)$	0.658	0.004	1154.36
	线蚓 1	EC_{50}	$\lg(y)=-0.308+1.877\times\lg(clay)$	0.525	0.003	389.24
	线蚓 1	EC_{20}	$\lg(y)=-0.523+1.893\times\lg(clay)$	0.698	0.003	251.14
芘	白符跳虫	EC_{50}	$\lg(y)=1.532+0.709\times\lg(OM)$	0.955	0.023	45.38
全氟辛酸	青菜	EC_{50}	$\lg(y)=2.179+0.266\times\lg(OM)$	0.887	0.005	168.21
	青菜	EC_{10}	$\lg(y)=1.952+0.374\times\lg(OM)$	0.756	0.024	104.20
甜菜宁	线蚓 1	EC_{50}	$\lg(y)=0.968+0.821\times\lg(OM)$	0.714	0.001	12.96

续表

污染物	物种	指标(y)	方程	R^2	P 值	归一化毒性值/(mg/kg)
四水合硝酸锌	安德爱胜蚓	EC_{50}	$\lg(y)=2.660+0.454\times\lg(CEC)$	0.523	0.028	1562.95
	白符跳虫	EC_{50}	$\lg(y)=2.095+0.173pH$	0.837	0.000	174.26
全氟辛烷磺酸盐	青菜	EC_{10}	$\lg(y)=1.411+0.065pH+0.274\times\lg(OM)$	0.97	0.005	32.67
	青菜	EC_{50}	$\lg(y)=2.290-0.030pH+0.593\times\lg(OM)$	0.998	0.002	233.92
吡虫啉	安德爱胜蚓	EC_{10}	$\lg(y)=-3.395+0.552pH$	0.540	0.016	0.001
	安德爱胜蚓	EC_{50}	$\lg(y)=-2.447+0.483pH$	0.555	0.013	0.01
	白符跳虫	EC_{10}	$\lg(y)=-1.647+1.103\times\lg(clay)-2.105\times\lg(OM)$	0.827	0.001	0.48
	白符跳虫	LC_{50}	$\lg(y)=0.289+0.631\times\lg(clay)$	0.999	0.024	18.34
菲	符跳属	急性	$\lg(y)=0.437-0.426\times\lg(clay)+0.043pH+0.978\times\lg(CEC)+1.841\times\lg(OM)$	0.914	0.001	35.86
芴	爱胜属	混合	$\lg(y)=-3.411+0.811pH$	0.674	0.045	184.50
双酚 A	混合	混合	$\lg(y)=1.905+1.030\times\lg(OM)$	0.179	0.044	122.00
五氯酚	赤子爱胜蚓	急性	$\lg(y)=0.780+1.437\times\lg(OM)$	0.579	0.047	10.79
甲苯	混合	混合	$\lg(y)=-1.221+2.390\times\lg(clay)$	0.998	0.031	294.66

注:线蚓 1 的拉丁学名是 *Enchytraeus crypticus*。

总体而言,有机污染物土壤生态毒性的缺乏在一定程度上限制了生态毒性归一化模型的构建。土壤动物的典型有机污染物生态毒性归一化方程相对较多,如赤子爱胜蚓、安德爱胜蚓和白符跳虫等,从侧面印证了这些物种在土壤生态毒理学实验中的广泛应用。植物物种构建的归一化方程个数较少,主要是因为植物物种的生态毒性数据较少且单一。

尽管土壤参数 OM、clay、CEC 和土壤生态毒性数据全部对数化处理后进行了线性拟合,但是同一参数的数值差异依然存在,表现为多数种间归一化公式的自变量仅包含了一种土壤参数,如三丁基氧化锡的种间归一化公式仅包含了 OM 一项,这并不意味着三丁基氧化锡在土壤中的毒性表现仅与 OM 相关,只是在参与模型构建的生态毒性数据中,OM 可以解释大部分三丁基氧化锡的生态毒性数据。同样地,土壤参数 clay 也并不能完全决定三硝基甲苯对于线蚓的生态毒性大小,四水合硝酸锌的种间归一化公式类似。

4.2.3 种间外推归一化

种间外推归一化可以在一定程度上弥补土壤类型不足的问题,从而扩充同一个污染物关于多个物种的生态毒性数据,且保证土壤理化性质对生态毒性数据数值的影响较小,种间外推归一化结果见表 4.6。

表 4.6 种间外推模型

污染物	物种	指标(y)	方程	归一化后毒性值/(mg/kg)	种平均值/(mg/kg)
三硝基甲苯	安德爱胜蚓	LC_{50}	$y=143\times10^{[2.050\times\lg(clay/3)]}$	227.82	287.68
		LC_{50}	$y=222\times10^{[2.050\times\lg(clay/3)]}$	347.54	
	野胡萝卜	EC_{50}	$y=30\times10^{[1.877\times\lg(clay/4)]}$	159.02	159.02
	苜蓿	EC_{50}	$y=77\times10^{[1.877\times\lg(clay/17)]}$	298.64	403.36
		EC_{50}	$y=93\times10^{[1.877\times\lg(clay/17)]}$	333.55	
		EC_{50}	$y=142\times10^{[1.877\times\lg(clay/17)]}$	360.70	
	黑麦草	EC_{50}	$y=86\times10^{[1.877\times\lg(clay/17)]}$	383.97	455.08
		EC_{50}	$y=129\times10^{[1.877\times\lg(clay/17)]}$	500.33	
		EC_{50}	$y=137\times10^{[1.877\times\lg(clay/17)]}$	531.35	
	湖南稗子	EC_{50}	$y=99\times10^{[1.877\times\lg(clay/17)]}$	550.75	623.14
		EC_{50}	$y=173\times10^{[1.877\times\lg(clay/17)]}$	670.98	
		EC_{50}	$y=210\times10^{[1.877\times\lg(clay/17)]}$	814.48	
	赤子爱胜蚓	LC_{50}	$y=325\times10^{[2.050\times\lg(clay/10.5)]}$	3835.17	3835.17
芘	赤子爱胜蚓	EC_{50}	$y=135.1\times10^{[0.709\times\lg(OM/2.1)]}$	106.46	210.78
		EC_{50}	$y=400\times10^{[0.709\times\lg(OM/2.1)]}$	315.10	
	芜青	EC_{50}	$y=400\times10^{[0.709\times\lg(OM/2.1)]}$	315.10	315.10
	线蚓 1	EC_{50}	$y=42\times10^{[0.709\times\lg(OM/1.6)]}$	40.12	40.12
	威尼斯爱胜蚓	EC_{50}	$y=71\times10^{[0.709\times\lg(OM/1.6)]}$	67.82	67.82

续表

污染物	物种	指标(y)	方程	归一化后毒性值/(mg/kg)	种平均值/(mg/kg)
芘	红车轴草	EC_{50}	$y=79\times10^{[0.709\times\lg(OM/1.6)]}$	75.47	289.45
		EC_{50}	$y=190\times10^{[0.709\times\lg(OM/1.6)]}$	181.50	
		EC_{50}	$y=640\times10^{[0.709\times\lg(OM/1.6)]}$	458.53	
	白芥	EC_{50}	$y=480\times10^{[0.709\times\lg(OM/1.6)]}$	611.37	635.26
		EC_{50}	$y=850\times10^{[0.709\times\lg(OM/1.6)]}$	726.01	
	黑麦草	EC_{50}	$y=760\times10^{[0.709\times\lg(OM/1.6)]}$	811.98	726.01
	白符跳虫	EC_{50}	$y=104\times10^{[0.709\times\lg(OM/3.8)]}$	52.16	46.73
		EC_{50}	$y=61\times10^{[0.709\times\lg(OM/2.6)]}$	41.30	
全氟辛酸	稻	EC_{50}	$y=353.6\times10^{[0.266\times\lg(OM/3.4)]}$	284.66	284.66
甜菜宁	白符跳虫	EC_{50}	$y=7.9\times10^{[0.0.821\times\lg(OM/11.5)]}$	1.48	3.99
		EC_{50}	$y=4.2\times10^{[0.821\times\lg(OM/5.9)]}$	1.34	
		EC_{50}	$y=4.9\times10^{[0.821\times\lg(OM/5.9)]}$	1.58	
		EC_{50}	$y=8\times10^{[0.821\times\lg(OM/5.9)]}$	2.60	
		EC_{50}	$y=10.8\times10^{[0.821\times\lg(OM/5.9)]}$	3.52	
		EC_{50}	$y=10.9\times10^{[0.821\times\lg(OM/5.9)]}$	3.54	
		EC_{50}	$y=11.3\times10^{[0.821\times\lg(OM/5.9)]}$	3.67	
		EC_{50}	$y=13.3\times10^{[0.821\times\lg(OM/5.9)]}$	4.32	
		EC_{50}	$y=13.6\times10^{[0.821\times\lg(OM/5.9)]}$	4.42	

续表

污染物	物种	指标(y)	方程	归一化后毒性值/(mg/kg)	种平均值/(mg/kg)
甜莱宁	白符跳虫	EC_{50}	$y=18.5\times10^{[0.821\times\lg(OM/5.9)]}$	5.99	
		EC_{50}	$y=10.1\times10^{[0.821\times\lg(OM/4.4)]}$	4.17	
		EC_{50}	$y=24\times10^{[0.821\times\lg(OM/4.4)]}$	9.92	
		EC_{50}	$y=50\times10^{[0.821\times\lg(OM/4.4)]}$	20.67	
		EC_{50}	$y=50.7\times10^{[0.821\times\lg(OM/3.9)]}$	25.75	
		EC_{50}	$y=56.6\times10^{[0.821\times\lg(OM/3.9)]}$	28.75	
		EC_{50}	$y=44.4\times10^{[0.821\times\lg(OM/6.5)]}$	15.70	
		EC_{50}	$y=6\times10^{[0.821\times\lg(OM/2.5)]}$	4.18	
		EC_{50}	$y=4.4\times10^{[0.821\times\lg(OM/6.4)]}$	1.57	
		EC_{50}	$y=17\times10^{[0.821\times\lg(OM/6.4)]}$	6.08	
		EC_{50}	$y=103\times10^{[0.821\times\lg(OM/4.4)]}$	36.82	
		EC_{50}	$y=21.6\times10^{[0.821\times\lg(OM/2.7)]}$	14.24	
		EC_{50}	$y=6.8\times10^{[0.821\times\lg(OM/1.7)]}$	6.22	
		EC_{50}	$y=45.9\times10^{[0.821\times\lg(OM/1.7)]}$	42.00	
		EC_{50}	$y=39.2\times10^{[0.821\times\lg(OM/8)]}$	11.96	
		EC_{50}	$y=52\times10^{[0.821\times\lg(OM/10)]}$	13.55	
		EC_{50}	$y=52.5\times10^{[0.821\times\lg(OM/8)]}$	16.02	
		EC_{50}	$y=252.2\times10^{[0.821\times\lg(OM/9)]}$	70.80	

续表

污染物	物种	指标 (y)	方程	归一化后毒性值 /(mg/kg)	种平均值 /(mg/kg)
甜莱宁	白符跳虫	EC_{50}	$y=8.3\times10^{[0.821\times\lg(OM/2.9)]}$	5.20	
		EC_{50}	$y=9.4\times10^{[0.821\times\lg(OM/6)]}$	3.52	
		EC_{50}	$y=12.2\times10^{[0.821\times\lg(OM/6.5)]}$	4.31	
		EC_{50}	$y=27.5\times10^{[0.821\times\lg(OM/6.5)]}$	9.72	
	线蚓 2	EC_{50}	$y=28\times10^{[0.821\times\lg(OM/6.5)]}$	9.90	22.72
		EC_{50}	$y=59\times10^{[0.821\times\lg(OM/6.5)]}$	20.86	
		EC_{50}	$y=22.8\times10^{[0.821\times\lg(OM/12.9)]}$	4.96	
		EC_{50}	$y=4.5\times10^{[0.821\times\lg(OM/8.7)]}$	1.29	
吡虫啉	陆正蚓	EC_{50}	$y=0.76\times10^{[0.483\times(pH-8.3)]}$	0.18	0.18
	背暗流蚓	EC_{50}	$y=0.84\times10^{[0.483\times(pH-8.3)]}$	0.20	0.20
	赤子爱胜蚓	EC_{50}	$y=0.43\times10^{[0.483\times(pH-7.2)]}$	0.34	1.62
		EC_{50}	$y=1.4\times10^{[0.483\times(pH-7.2)]}$	1.12	
		EC_{50}	$y=4.23\times10^{[0.483\times(pH-7.2)]}$	3.39	
四水合硝酸锌	芜青	EC_{50}	$y=237\times10^{[0.173\times(pH-5.5)]}$	430.77	646.79
		EC_{50}	$y=309\times10^{[0.173\times(pH-6.1)]}$	442.24	
		EC_{50}	$y=335\times10^{[0.173\times(pH-6)]}$	498.94	
		EC_{50}	$y=869\times10^{[0.173\times(pH-5.8)]}$	1401.59	
		EC_{50}	$y=473\times10^{[0.173\times(pH-5.2)]}$	968.86	

续表

污染物	物种	指标 (y)	方程	归一化后毒性值 /(mg/kg)	种平均值 /(mg/kg)
四水合硝酸锌	芜青	EC_{50}	$y=203\times10^{[0.173\times(pH-6.6)]}$	238.07	
		EC_{50}	$y=237\times10^{[0.173\times(pH-4.9)]}$	547.08	
菲	线蚯 1	EC_{50}	$y=87\times10^{[-0.426\times\lg(clay/13)+0.043\times(pH-6.2)+0.978\times\lg(CEC/8.1)+1.841\lg(OM/1.6)]}$	99.70	95.04
		EC_{50}	$y=559\times10^{[-0.426\times\lg(clay/8.1)+0.043\times(pH-5.6)+0.978\times\lg(CEC/11)+1.841\lg(OM/4)]}$	77.70	
		EC_{50}	$y=94\times10^{[-0.426\times\lg(clay/13)+0.043\times(pH-6.2)+0.978\times\lg(CEC/8.1)+1.841\lg(OM/1.6)]}$	107.73	
	威尼斯爱胜蚓	EC_{50}	$y=134\times10^{[-0.426\times\lg(clay/13)+0.043\times(pH-6.2)+0.978\times\lg(CEC/8.1)+1.841\lg(OM/1.6)]}$	153.57	220.04
		LC_{50}	$y=250\times10^{[-0.426\times\lg(clay/13)+0.043\times(pH-6.2)+0.978\times\lg(CEC/8.1)+1.841\lg(OM/1.6)]}$	286.51	
	原生动物	EC_{50}	$y=190\times10^{[-0.426\times\lg(clay/13)+0.043\times(pH-6.2)+0.978\times\lg(CEC/8.1)+1.841\lg(OM/1.6)]}$	217.74	217.74
	红车轴草	EC_{50}	$y=710\times10^{[-0.426\times\lg(clay/13)+0.043\times(pH-6.2)+0.978\times\lg(CEC/8.1)+1.841\lg(OM/1.6)]}$	813.67	848.06
		EC_{50}	$y=750\times10^{[-0.426\times\lg(clay/13)+0.043\times(pH-6.2)+0.978\times\lg(CEC/8.1)+1.841\lg(OM/1.6)]}$	859.52	
		EC_{50}	$y=760\times10^{[-0.426\times\lg(clay/13)+0.043\times(pH-6.2)+0.978\times\lg(CEC/8.1)+1.841\lg(OM/1.6)]}$	870.98	
	黑麦草	EC_{50}	$y=850\times10^{[-0.426\times\lg(clay/13)+0.043\times(pH-6.2)+0.978\times\lg(CEC/8.1)+1.841\lg(OM/1.6)]}$	974.12	974.12
	白芥	EC_{50}	$y=56.7\times10^{[-0.426\times\lg(clay/24.7)+0.043\times(pH-6.8)+0.978\times\lg(CEC/17.9)+1.841\lg(OM/2.7)]}$	14.38	14.38
	赤子爱胜蚓	LC_{50}	$y=103.4\times10^{[-0.426\times\lg(clay/24.7)+0.043\times(pH-6.8)+0.978\times\lg(CEC/17.9)+1.841\lg(OM/2.7)]}$	26.23	26.23
芴	短角跳虫	EC_{50}	$y=14\times10^{[0.811\times(pH-6.2)]}$	62.36	118.04
		LC_{50}	$y=39\times10^{[0.811\times(pH-6.2)]}$	173.73	
	线蚓 1	EC_{50}	$y=55\times10^{[0.811\times(pH-6.2)]}$	245.00	245.00
	原生动物	EC_{50}	$y=190\times10^{[0.811\times(pH-6.2)]}$	846.36	846.36

续表

污染物	物种	指标 (y)	方程	归一化后毒性值 /(mg/kg)	种平均值 /(mg/kg)
芴	红车轴草	EC_{50}	$y=360\times10^{[0.811\times(pH-6.2)]}$	1603.62	1982.26
		EC_{50}	$y=530\times10^{[0.811\times(pH-6.2)]}$	2360.89	
	黑麦草	EC_{50}	$y=880\times10^{[0.811\times(pH-6.2)]}$	3919.97	4075.88
		EC_{50}	$y=950\times10^{[0.811\times(pH-6.2)]}$	4231.79	
双酚 A	稻	EC_{50}	$y=282\times10^{[1.030\times\lg(OM/4.7)]}$	86.97	86.97
	安德爱胜蚓	EC_{50}	$y=387\times10^{[1.030\times\lg(OM/4.7)]}$	119.35	119.35
	白符跳虫	EC_{50}	$y=2665\times10^{[1.030\times\lg(OM/4.7)]}$	818.80	818.80
五氯酚	红正蚓	LC_{50}	$y=1094\times10^{[1.437\times\lg(OM/3.7)]}$	298.92	208.27
		LC_{50}	$y=883\times10^{[1.437\times\lg(OM/6.1)]}$	117.62	
甲苯	萝卜	LC_{50}	$y=16870.2\times10^{[2.39\times\lg(clay/39)]}$	13025.62	13025.62
	白符跳虫	LC_{50}	$y=463.2\times10^{[2.39\times\lg(clay/39)]}$	357.64	357.64
	稻	LC_{10}	$y=1011.6\times10^{[2.39\times\lg(clay/39)]}$	781.06	781.06
	赤子爱胜蚓	LC_{50}	$y=454.3\times10^{[2.39\times\lg(clay/39)]}$	346.93	298.70
		EC_{50}	$y=328\times10^{[2.39\times\lg(clay/39)]}$	250.48	
	小麦	IC_{50}	$y=978.6\times10^{[2.39\times\lg(clay/39)]}$	747.32	747.32

注：线蚓 1 的拉丁学名是 *Enchytraeus crypticus*，线蚓 2 的拉丁学名是 *Enchytraeus albidus*。

种间外推归一化采用的指标延续了种间归一化的主要急性指标，即 EC_{50}、LC_{50}、IC_{50}，归一化前后数值有一定差异。归一化后的土壤条件：clay＝35％，pH＝7.0，OM＝1.5％，CEC＝15cmol/kg。当文献中使用的土壤条件与之差别较大时，会对最终归一化结果有影响。此外，由于外推时模型参数和种间归一化保持一致，方程系数对原始数据同样进行了“加工”。

总体而言，种间外推归一化依赖于物种之间的生物学关系的远近，当生物学距离较近时，外推得到的模型较为可靠，当生物学距离较远时推导得到的归一化结果和原始数据差异较大。

采用种间外推得到的归一化后毒性值，与归一化前的毒性值进行比较，得到的结果如图 4.7 所示（书后另见彩图），可见所有数据点基本徘徊在线性拟合曲线两侧，曲线方程为 $y=1.170x-0.407$，$R^2=0.847$，95％预测带意指 95％数据点所属范围，95％置信带是有 95％概率包含真正回归线的区域，说明种间外推有一定的科学性。

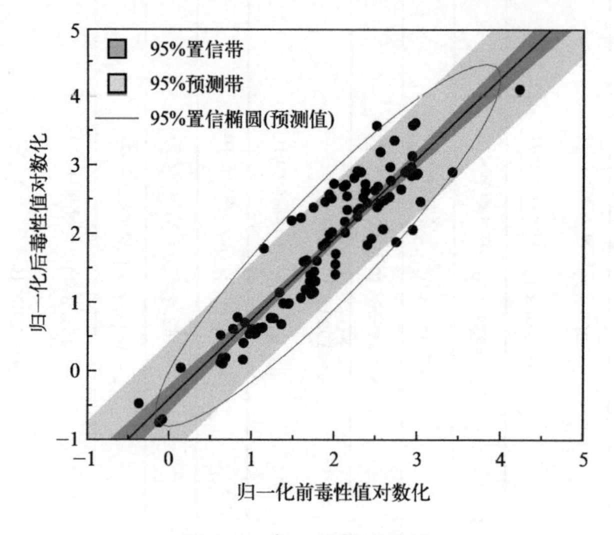

图 4.7　归一化模型验证

参考文献

Bandeira F O, Alves P R L, Hennig T B, et al., 2021. Chronic effects of clothianidin to non-target soil invertebrates: Ecological risk assessment using the species sensitivity distribution (SSD) approach [J]. Journal of Hazardous Materials, 419: 126491.

Ceneviva Bastos M, Prates D B, de Mei Romero R, et al., 2017. Trophic guilds of EPT (Ephemeroptera, Plecoptera, and Trichoptera) in three basins of the Brazilian Savanna [J]. Limnologica, 63: 11-17.

Cipullo S, Snapir B, Prpich G, et al., 2019. Prediction of bioavailability and toxicity of complex chemical mixtures through machine learning models [J]. Chemosphere, 215: 388-395.

Ding C, Ma Y, Li X, et al., 2018. Determination and validation of soil thresholds for cadmium based on food quality standard and health risk assessment [J]. Science of the Total Environment, 619/620: 700-706.

Dyer S D, Versteeg D J, Belanger S E, et al., 2006. Interspecies correlation estimates predict protective environmental concentrations [J]. Environmental Science & Technology, 40 (9): 3102-3111.

Louzon M, Pauget B, Pelfrêne A, et al., 2021. Combining human and snail indicators for an integrative risk assessment of metal (loid) -contaminated soils [J]. Journal of Hazardous Materials, 409: 124182.

Raimondo S, Mineau P, Barron M G, 2007. Estimation of chemical toxicity to wildlife species using interspecies correlation models [J]. Environmental Science & Technology, 41 (16): 5888-5894.

Wan Y, Jiang B, Wei D, et al., 2020. Ecological criteria for zinc in Chinese soil as affected by soil properties [J]. Ecotoxicology and Environmental Safety, 194: 110418.

Wang G, Xia X, Yang J, et al., 2020. Exploring the bioavailability of nickel in a soil system: Physiological and histopathological toxicity study to the earthworms (*Eisenia fetida*) [J]. Journal of Hazardous Materials, 383: 121169.

Wang K, Qiao Y, Li H, et al., 2018b. Structural equation model of the relationship between metals in contaminated soil and in earthworm (*Metaphire californica*) in Hunan Province, subtropical China [J]. Ecotoxicology and Environmental Safety, 156: 443-451.

Wang X, Wei D, Ma Y, et al., 2015. Derivation of soil ecological criteria for copper in Chinese soils [J]. PLOS ONE, 10 (7): e0133941.

Wang X, Wei D, Ma Y, et al., 2018a. Soil ecological criteria for nickel as a function of soil properties [J]. Environmental Science and Pollution Research, 25 (3): 2137-2146.

Wang X N, Fan B, Fan M, et al., 2019. Development and use of interspecies correlation estimation models in China for potential application in water quality criteria [J]. Chemosphere, 240: 124848.

Wang Y, Wang S, Jiang L, et al., 2022. Does the geographic difference of soil properties matter for setting up the soil sscreening levels in large countries like China? [J]. Environmental Science & Technology, 56 (9): 5684-5693.

Xu X, Wang T, Sun M, et al., 2019. Management principles for heavy metal contaminated farmland based on ecological risk—A case study in the pilot area of Hunan province, China [J]. Science of the Total Environment, 684: 537-547.

第5章 土壤生态毒性预测模型

US EPA 研究人员已开始的土壤生态毒性数据的ICE预测发现在目分类水平上可显示出高预测度（例如蚯蚓-蚯蚓），但在两个跨类群物种（节肢动物到环节动物）中预测精度较低（Barron et al.，2021）。本章，作者团队开展了我国土壤生态毒性ICE预测模型的研究，并进一步对土壤中其他物种的毒性数据进行预测，探索了不同分类水平上ICE模型的预测精度（罗晶晶 等，2022；Wang et al.，2019）。基于获取的生态毒性数据，从物种间的亲缘关系出发，开展了物种种间关系估算ICE模型的构建，有效且充分地利用了现有数据。

5.1 土壤物种种间关系估算模型构建

（1）数据搜集

US EPA 的 ECOTOX 数据库将有机污染物分为17个大类以供检索，见表5.1。首先根据大类初步筛查土壤中典型有机污染物的种类，整理之后对各污染物生态毒性数据的丰富度进行排序，对数据相对丰富的污染物依次在 Web of Science（https://www.webofscience.com）、中国知网（https://www.cnki.net）、万方数据（https://www.wanfangdata.com.cn）、Elsevier（https://www.sciencedirect.com）等数据库搜集公开发表的相关文献，根据污染物中文或英文名、CAS号及“土壤”“生态毒性”等相关关键词进行检索，详细记录污染物CAS号、污染物名、物种中文名、物种拉丁学名、毒性终点、指标、毒性数值、单位、实验天数、实验土壤的理化性质及文献来源。

表5.1 ECOTOX数据库污染物类别

序号	英文类别	中文类别
1	conazoles	康唑类
2	cyanotoxins	氰毒素
3	DDT and metabolites	DDT及其代谢物

续表

序号	英文类别	中文类别
4	dibenzofurans	二苯并呋喃
5	explosives	爆炸物
6	glycol ethers	醇醚类溶剂
7	major ions	主要离子
8	neonicotinoids	新烟碱类
9	nitrosamines	亚硝胺
10	perchlorates	高氯酸盐
11	per-and polyfluoroalkyl substances，PFAS	全氟或多氟烷基化合物
12	phthalate esters	邻苯二甲酸酯类
13	polyaromatic hydrocarbons，PAHs	多环芳烃
14	polybrominated diphenyl ethers，PBDEs	多溴联苯醚
15	polychlorinated biphenyls，PCBs	多氯联苯
16	pharmaceutical personal care products，PPCPs	药品与个人护理品
17	strobins	甲氧基丙烯酸酯类

（2）数据筛选

实验使用的有机污染物单一且纯度不低于90%，实验土壤采用自然土，且已测量过土壤理化性质如粒径分布、pH值、OM、CEC、电导率、最大持水量等。实验过程符合OECD 208、OECD 227等指南中的规范流程，植物观测的效应有发芽率、根伸长、茎伸长、根重、茎重、整株重等，动物观测的效应有死亡率、体重变化等，此外还有呼吸强度、酶活抑制率等。毒性终点指标如半致死浓度（50% of lethal concentration，LC_{50}）、半数效应浓度（50% of effective concentration，EC_{50}）、半数抑制效应浓度（50% of inhibitory concentration，IC_{50}）、10%效应浓度（10% of effective concentration，EC_{10}）、10%致死浓度（10% of lethal concentration，LC_{10}）及无观察效应浓度（no observed effect concentration，NOEC）、最低观察效应浓度（lowest observed effect concentration，LOEC）、最大允许浓度（maximum acceptable toxicant concentration，MATC）等，单位为mg/kg或其他可以转化的单位，实验天数有确切记录。

（3）模型构建

采用Excel的数据透视表功能对获取到的生态毒性数据进行整理，见图5.1。便于检查两两物种间是否有多个匹配的生态毒性数据，两个物种拥有3个及以上相同污染物生态毒性数据方可构建线性回归方程，自变量x是替代物种的生态毒性数据对数值，因变量y是预测物种的生态毒性数据对数值。根据F检验的P值确定线性回归方程的显著性，通过显著性检验（F 检验，$P\leqslant0.1$）的方程记录其拟合优度 R^2、均方误差 MSE，使用软件为 IBM SPSS Statistics 21.0。分类学距离按照同属为 1，同科为 2，同目为 3，同纲为 4，同门为 5 进行划分。通过建立的显著性线性回归方程，利用替代物种的生态毒性值计算出预测物种的生态毒性值，并与预测物种的实测值进行比较，采用留一交叉验证法（leave-one-out cross validation，L_{OO}-CV）统计得到的 5 倍之内的交叉验证成功率，使用软件为 Matlab 8.1.0.604。

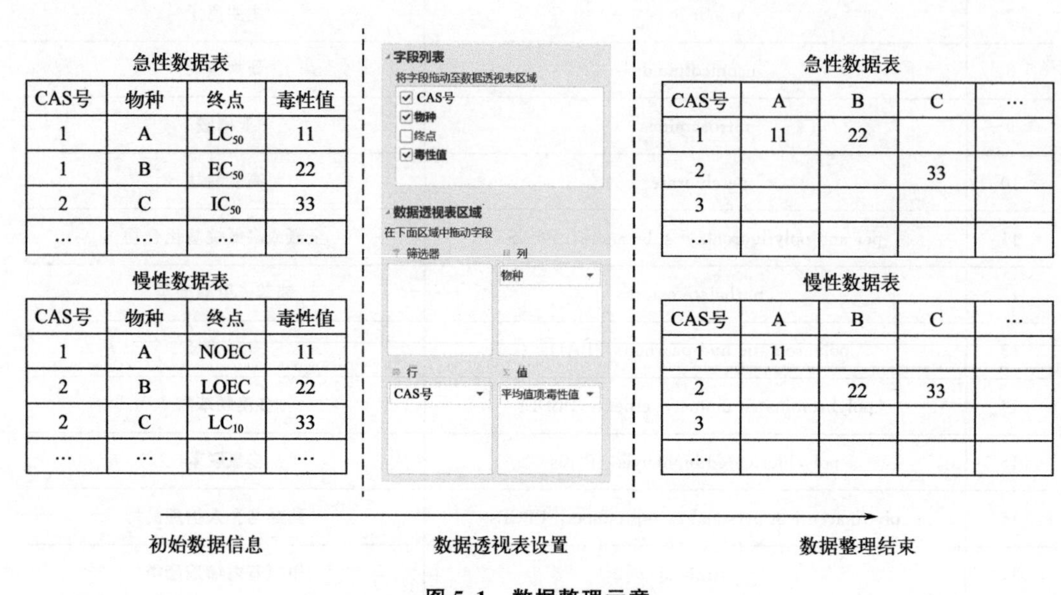

图 5.1 数据整理示意

（4）模型评价

ICE 模型的评价指标主要有 4 个：拟合优度 R^2、均方误差（mean square error，MSE）、分类学距离、交叉验证成功率。交叉验证成功率通常是优先确定的指标界定值，构建 R^2 与交叉验证成功率的线性关系，判断其显著性，根据线性方程的截距、斜率计算得出拟合优度的界定值，构建 MSE 与交叉验证成功率的线性关系，判断其显著性，根据线性方程的截距、斜率计算得出均方误差的界定值，分类学距离参考其他文献研究确定界定值。

满足了 4 个评价指标的显著性线性回归方程被认为是效果较好的 ICE 模型，拥有 ICE 模型较多的物种被认为是预测效果较好的替代物种。

（5）模型扩展

物种种间关系估算模型在属分类水平的扩展。根据生物学分类，若某一属下有多个物种的生态毒性值，则同一污染物对不同物种的生态毒性值取平均值后作为此污染物对此属的生态毒性值；若某一属下仅有一个物种的生态毒性值，则此物种的生态毒性值直接升级为此属的生态毒性值。所有属的生态毒性值统一作对数化处理，为避免得到种分类水平上的重复结果，以经历过合并的属作为替代物种，分别对其他属的生态毒性值进行预测，通过了显著性检验的预测模型调换替代物种和预测物种的位置，再次进行线性回归，得到另一个通过显著性检验的预测模型。

物种种间关系估算模型在科分类水平的扩展：根据生物学分类，若某一科下有多个属的生态毒性值，则同一污染物对不同属的生态毒性值取平均值后作为此污染物对此科的生态毒性值；若某一科下仅有一个属的生态毒性值，则此属的生态毒性值直接升级为此科的生态毒性值。所有属的生态毒性值统一对数化处理，为避免得到属分类水平上的重复结果，以经历过合并的科作为替代物种，分别对其他科的生态毒性值进行预测，通过了显著性检验的预测模型调换替代物种和预测物种的位置，再次进行线性回归，得到另一个满足显著性检验的预测模型。

5.1.1 土壤动物的物种种间关系估算模型

通过对生态毒性数据的整理，共得到 11 个动物物种在 52 个有机污染物胁迫下的急性生态毒性值，11 个动物物种在 63 个有机污染物胁迫下的慢性生态毒性值。土壤动物两两构建线性回归方程，共有的污染物种类不低于 3 种方可进行线性回归，通过 F 检验的线性回归方程表明模型有效，土壤动物共有 40 个线性回归方程表现显著水平（$P \leqslant 0.1$），急性指标构建的有 30 个，慢性指标构建的有 10 个，见表 5.2。安德爱胜蚓和白符跳虫的显著性线性回归方程个数最多，各有 7 个（图 5.2），两个物种之间不仅急性指标建立的线性回归方程表现显著，而且慢性指标建立的线性回归方程同样显著，采纳的数据条（N）分别是 15 个、9 个，是土壤动物中生态毒性数据较为充分的一组物种。其次 *Enchytraeus crypticus*、赤子爱胜蚓也拥有较多的显著性回归方程（图 5.2），赤子爱胜蚓的显著性回归方程多采用慢性指标，仅与 *Enchytraeus crypticus* 的急性指标构建了一个显著性回归方程，而 *Enchytraeus crypticus* 的显著性回归方程则全部基于急性指标建立（表 5.2）。

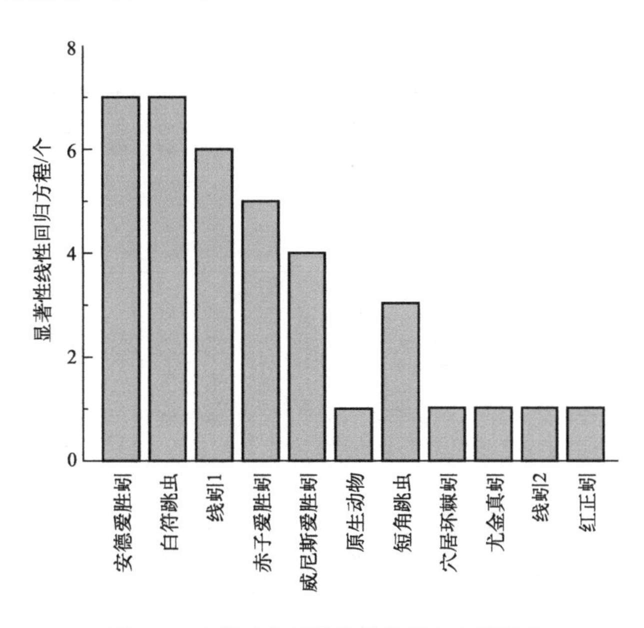

图 5.2　土壤动物显著性线性回归方程数目

注：线蚓 1 的拉丁学名是 *Enchytraeus crypticus*。线蚓 2 的拉丁学名是 *Enchytraeus albidus*

表 5.2　土壤动物线性回归方程

序号	替代物种	预测物种	N	指标	方程	P 值	R^2	调整后 R^2	MSE	分类学距离	交叉验证成功率/%
1	线蚓 2	安德爱胜蚓	5	急性	$y=-0.674+1.251x$	0.010	0.920	0.893	0.095	5	100
2	安德爱胜蚓	线蚓 2	5	急性	$y=0.634+0.735x$	0.010	0.920	0.893	0.056	5	100
3	安德爱胜蚓	线蚓 1	6	急性	$y=0.606+0.711x$	0.100	0.515	0.394	0.255	5	83
4	线蚓 1	安德爱胜蚓	6	急性	$y=0.334+0.725x$	0.100	0.515	0.394	0.260	5	83
5	白符跳虫	安德爱胜蚓	15	急性	$y=0.788+0.522x$	0.005	0.465	0.424	0.764	6	73
6	安德爱胜蚓	白符跳虫	15	急性	$y=0.065+0.891x$	0.005	0.465	0.424	1.302	6	47
7	安德爱胜蚓	红正蚓	6	急性	$y=0.934+0.775x$	0.008	0.859	0.824	0.107	2	83
8	红正蚓	安德爱胜蚓	6	急性	$y=-0.782+1.109x$	0.008	0.859	0.824	0.156	2	100
9	赤子爱胜蚓	线蚓 1	9	急性	$y=6.905-2.072x$	0.005	0.705	0.663	0.357	5	78
10	线蚓 1	赤子爱胜蚓	9	急性	$y=3.011-0.34x$	0.005	0.705	0.663	0.059	5	89
11	威尼斯爱胜蚓	线蚓 1	8	急性	$y=0.008+0.997x$	0.100	0.373	0.268	0.202	5	75
12	线蚓 1	威尼斯爱胜蚓	8	急性	$y=1.309+0.374x$	0.100	0.373	0.268	0.076	5	88
13	白符跳虫	威尼斯爱胜蚓	4	急性	$y=1.313+0.328x$	0.039	0.924	0.886	0.017	6	100
14	威尼斯爱胜蚓	白符跳虫	4	急性	$y=-3.507+2.818x$	0.039	0.924	0.886	0.148	6	100
15	原生动物	威尼斯爱胜蚓	5	急性	$y=0.288+0.7x$	0.006	0.945	0.927	0.010	6	100
16	威尼斯爱胜蚓	原生动物	5	急性	$y=-0.251+1.351x$	0.006	0.945	0.927	0.019	6	100
17	线蚓 1	白符跳虫	12	急性	$y=-0.639+1.149x$	0.045	0.345	0.279	1.293	6	58
18	白符跳虫	线蚓 1	12	急性	$y=1.623+0.3x$	0.045	0.345	0.279	0.338	6	75
19	短角跳虫	线蚓 1	11	急性	$y=1.211+0.529x$	0.037	0.401	0.334	0.281	6	82
20	线蚓 1	短角跳虫	11	急性	$y=0.371+0.758x$	0.037	0.401	0.334	0.403	6	64

续表

序号	替代物种	预测物种	N	指标	方程	P 值	R^2	调整后 R^2	MSE	分类学距离	交叉验证成功率/%
21	原生动物	线蚓 1	5	急性	$y=-0.139+0.971x$	0.034	0.821	0.762	0.072	6	100
22	线蚓 1	原生动物	5	急性	$y=0.571+0.846x$	0.034	0.821	0.762	0.063	6	100
23	白符跳虫	短角跳虫	4	急性	$y=0.345+0.586x$	0.005	0.990	0.985	0.007	1	100
24	短角跳虫	白符跳虫	4	急性	$y=-0.559+1.69x$	0.005	0.990	0.985	0.019	1	100
25	原生动物	白符跳虫	3	急性	$y=-2.782+2.038x$	0.005	1.000	1.000	0.000	6	100
26	白符跳虫	原生动物	3	急性	$y=1.365+0.491x$	0.005	1.000	1.000	0.000	6	100
27	短角跳虫	原生动物	5	急性	$y=1.203+0.781x$	0.002	0.971	0.962	0.010	6	100
28	原生动物	短角跳虫	5	急性	$y=-1.447+1.243x$	0.002	0.971	0.962	0.016	6	100
29	威尼斯爱胜蚓	安德爱胜蚓	6	急性	$y=-0.782+1.109x$	0.008	0.859	0.824	0.156	1	100
30	安德爱胜蚓	威尼斯爱胜蚓	6	急性	$y=0.934+0.775x$	0.008	0.859	0.824	0.109	1	100
31	安德爱胜蚓	赤子爱胜蚓	7	慢性	$y=0.909+0.564x$	0.100	0.417	0.301	0.510	1	57
32	赤子爱胜蚓	安德爱胜蚓	7	慢性	$y=0.377+0.74x$	0.100	0.417	0.301	0.669	1	57
33	安德爱胜蚓	白符跳虫	9	慢性	$y=1.142+0.48x$	0.078	0.378	0.289	0.543	6	67
34	白符跳虫	安德爱胜蚓	9	慢性	$y=0.513+0.787x$	0.078	0.378	0.289	0.890	6	67
35	尤金真蚓	赤子爱胜蚓	9	慢性	$y=0.387+0.846x$	0.000	0.858	0.838	0.062	3	100
36	赤子爱胜蚓	尤金真蚓	9	慢性	$y=-0.051+1.014x$	0.000	0.858	0.838	0.075	3	100
37	白符跳虫	赤子爱胜蚓	4	慢性	$y=-0.857+1.508x$	0.023	0.954	0.931	0.107	6	100
38	赤子爱胜蚓	白符跳虫	4	慢性	$y=0.632+0.633x$	0.023	0.954	0.931	0.045	6	100
39	穴居环棘蚓	赤子爱胜蚓	9	慢性	$y=0.086+0.968x$	0.000	0.854	0.833	0.064	3	100
40	赤子爱胜蚓	穴居环棘蚓	9	慢性	$y=0.277+0.882x$	0.000	0.854	0.833	0.058	3	100

注：线蚓 1 的拉丁学名是 *Enchytraeus crypticus*。

显著性回归方程涉及的土壤动物主要是蚯蚓、线蚓、跳虫和原生动物，共有 11 个物种。由于跳虫和原生动物在门分类上就与蚯蚓、线蚓不同，导致分类学距离数值较大，分类学距离为 6（同界）的显著性回归方程占了土壤动物线性回归方程的 1/2（表 5.2），满足分类学距离较近的物种只能在蚯蚓、蚯蚓-线蚓、跳虫之间。

5.1.2 土壤植物的物种种间关系估算模型

通过对生态毒性数据的整理，共得到 24 个植物物种在 133 个有机污染物胁迫下的急性生态毒性值，12 个植物物种在 28 个有机污染物胁迫下的慢性生态毒性值。土壤植物两两构建线性回归方程，共有的污染物种类不低于 3 种方可进行线性回归，通过 F 检验的线性回归方程表明模型有效，土壤植物共有 58 个线性回归方程表现显著水平（$P \leqslant 0.1$），急性指标构建的有 52 个，慢性指标构建的有 6 个，见表 5.3。黑麦草和燕麦拥有较为丰富的生态毒性数据，这两个物种与芜青、欧洲油菜、高粱、小麦、绿豆都能构建出显著性较好的线性回归方程，如燕麦-芜青、燕麦-高粱分别纳入了 30 个、31 个匹配的急性生态毒性数据建立了相应方程，黑麦草与 4 个其他物种间构建线性回归方程采纳的数据条超过了 10 个（图 5.3）。

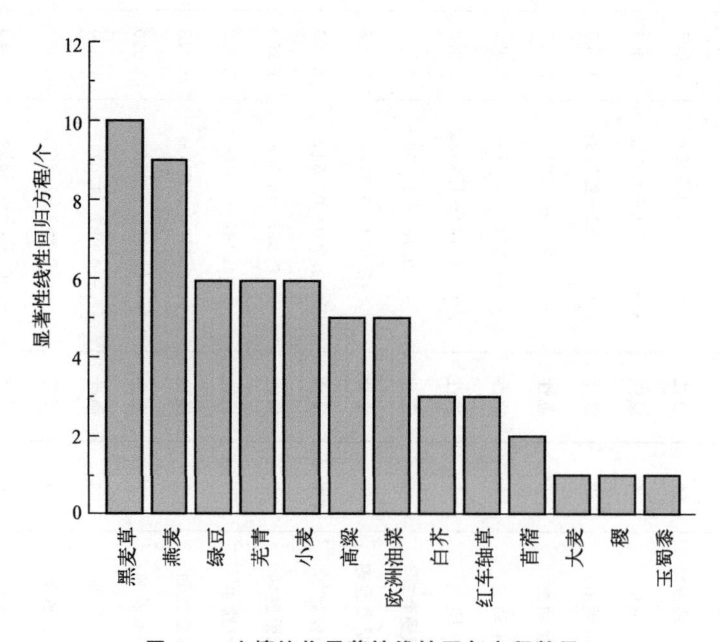

图 5.3 土壤植物显著性线性回归方程数目

显著性线性回归方程涉及的土壤植物主要是被子植物门禾本科、十字花科和豆科的物种，其中禾本科常见物种有黑麦草、燕麦、小麦、高粱等，十字花科常见物种有欧洲油菜、芜青，豆科常见物种有绿豆。豆科、十字花科属于双子叶植物纲，而禾本科属于单子叶植物纲，致使土壤植物分类学距离为 5（同门）的显著性线性回归方程比例同样达到了土壤植物线性回归方程的一半（表 5.3）。

表 5.3　土壤植物线性回归方程

序号	替代物种	预测物种	N	指标	方程	P 值	R^2	调整后 R^2	MSE	分类学距离	交叉验证成功率/%
1	欧洲油菜	燕麦	14	急性	$y=0.43+0.732x$	0.000	0.697	0.671	0.219	5	86
2	燕麦	欧洲油菜	14	急性	$y=0.358+0.951x$	0.000	0.697	0.671	0.284	5	79
3	芜青	燕麦	30	急性	$y=0.468+0.879x$	0.000	0.702	0.691	0.273	5	87
4	燕麦	芜青	30	急性	$y=0.263+0.798x$	0.000	0.702	0.691	0.248	5	87
5	大麦	燕麦	4	急性	$y=-0.178+0.841x$	0.005	0.990	0.985	0.075	2	100
6	燕麦	大麦	4	急性	$y=0.222+1.177x$	0.005	0.990	0.985	0.105	2	100
7	黑麦草	燕麦	17	急性	$y=0.868+0.617x$	0.001	0.559	0.529	0.297	2	88
8	燕麦	黑麦草	17	急性	$y=0.218+0.905x$	0.001	0.559	0.529	0.436	2	71
9	稷	燕麦	4	急性	$y=-0.644+1.421x$	0.100	0.811	0.716	0.887	2	75
10	燕麦	稷	4	急性	$y=0.541+0.57x$	0.100	0.811	0.716	0.356	2	75
11	高粱	燕麦	31	急性	$y=0.186+0.816x$	0.000	0.747	0.738	0.312	2	74
12	燕麦	高粱	31	急性	$y=0.184+0.915x$	0.000	0.747	0.738	0.349	2	71
13	小麦	燕麦	16	急性	$y=0.156+0.825x$	0.000	0.873	0.864	0.264	2	94
14	燕麦	小麦	16	急性	$y=0.099+1.059x$	0.000	0.873	0.864	0.339	2	88
15	绿豆	燕麦	13	急性	$y=0.154+0.811x$	0.000	0.690	0.662	0.243	5	85
16	燕麦	绿豆	13	急性	$y=0.678+0.851x$	0.000	0.690	0.662	0.255	5	77
17	玉蜀黍	燕麦	4	急性	$y=-0.003+0.831x$	0.076	0.854	0.782	0.597	2	75
18	燕麦	玉蜀黍	4	急性	$y=0.151+1.028x$	0.076	0.854	0.782	0.739	2	100
19	欧洲油菜	芜青	13	急性	$y=0.103+0.736x$	0.001	0.634	0.601	0.319	1	77
20	芜青	欧洲油菜	13	急性	$y=0.84+0.862x$	0.001	0.634	0.601	0.373	1	85

续表

序号	替代物种	预测物种	N	指标	方程	P 值	R^2	调整后 R^2	MSE	分类学距离	交叉验证成功率/%
21	黑麦草	芜青	18	急性	$y=0.308+0.764x$	0.000	0.569	0.542	0.416	5	72
22	芜青	黑麦草	18	急性	$y=0.887+0.744x$	0.000	0.569	0.542	0.405	5	67
23	高粱	芜青	14	急性	$y=0.838+0.513x$	0.033	0.326	0.270	0.573	5	79
24	芜青	高粱	14	急性	$y=1.035+0.636x$	0.033	0.326	0.270	0.710	5	79
25	小麦	芜青	19	急性	$y=0.195+0.741x$	0.000	0.771	0.757	0.223	5	89
26	芜青	小麦	19	急性	$y=0.324+1.04x$	0.000	0.771	0.757	0.312	5	89
27	绿豆	芜青	13	急性	$y=-0.223+0.839x$	0.001	0.666	0.636	0.291	4	92
28	芜青	绿豆	13	急性	$y=1.05+0.794x$	0.001	0.666	0.636	0.275	4	100
29	欧洲油菜	黑麦草	13	急性	$y=0.479+0.781x$	0.000	0.742	0.718	0.217	5	77
30	黑麦草	欧洲油菜	13	急性	$y=0.2+0.95x$	0.000	0.742	0.718	0.264	5	85
31	苜蓿	黑麦草	7	急性	$y=-0.374+1.115x$	0.005	0.819	0.783	0.316	5	71
32	黑麦草	苜蓿	7	急性	$y=0.678+0.735x$	0.005	0.819	0.783	0.208	5	71
33	高粱	黑麦草	14	急性	$y=0.397+0.846x$	0.000	0.822	0.807	0.164	2	93
34	黑麦草	高粱	14	急性	$y=0.029+0.972x$	0.000	0.822	0.807	0.188	2	93
35	红车轴草	黑麦草	9	急性	$y=1.66+0.465x$	0.099	0.341	0.247	0.075	5	89
36	黑麦草	红车轴草	9	急性	$y=0.384+0.733x$	0.099	0.341	0.247	0.118	5	89
37	小麦	黑麦草	14	急性	$y=0.059+0.955x$	0.000	0.895	0.886	0.082	2	93
38	黑麦草	小麦	14	急性	$y=0.212+0.937x$	0.000	0.895	0.886	0.081	2	100
39	绿豆	黑麦草	13	急性	$y=0.068+0.915x$	0.000	0.824	0.808	0.148	5	92

续表

序号	替代物种	预测物种	N	指标	方程	P 值	R^2	调整后 R^2	MSE	分类学距离	交叉验证成功率/%
40	黑麦草	绿豆	13	急性	$y=0.4+0.9x$	0.000	0.824	0.808	0.145	5	100
41	红车轴草	白芥	7	急性	$y=1.017+0.7x$	0.001	0.899	0.879	0.010	4	100
42	白芥	红车轴草	7	急性	$y=-1.062+1.285x$	0.001	0.899	0.879	0.019	4	100
43	欧洲油菜	小麦	13	急性	$y=0.452+0.822x$	0.000	0.822	0.806	0.149	5	92
44	小麦	欧洲油菜	13	急性	$y=-0.029+1.0x$	0.000	0.822	0.806	0.182	5	92
45	高粱	小麦	14	急性	$y=0.365+0.904x$	0.000	0.848	0.835	0.117	2	93
46	小麦	高粱	14	急性	$y=0.025+0.938x$	0.000	0.848	0.835	0.122	2	93
47	绿豆	小麦	14	急性	$y=0.051+0.957x$	0.000	0.898	0.889	0.079	2	93
48	小麦	绿豆	14	急性	$y=0.219+0.939x$	0.000	0.898	0.889	0.077	5	93
49	高粱	绿豆	14	急性	$y=0.513+0.869x$	0.000	0.798	0.781	0.153	5	86
50	绿豆	高粱	14	急性	$y=0.018+0.918x$	0.000	0.798	0.781	0.162	5	86
51	欧洲油菜	绿豆	13	急性	$y=0.425+0.863x$	0.000	0.922	0.914	0.065	4	92
52	绿豆	欧洲油菜	13	急性	$y=-0.254+1.068x$	0.000	0.922	0.914	0.080	4	92
53	苜蓿	黑麦草	3	慢性	$y=0.076+0.981x$	0.000	1.000	1.000	0.000	5	100
54	黑麦草	苜蓿	3	慢性	$y=-0.078+1.019x$	0.000	1.000	1.000	0.000	5	100
55	白芥	黑麦草	8	慢性	$y=1.133+0.572x$	0.048	0.506	0.423	0.081	5	88
56	黑麦草	白芥	8	慢性	$y=0.059+0.883x$	0.048	0.506	0.423	0.126	5	75
57	红车轴草	白芥	8	慢性	$y=-1.434+2.06x$	0.019	0.626	0.564	0.095	4	100
58	白芥	红车轴草	8	慢性	$y=1.085+0.304x$	0.019	0.626	0.564	0.014	4	100

5.2 土壤物种种间关系估算模型及其评价指标

ICE 最初被 US EPA 应用在水生生物毒性预测、水质基准和风险评估中，US EPA 提出了水生生物 ICE 模型的筛选评价标准：交叉验证成功率≥85%、R^2≥0.60、MSE≤0.22、分类学距离≤4（Bejarano et al.，2016）。王晓南等（2014）初步构建了我国水生生物的 ICE 模型，经过分析提出可依据交叉验证成功率≥80%、R^2≥0.78、MSE≤0.54 对模型进行筛选。在这 3 个评价参数中，拟合优度 R^2 和均方误差 MSE 是线性回归方程自带的模型评价参数，交叉验证成功率基于预测物种的计算值和实测值比较得出，通常将交叉验证成功率 80%作为评价 ICE 模型好坏的界定值之一，当满足了这一条件时，R^2 为 0.50，MSE 为 0.44，见图 5.4。除此之外，分类学距离的远近是最后一个评价参数，根据王晓南等的研究，同纲及更接近的物种之间构建的物种种间估算模型效果更好（Barron et al.，2021）。因此，本研究对于物种种间估算模型的评价指标为：交叉验证成功率≥80%，R^2≥0.50，MSE≤0.44，分类学距离≤4。

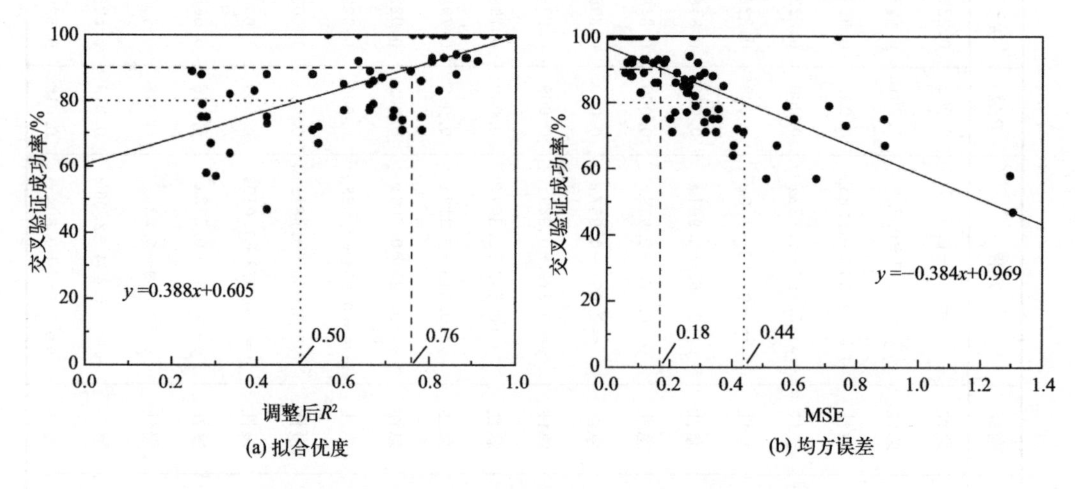

图 5.4 拟合优度、均方误差和交叉验证成功率的关系

同时满足以上 4 个指标的线性回归方程被认为是预测效果较好的 ICE 模型，筛选表 5.2 和表 5.3 展示的线性回归方程，有 66 个线性回归方程满足条件，其中 25 个为土壤动物的线性回归方程，41 个为土壤植物的线性回归方程。

上述评价标准可在具体应用过程中进行判别，当数据缺乏或应急评估时，可以选择部分优势标准。从结果可以看出黑麦草作为替代物种时，有较多的模型，分别是对燕麦、稻、小麦、玉蜀黍的预测。燕麦、小麦、玉蜀黍作为替代物种时，各自有多个模型满足评价标准，这 3 个物种的两两预测模型也表现较好，同时采纳的数据条（N）≥12，而燕麦与芜青作为毒性数据值较为丰富的 2 个物种，尽管在分类学距离上不占优势，但相互预测的 MSE、R^2 均满足评价标准，且交叉验证成功率在 80%以上。因此，丰富的毒性数据有利于预测模型的精准化，燕麦、白芥、小麦、黑麦草作为替代物种时，所得到的 ICE 模型均预测效果较好。

5.3 土壤物种种间关系估算模型扩展

5.3.1 物种种间关系估算模型在属分类水平的扩展

动物物种急性生态毒性值经历过合并的属为爱胜蚓属、符跳属、正蚓属和线蚓属，分别包含 3 个、2 个、2 个、3 个物种；动物物种慢性生态毒性值经历过合并的为爱胜蚓属和符跳属，分别包含 3 个、2 个物种；植物物种急性生态毒性值经历过合并的只有芸薹属，包含了 4 个物种；植物物种慢性生态毒性值经历过合并的有芸薹属和稗属，各自包含 2 个物种。

土壤动物和土壤植物在属分类水平上构建的通过了显著性检验的线性回归方程见表 5.4 和表 5.5，数量上明显少于在种分类学上构建的线性回归方程，急性指标对应的线性方程略多于慢性指标。构建交叉验证成功率与调整后 R^2 和 MSE 的线性回归方程见图 5.5，可以得出在属分类学水平上，土壤动物构建的线性回归方程评价指标为：交叉验证成功率≥80%，R^2≥0.56，MSE≤0.58；土壤植物构建的线性回归方程评价指标为：交叉验证成功率≥80%，R^2≥0.54，MSE≤0.64。

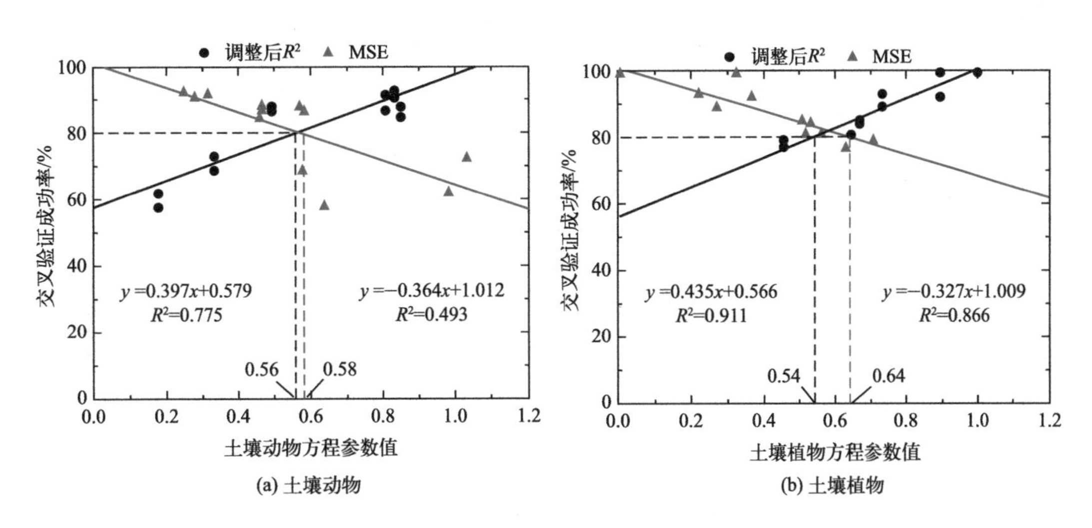

图 5.5 属分类水平土壤动物和土壤植物方程参数间关系

相比在种分类学水平上得出的 ICE 模型的评价指标，属分类学水平上得到的评价指标范围有所扩大，从而有更多通过了显著性检验的线性方程可以满足此指标，说明 ICE 模型扩展到属分类学水平后精度有所下降。

5.3.2 土壤物种种间关系估算模型在科分类水平的扩展

动物物种急性和慢性生态毒性值经历过合并的科均为正蚓科，被合并的属是爱胜蚓属和正蚓属；植物物种急性生态毒性值经历过合并的科有禾本科、豆科、十字花科和菊科，分别包含了 9 个、4 个、3 个、2 个属；植物物种慢性生态毒性值经历过合并的科有禾本科、豆科和十字花科，分别包含了 4 个、3 个、2 个属。

表 5.4 土壤动物在属分类水平的线性回归方程

序号	替代物种	预测物种	N	指标	方程	P 值	R^2	调整后 R^2	MSE	分类学距离	交叉验证成功率/%
1	符跳属	爱胜蚓属	28	急性	$y=1.412+0.335x$	0.001	0.360	0.335	0.578	6	69
2	爱胜蚓属	符跳属	28	急性	$y=-0.345+1.074x$	0.001	0.360	0.335	1.033	6	73
3	正蚓属	爱胜蚓属	8	急性	$y=0.635+0.614x$	0.001	0.837	0.810	0.312	2	92
4	爱胜蚓属	正蚓属	8	急性	$y=-0.538+1.364x$	0.001	0.837	0.810	0.466	2	87
5	符跳属	线蚓属	21	急性	$y=1.582+0.305x$	0.032	0.221	0.180	0.637	6	58
6	线蚓属	符跳属	21	急性	$y=0.426+0.725x$	0.032	0.221	0.180	0.982	6	62
7	正蚓属	线蚓属	4	急性	$y=-0.303+0.961x$	0.051	0.900	0.850	0.465	5	88
8	线蚓属	正蚓属	4	急性	$y=0.525+0.936x$	0.051	0.900	0.850	0.459	5	85
9	真蚓属	爱胜蚓属	9	慢性	$y=0.433+0.833x$	0.000	0.852	0.831	0.252	3	93
10	爱胜蚓属	真蚓属	9	慢性	$y=0.129+0.957x$	0.000	0.852	0.831	0.279	3	91
11	符跳属	爱胜蚓属	17	慢性	$y=0.691+0.741x$	0.001	0.529	0.497	0.583	6	87
12	爱胜蚓属	符跳属	17	慢性	$y=0.4+0.713x$	0.001	0.529	0.497	0.572	6	88

表 5.5 土壤植物在属分类水平的线性回归方程

序号	替代物种	预测物种	N	指标	方程	P 值	R^2	调整后 R^2	MSE	分类学距离	交叉验证成功率/%
1	燕麦属	芸薹属	31	急性	$y=0.484+0.785x$	0.000	0.679	0.668	0.507	5	85
2	芸薹属	燕麦属	31	急性	$y=0.333+0.865x$	0.000	0.679	0.668	0.533	5	84
3	黑麦草属	芸薹属	18	急性	$y=0.639+0.757x$	0.000	0.666	0.645	0.520	5	81
4	芸薹属	黑麦草属	18	急性	$y=0.304+0.879x$	0.000	0.666	0.645	0.560	5	81
5	高粱属	芸薹属	15	急性	$y=0.987+0.624x$	0.003	0.494	0.455	0.628	5	77
6	芸薹属	高粱属	15	急性	$y=0.377+0.792x$	0.003	0.494	0.455	0.708	5	79
7	车轴草属	芸薹属	4	急性	$y=-0.281+1.103x$	0.094	0.821	0.731	0.272	4	89
8	芸薹属	车轴草属	4	急性	$y=0.669+0.744x$	0.094	0.821	0.731	0.224	4	93
9	小麦属	芸薹属	20	急性	$y=0.238+0.843x$	0.000	0.899	0.893	0.322	5	100
10	芸薹属	小麦属	20	急性	$y=-0.019+1.066x$	0.000	0.899	0.893	0.362	5	92
11	稗属	黑麦草属	3	慢性	$y=0.18+0.954x$	0.002	1.000	1.000	0.006	2	100
12	黑麦草属	稗属	3	慢性	$y=-0.188+1.048x$	0.002	1.000	1.000	0.006	2	100
13	稗属	苜蓿属	3	慢性	$y=0.105+0.973x$	0.002	1.000	1.000	0.005	5	100
14	苜蓿属	稗属	3	慢性	$y=-0.108+1.028x$	0.002	1.000	1.000	0.005	5	100

土壤动物和土壤植物在科分类水平上构建的通过了显著性检验的线性回归方程见表5.6和表5.7，数量上少于在种、属分类学上构建的线性回归方程。构建交叉验证成功率与调整后R^2和MSE的线性回归方程见图5.6，可以得出在科分类学水平上，土壤动物构建的线性回归方程评价指标为：交叉验证成功率≥80%，R^2≥0.56，MSE≤0.63；土壤植物构建的线性回归方程评价指标为：交叉验证成功率≥80%，R^2≥0.31，MSE≤0.49。

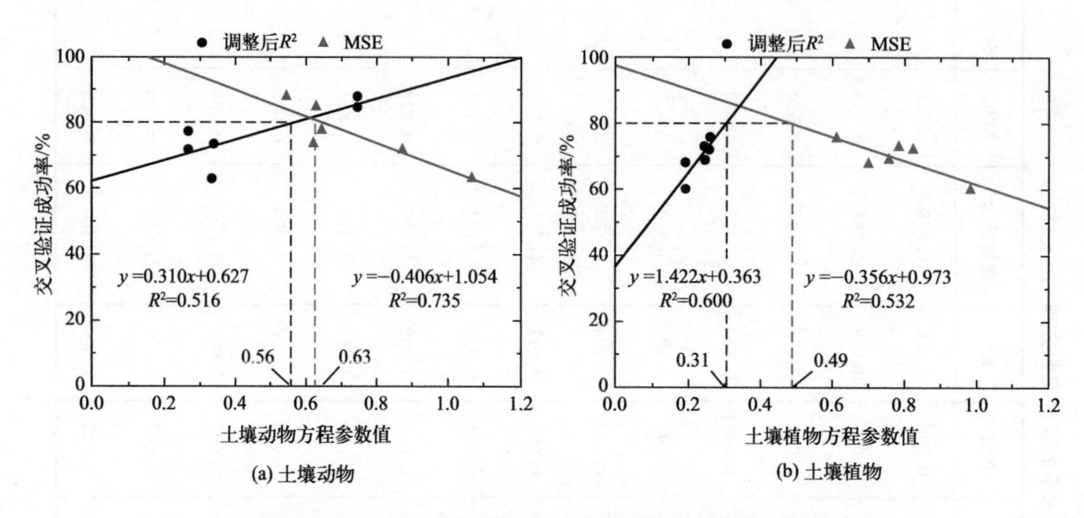

图5.6 科分类水平土壤动物和土壤植物方程参数间关系

相比在种、属分类学水平上得出的ICE模型的评价指标，土壤动物在科分类学水平上得到的评价指标范围再次扩大，特别表现在MSE的界定值上。而土壤植物在科分类学水平上得到的评价指标比在种分类学上范围有所缩小，考虑一是因为数据点较少（6个）导致线性拟合不准确，二是6个线性回归方程中调整后R^2范围为0.194～0.262，MSE范围为0.615～0.979，而通过计算得出的两个参数界定值均不包含在内，这造成了一定误差，从而使土壤植物在科分类学水平上的评价指标不适宜被采纳。

ICE模型在属和科分类学水平上的扩展，说明土壤动物中正蚓科爱胜蚓属和正蚓属、等节跳科符跳属、线蚓科线蚓属的物种均提供了良好、有效且丰富的生态毒性数据，可以用在物种种间关系估算模型中，其中赤子爱胜蚓、白符跳虫、*Enchytraeus crypticus*等均是预测效果较好的替代物种。土壤植物中禾本科、十字花科、豆科的物种拥有较为丰富的生态毒性数据，其中十字花科芸薹属的多个物种被应用于土壤生态毒理实验中，此外小麦、燕麦、黑麦草等禾本科植物是理想的替代物种，作为OECD和ISO等国际组织推荐的受试植物，其在土壤生态毒性研究中发挥着较大作用。

表 5.6　土壤动物在科分类水平的线性回归方程

序号	替代物种	预测物种	N	指标	方程	P 值	R^2	调整后 R^2	MSE	分类学距离	交叉验证成功率/%
1	等节跳科	正蚓科	28	急性	$y=1.276+0.353x$	0.001	0.365	0.340	0.623	6	74
2	正蚓科	等节跳科	28	急性	$y=-0.313+1.034x$	0.001	0.365	0.340	1.068	6	63
3	真蚓科	正蚓科	9	慢性	$y=0.473+0.622x$	0.002	0.777	0.745	0.547	3	88
4	正蚓科	真蚓科	9	慢性	$y=-0.115+1.249x$	0.002	0.777	0.745	0.628	3	85
5	等节跳科	正蚓科	12	慢性	$y=1.06+0.452x$	0.049	0.335	0.268	0.876	6	72
6	正蚓科	等节跳科	12	慢性	$y=0.142+0.741x$	0.049	0.335	0.268	0.645	6	78

表 5.7　土壤植物在科分类水平的线性回归方程

序号	替代物种	预测物种	N	指标	方程	P 值	R^2	调整后 R^2	MSE	分类学距离	交叉验证成功率/%
1	豆科	禾本科	19	急性	$y=1.688+0.41x$	0.015	0.303	0.262	0.615	5	76
2	禾本科	豆科	19	急性	$y=0.222+0.74x$	0.015	0.303	0.262	0.825	5	65
3	禾本科	十字花科	33	急性	$y=1.062+0.502x$	0.002	0.271	0.248	0.757	5	69
4	十字花科	禾本科	33	急性	$y=0.793+0.541x$	0.002	0.271	0.248	0.786	5	73
5	禾本科	豆科	14	慢性	$y=0.409+0.707x$	0.065	0.256	0.194	0.979	5	62
6	豆科	禾本科	14	慢性	$y=1.578+0.362x$	0.065	0.256	0.194	0.700	5	68

参考文献

罗晶晶，吴凡，王晓南，等，2022. 我国土壤受试植物筛选与毒性预测［J］. 中国环境科学，42（7）：3295-3305.

王晓南，刘征涛，王婉华，等，2014. 重金属铬（Ⅵ）的生态毒性及其土壤环境基准［J］. 环境科学，35（08）：3155-3161.

Barron M G，Lambert F N，2021. Potential for interspecies toxicity estimation in soil invertebrates［J］. Toxics，9（10）：265.

Bejarano A C，Barron M G，2016. Aqueous and tissue residue-based interspecies correlation estimation models provide conservative hazard estimates for aromatic compounds［J］. Environmental Toxicology and Chemistry，35（1）：56-64.

Wang X N，Fan B，Fan M，et al.，2019. Development and use of interspecies correlation estimation models in China for potential application in water quality criteria［J］. Chemosphere，240：124848.

第6章 土壤重金属生物有效性预测及应用

我国土壤环境污染形势严峻，在生物有效性（bioavailability）的测试评估和预测模型等方面的研究相对较少，导致不能精确地评估污染土壤的生态风险。生态风险评估的准确性对于避免陆地系统保护过度和保护不足至关重要，但生物有效性如何科学合理地应用于生态风险评估的问题仍未解决。作为生物有效性的重要反映指标，本章对土壤中镉（Cd）、砷（As）、铜（Cu）、锌（Zn）和铅（Pb）的生物可利用性（bioaccessibility）进行研究。筛选了已发表论文中生物可利用性与所对应的土壤性质的数据，并分析了它们之间的潜在关系，总结了现有的土壤重金属生物可利用性的测试方法，探究了生物可利用性含量与测试方法以及生物有效性含量之间的影响规律。提出了一个基于生物有效性的生态风险评估框架，用于推导基于生物有效性的我国土壤质量标准，并准确评估土壤重金属的生态风险。我们检查了土壤性质、生物有效态提取方法和重金属总含量对7种土壤重金属（As、Cd、Cr、Cu、Ni、Pb和Zn）的生物有效性的影响。采用了多元线性回归模型和机器学习方法建立了土壤重金属生物有效性预测模型，其中随机森林（random forest，RF）模型表现出优异的性能，测试集的平均 R^2 和RMSE（均方根误差）分别为0.83和0.43，对土壤重金属的生物有效性具有准确和稳定的预测能力。通过RF模型和SSD模型，推导了我国31个省份重金属基于生物有效性的SQC（bac-based SQC），并使用基于生物有效性的生态风险评估框架对我国土壤污染情况进行了综合评估。与基于总含量的生态风险评估方法相比，新方法在降低土壤差异的不确定性后，可以有效避免生态风险的高估。

长期以来，重金属总含量被广泛作为环境污染物调查中最重要的指标之一，而生态风险评估由于对重金属暴露数据的深度依赖，大多基于重金属总含量进行评估。然而，众所周知，总含量并不能准确反映地理变异性和生物毒性。本研究的意义在于，不仅提出了一个基于生物有效性的生态风险评估框架，可以准确评估多个区域的生态风险，而且通过创建基于生物有效性的重金属毒性数据和暴露数据的预测模型，可以直接使用现有的重金属毒性数据和暴露数据进行预测，使已有的调查研究工作不被浪费。后续研究也可直接采用化学提取方法计算毒性值和调查暴露程度，得出的结果可直接用于风险评估，无需预测模型，但需要注意的是与化学提取方法保持一致。

6.1 研究背景土壤性质对重金属生物有效性的影响

6.1.1 研究背景

目前对土壤中污染物的含量水平和环境风险的评价多基于污染物的总浓度（Louzon et al.，2021；代允超，2018），然而，总浓度将高估土壤中污染物的实际污染水平（Louzon et al.，2021；Guo et al.，2017）。为了获得准确的风险评估结果，有学者考虑采用生物有效性（bioavailability）来评价土壤中污染物的污染水平和风险（唐文忠 等，2019）。生物有效性是指通过摄入或吸收进入生物膜内的部分测试生物体生物膜内污染物的含量（生物有效性含量），通常被认为是生物有效性评估的最直接的方法（Lungu Mitea et al.，2021）。生物有效性含量测试通常需要大量的生物实验，通过血液、细胞和组织提取等途径获得，高成本和研究耗时等问题很大程度上限制了该方法的发展（Lungu Mitea et al.，2021；Yan et al.，2020）。作为生物有效性的重要反映指标（代允超，2018），生物可利用性（bioaccessibility）逐渐被用于评估污染物的生物有效性（唐文忠 等，2019）。生物可利用性是指能被生物体潜在吸收的部分，虽然生物可利用性的测试方法多样且测定结果差异较大，但是它们所测定的生物可利用性通常与生物有效性有着很强的相关性（Zhang et al.，2019；Fontes et al.，2021）。生物可利用性可采用化学试剂提取法和体外胃肠道模拟法等方法在不涉及生物体实验的情况下获得，其测试成本低、耗时短，能够有效弥补生物体直接测试法的缺点（图 6.1）。

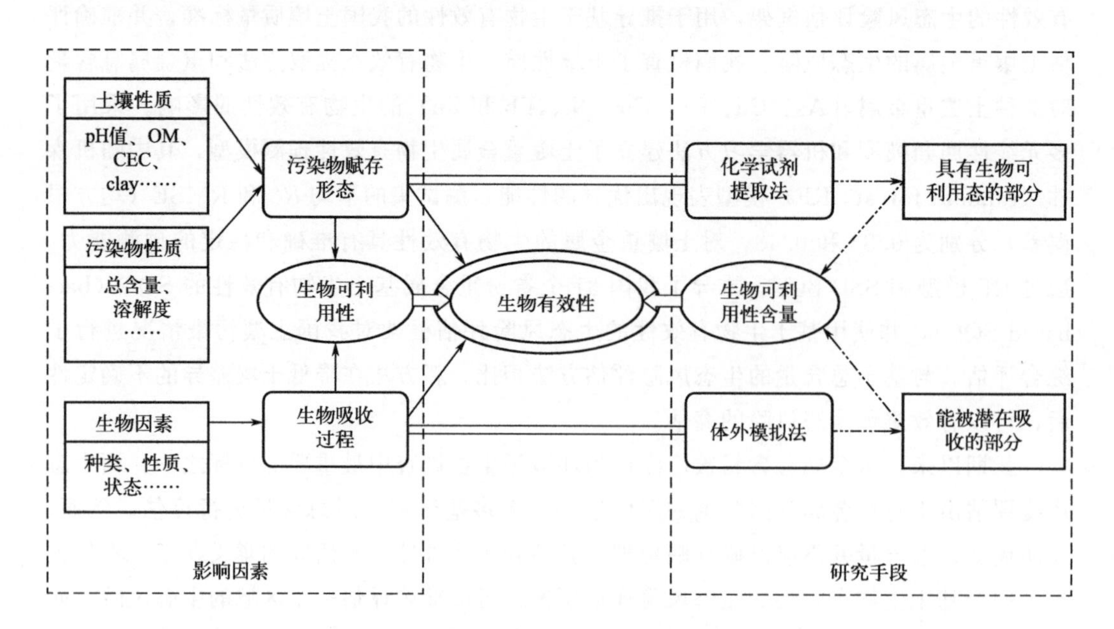

图 6.1 生物有效性影响因素及对应研究手段

污染物的生物可利用性受土壤的性质和化学物质浓度等因素的影响，不同生物受体的生物有效性响应也存在差异，因此，在土壤污染的风险评估过程中需要考虑特定的土壤性质等对生物可利用性的影响。现有的生物可利用性和生物有效性研究多基于区域点位的土壤，例如王芳婷等（2021）在对珠江三角洲陆地土壤研究中报道了Cd总含量以及土壤理化性质对土壤Cd生物可利用性的影响显著；王锐等（2020）对重庆市主要农耕区土壤Cd生物有效性及影响因素进行了研究，结果显示不同农作物对Cd的富集能力差异较大；周贵宇等（2016）研究了菜田土壤Cd和Pb生物可利用性影响因素。生物可利用性预测模型的研究同样也局限于单一的区域点位土壤和生物可利用性测试方法，如Dinić等（2019）用塞尔维亚农业土壤建立了Mn、Cu、Zn、Ni和Pb生物可利用性含量［二乙基三胺五乙酸（diethylenetriaminepentaacetic acid，DTPA）溶液提取］的预测模型，模型涉及的影响因素有pH值、OM、clay和金属总含量，其中Cu（R^2为0.76～0.83）和Pb（R^2为0.60～0.83）的预测模型较为可靠；Liu等（2018）在研究我国广西桂林矿区土壤时，利用3种金属（Pb、Zn和Cd）的总含量、土壤总有机碳（TOC）、pH值和Mn含量对矿区土壤Pb、Cd和Zn的生物可利用性［利用生理原理提取法（physiologically based extraction test，PBET）提取］建立了逐步回归模型（R^2为0.37～0.93）。目前关于生物可利用性测试方法的报道较多，但各方法的适用范围存在一定差异，很难确定各个污染物的最适生物可利用性测试方法（林亲铁 等，2013）。因此，有限的土壤区域、差异化的测试方法和生物种类，限制了污染土壤生态风险评估中对污染物生物可利用性和生物有效性部分的综合考虑。本章节对土壤中镉（Cd）、砷（As）、铜（Cu）、锌（Zn）和铅（Pb）的生物可利用性进行研究，总结了现有的土壤重金属生物可利用性的测试方法，探究了生物可利用性含量与土壤性质、测试方法和生物有效性含量间的影响。

6.1.2 数据的获取、筛选与处理

采用Elsevier、中国知网和Web of Science等数据库，以主题“生物有效性”“生物可利用性”“土壤”“镉”“砷”“铜”“锌”和“铅”等对土壤重金属生物可利用性和生物有效性数据进行搜索，初步筛选约400篇文献。查找文献中报道的重金属（Cd、As、Cu、Zn和Pb）生物可利用性含量和对应的土壤性质［pH值、阳离子交换量（CEC）、有机质含量（OM）、黏土（clay）含量和铁矿物（Fe）含量］的数据。删去没有受试土壤性质的数据，包括土壤性质（CEC和OM等）未明确标注的数据；删去非自然土壤数据（即人工配制土壤或自然土壤中人工添加重金属的实验数据）。选用了剩余的80篇测试规范和数据清晰的文献进行研究。

获取的数据情况见表6.1，包括土壤中重金属的总含量和生物可利用性含量以及所对应的土壤性质。由于所搜集的数据量多，涉及的测试方法和土壤性质差别大，为了使数据的分布正态化，对数据进行了对数转换。对于部分土壤性质参数缺失的数据，通过缺失值插补法补充该部分参数，以提高研究结果的可靠性。本研究采用了基于链式方程的多重插补方法（MICE）来处理缺失值问题，由R 4.0.4和RStudio 1.3.1073软件中的“mice”数据包进行处理，数据包中包含随机森林（random forest，RF）法。有研究表明MICE、RF以及MICE与RF联用等方法在空气质量缺失值（Hajmohammadi et al.，2021）、土壤性质参数（pH值等）缺失值（张逸飞 等，2021）和水质参数缺失

值（Ratolojanahary et al.，2019）等方面有很好的插补效果。

表 6.1　数据整体情况

重金属	数据样本量/个	项目	pH 值	CEC /(cmol/kg)	OM /(g/kg)	clay/%	Fe /(g/kg)	土壤中总含量 /(mg/kg)	生物可利用性含量 /(mg/kg)
Cd	177	平均值	6.67	1.55×10^{1}	5.07×10^{1}	2.48×10^{1}	7.55×10^{1}	3.01×10^{2}	2.33×10^{2}
		最小值	4.00	1.00	1.00	3.20	2.74	2.00×10^{-3}	1.00×10^{-3}
		最大值	1.01×10^{1}	1.01×10^{2}	3.49×10^{2}	7.10×10^{1}	8.80×10^{2}	3.93×10^{4}	3.07×10^{4}
As	125	平均值	6.45	1.70×10^{3}	3.18×10^{1}	1.16×10^{1}	8.81×10^{1}	6.18×10^{3}	5.26×10^{2}
		最小值	2.60	5.52	2.00	1.00×10^{-1}	1.40	6.37	3.00×10^{-3}
		最大值	1.01×10^{1}	3.30×10^{1}	1.03×10^{2}	7.21×10^{1}	5.05×10^{2}	6.00×10^{5}	1.70×10^{4}
Cu	170	平均值	6.60	1.56×10^{1}	3.07×10^{1}	1.85×10^{1}	7.53×10^{1}	1.35×10^{3}	3.86×10^{2}
		最小值	2.39	1.00	1.00	3.20	2.74	1.94	9.00×10^{-2}
		最大值	1.01×10^{1}	5.98×10^{1}	3.01×10^{2}	4.19×10^{1}	3.57×10^{2}	4.87×10^{4}	1.30×10^{4}
Zn	182	平均值	6.83	1.83×10^{1}	5.91×10^{1}	2.03×10^{1}	6.81×10^{1}	6.72×10^{3}	2.73×10^{3}
		最小值	2.39	1.00	1.70	3.20	2.74	3.58×10^{1}	1.35×10^{-1}
		最大值	1.01×10^{1}	5.98×10^{1}	3.49×10^{2}	4.19×10^{1}	3.57×10^{2}	2.66×10^{5}	1.31×10^{5}
Pb	292	平均值	6.55	1.60×10^{1}	5.72×10^{1}	1.49×10^{1}	5.92×10^{1}	3.32×10^{3}	1.37×10^{3}
		最小值	2.39	4.80×10^{-1}	5.10×10^{-1}	8.40×10^{-1}	2.74	9.85	4.00×10^{-2}
		最大值	9.16	1.01×10^{-2}	3.49×10^{2}	4.19×10^{1}	3.57×10^{2}	2.12×10^{5}	5.15×10^{4}

注：本章所选用的胃肠道模拟方法测定的生物可利用性含量均为胃相数据（肠相数据较少，未使用）；Fe 表示铁矿物在土壤中的含量。

6.1.3　生物可利用性含量与土壤性质和生物有效性的关系分析

首先进行重金属（Cd、As、Cu、Zn 和 Pb）的生物可利用性含量与重金属总含量和各土壤性质之间的皮尔逊相关性分析，显著性水平取 $P<0.05$ 和 $P<0.01$。对现有的土壤重金属生物可利用性的测试方法进行总结，并对生物可利用性含量与生物有效性含量间的相关性进行分析。数据分析和可视化由 SPSS 25.0 和 Origin 2019b 软件以及“镝数图表”网站（https://dycharts.com）实现。

6.1.4　土壤性质对生物可利用性含量的影响

土壤性质是影响土壤重金属生物可利用性和生物有效性的关键因素（Daoust et al.，2015；Duan et al.，2016；Teng et al.，2015），根据皮尔逊相关性分析（表 6.2），发现土壤重金属生物可利用性含量与多种土壤性质间存在显著相关关系。土壤中 5 种重金属的生物可利用性含量均与重金属总含量成极显著（$P<0.01$）的正相关关系，这与其他学者的研究结果相符（Luo et al.，2012；Wu et al.，2020；Dinić et al.，2019；Wang et al.，2018）。pH 值是影响土壤类型中 Cd（Tian et al.，2020）、As（Yao et al.，2021）、Cu（Dinić et al.，2019）、Zn（Luo et al.，2012；Dinić et al.，2019）和 Pb（Wu et al.，2020）可利用性的主要因素，分析结果显示 pH 值与其生物可利用性有显著相关关系（$P<0.05$）。此外，有机质含量与 Cd、Zn 和 Pb 总含量和生物可利用性含量均具有显著正相关性，可能是土壤有机质中的主要成分腐殖酸含有的羧基、羟基和酚羟基等具有对 Cd 和 Pb 等螯合的作用（周贵宇 等，2016），另一方面有机质也可提高重金属的可溶性（李思民 等，2021），最终对其产生了影响。本研究的结果与王春香等（2014）的研究结果相符。黏土含量与重金属（Cu 除外）的生物可利用性含量和总含量均呈显著负相关性，CEC 与金属总含量和可利用性含量没有显著的相关关系（As 除外）（表 6.2）。有报道指出 As 的可利用性含量主要受 As 总含量、黏土含量、有机质含量的影响（Yao et al.，2021），本研究结果表明总含量、黏土含量、pH 值和 CEC 是显著影响可利用性含量的因素，这种差异可能由本研究所涉数据量大和土壤类型多造成。铁矿物对重金属有较为明显的吸附作用（邵金秋 等，2019）。皮尔逊相关系数显示，铁矿物与 5 种重金属的总含量以及 Cu、Zn 和 Pb 的生物可利用性含量均有显著性关系。总体而言，土壤中重金属总含量与生物可利用性含量关系密切，影响重金属可溶性与吸附解析的平衡过程会影响其整体生物有效性（Naidu et al.，2008）。

表 6.2 重金属可利用性含量与土壤性质之间的皮尔逊相关系数①

金属	含量	BAc	pH 值	clay	OM	CEC	Fe	total
Cd	BAc	1.000	0.145	−0.118	0.358③	0.062	0.083	0.954③
	total	0.954③	0.193③	−0.152②	0.396③	0.067	0.164②	1.000
As	BAc	1.000	0.237③	−0.248③	0.051	0.209②	0.150	0.824③
	total	0.824③	0.179②	−0.438③	−0.062	0.175②	0.368③	1.000
Cu	BAc	1.000	−0.236②	0.088	0.019	0.116	0.217③	0.879③
	total	0.879③	−0.305③	0.036	0.030	0.152②	0.185②	1.000
Zn	BAc	1.000	−0.172②	−0.205③	0.529③	0.021	0.159②	0.919③
	total	0.919③	−0.176②	−0.157②	0.453③	−0.026	0.232③	1.000
Pb	BAc	1.000	0.135②	−0.441③	0.363③	0.042	0.212③	0.883③
	total	0.883③	−0.021	−0.406③	0.286③	−0.039	0.132②	1.000

① BAc 表示生物可利用性含量；total 表示土壤中重金属总含量；pH 值未进行对数转化。

② 在 0.05 级别相关性显著。

③ 在 0.01 级别相关性显著。

6.1.5 测定方法对生物可利用性的影响

目前有多种测定生物可利用性含量的方法，如采用螯合剂（EDTA 等）提取一些重金属可对蚯蚓生物有效性有较好的表征效果（Duan et al.，2016）；采用盐溶液（如 $MgCl_2$ 和 $CaCl_2$ 等）来表征植物对重金属吸收的生物有效性效果不错（Ma et al.，2020；Feng et al.，2005）。我们总结了一些现阶段普遍使用的生物有效性的评估方法，涉及生物可利用性含量的测定，以及所表征的生物及重金属（表 6.3）。从中可知，胃肠道模拟方法（PBET 等）均以生物体胃肠道环境为依据确定体系固液比、温度以及 pH 值等条件，一些螯合剂和盐溶液等缺少对生物体的具体考虑。有学者在研究过程中会根据具体情况改进提取方法，例如 EDTA 方法的溶液浓度和 DTPA 方法中的固液比等都有所差异。此外，不同的方法所适宜的使用范围不一样，例如 UBM 和 PBET 等属于体外胃肠道模拟方法，主要测定的是能被人体潜在吸收的重金属生物可利用性；$CaCl_2$、HNO_3 和 EDTA 等化学试剂主要用于测定能被植物体或土壤动物潜在吸收的重金属生物可利用性，其中表征的植物体主要为体长不超过 4m 的草本植物或灌木，表征的土壤动物主要为蚯蚓。RBALP 方法主要针对 Pb 的生物可利用性研究，SEG 方法主要针对蚯蚓肠道对重金属吸收的研究，这种针对性较强的方法通常有更好的效果。而大型植物少有涉及和土壤动物研究种类少是土壤重金属生物有效性研究需要进一步解决的问题。基于以上分析，本研究依据表征的生物类型将测试方法分为 3 组：第 1 组为人，主要包括 PBET、SBET（生物可及性简化提取法）、UBM、SBRC（溶解性/生物有效性研究联盟）和 RBALP 方法；第 2 组为植物，主要包括 EDTA、HCl 和 $CaCl_2$ 等方法；第 3 组为蚯蚓，主要包括 SEG、BCR（欧盟标准物质局提出的一种化学连续提取法）和 DTPA 等方法。

表 6.3　土壤重金属生物有效性评估方法总结

方法	体系 pH 值	温度/℃	时间/h	液体固体比例	主要试剂成分及浓度
SEG	7.00	室温	3.5	2∶1	α-淀粉酶（675U）、纤维素酶（186U）、碱性磷酸酶（37U）和胰蛋白酶（250000U），溶于 4mL 去离子水
EDTA	7.00	室温	0.5	5∶1/10∶1	EDTA（0.05mol/L）
DTPA	7.30	室温	2	2∶1	DTPA（0.005mol/L）、$CaCl_2$（0.01mol/L）和 TEA（三乙醇胺、0.1mol/L）
HNO_3	5.61～5.94	室温	4	10∶1	HNO_3（0.43mol/L）
NH_4OAc		室温		2∶1	NH_4OAc（1mol/L）
NH_4NO_3		室温		2∶1	NH_4NO_3（1mol/L）
$CaCl_2$	5.15～8.05	室温	2	5∶1/10∶1	$CaCl_2$（0.01mol/L）/$CaCl_2$（0.5mol/L）
HCl	1.0	室温	1	40∶1	HCl（0.10mol/L）
HOAc	2.8	室温	16	40∶1	HOAc（0.11mol/L）

续表

方法	体系 pH 值	温度/℃	时间/h	液体固体比例	主要试剂成分及浓度
BCR	HOAc	室温			HOAc (0.11mol/L)
	$NH_2OH \cdot HCl$	25℃	1.5		$NH_2OH \cdot HCl$ (0.5mol/L)
	H_2O_2+ NH_4OAc	85℃	2		H_2O_2 (8.8mol/L)
		25℃	2		NH_4OAc (1mol/L)
	HNO_3-HF	180℃			

注：SEG（simulated earthworm gut test）表示蚯蚓肠道模拟实验；EDTA（ethylenediaminetetraacetic acid）表示乙二胺四乙酸；DTPA（diethylenetriaminepentaacetic acid）表示二乙基三胺五乙酸；BCR（european community bureau of reference）表示欧盟标准物质局提出的一种化学连续提取法；HCl、HOAc、HNO_3 和 NH_4OAc：稀酸溶液；$CaCl_2$、$NaHCO_3$、KH_2PO_4、NaH_2PO_4 和 $MgCl_2$：无机盐溶液。

重金属生物可利用性含量在总含量中的占比结果显示（图 6.2，书后另见彩图），采用不同测试方法所得到的生物可利用性含量占比差别较大［图 6.2（a）］，由 EDTA 方法测定的生物可利用性含量占比普遍较高（除 Zn 之外），占比为 32.54%～51.50%，而 $CaCl_2$ 溶液测定的能被植物体潜在吸收的重金属生物可利用性含量占比较低，这与之前学者的报道相符（Owojori et al.，2010；杨洁 等，2017）。相比其他方法，PBET 和 SBRC 等体外胃肠道模拟方法能模拟土壤摄入消化道的过程，所测定出的生物可利用性含量占比最高［图 6.2（a）和图 6.2（b）］。总体而言，除 As 之外植物分组均比蚯蚓分组的生物可利用性占比高［图 6.2（b）］。图 6.2（c）显示，各个方法所测得的 Cd 和

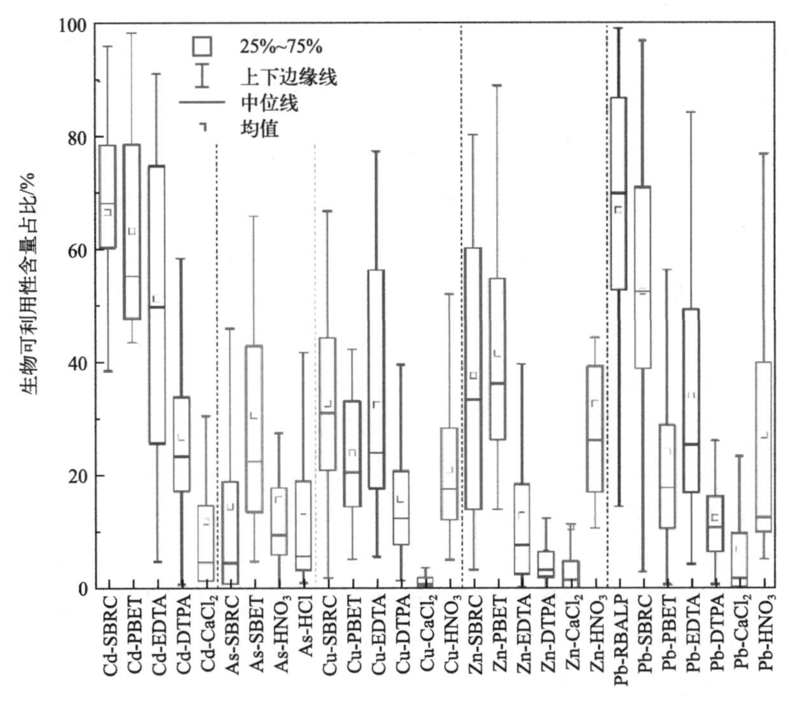

(a) 每种测试方法测定的生物可利用性含量占比

图 6.2

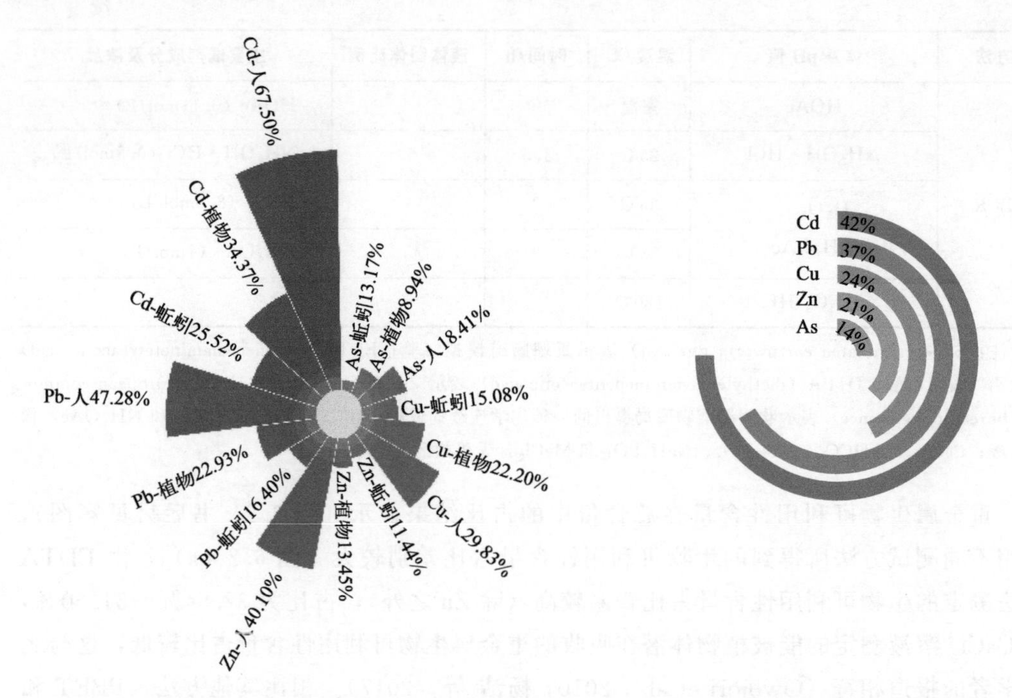

(b) 将测试方法分组后的重金属生物可利用性含量平均占比　　(c) 未分组的重金属生物可利用性含量的平均占比

图 6.2　重金属生物可利用性含量在土壤总含量中的占比

Pb 生物可利用性含量占比普遍较高，平均占比分别为 42.12%和 37.33%，相对而言 As 生物可利用性含量占比较低，说明 Cd 和 Pb 被生物体吸收的潜力较大，需要时刻关注。

6.1.6　生物可利用性含量与生物有效性含量间的相关性

生物可利用性通常与生物有效性有着很强的相关性（Zhang et al.，2019；Fontes et al.，2021），是生物有效性的重要反映指标。图 6.3（书后另见彩图）为重金属生物可利用性含量与生物有效性含量间的相关系数分布。各方法测定的土壤重金属含量（生物可利用性含量）与植物体不同组织以及蚯蚓体内的重金属含量（生物有效性含量）间的相关系数均值排序为：EDTA（0.646）＞HNO_3（0.597）＞DTPA（0.518）＞BCR（0.447）＞$CaCl_2$（0.429），其中 EDTA 方法测定的重金属生物可利用性含量与生物体内的重金属含量具有较好的相关性，而 BCR 的相关性跨度较大，HCl 方法的数据量较少（图 6.3）。此外，各种方法测定的生物可利用性含量与植物茎叶部中的重金属含量相关性较差（相关系数均值为 0.183），可能是数据量较少造成的，与下胚轴（0.850）、籽粒（0.663）、根（0.634）、叶（0.623）和芽部（0.617）的重金属含量相关性较好，其中对植物芽和籽粒部生物有效性评估的数据量较多且普遍具有较好的相关性，与蚯蚓体内重金属含量的相关性稳定（相关系数大多分布于 0.400～1.000 之间）。不同的测试方法所得到的重金属生物可利用性含量往往只与某一类型生物体组织内的重金属生物有效性含量具有较好的相关性，对于土壤环境基准和风险评估的研究工作，可依据生态受体的差异采用适宜的生物有效性测定方法。

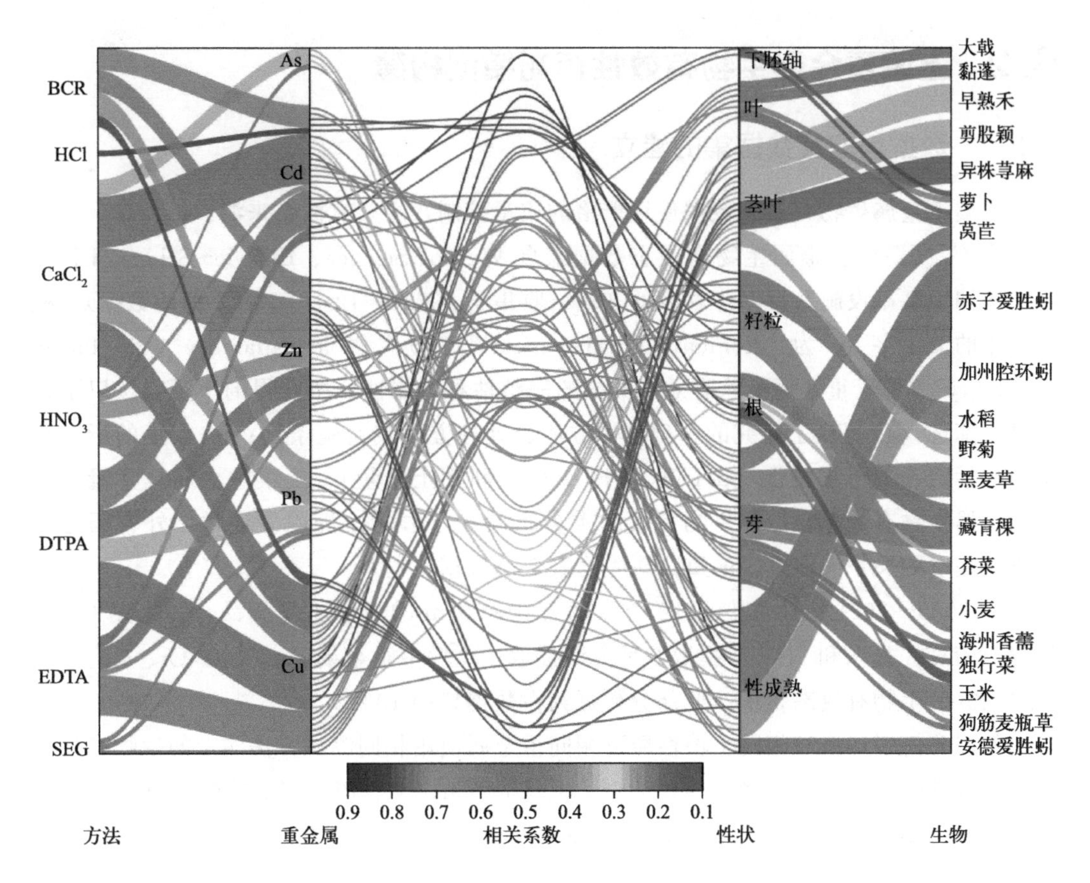

图 6.3 生物可利用性含量与生物有效性含量间的相关系数分布

注：左侧纵坐标表示由化学试剂法及体外模拟法测定的重金属含量（生物可利用性含量），右侧纵坐标表示生物体内的重金属含量（生物有效性含量）；线条为连续曲线，一条曲线表示一组数据；曲线颜色表示生物可利用性含量与生物有效性含量间相关系数的大小（$P<0.05$）；线条的宽度表示数据量的大小

小节总结

① 统计分析发现 Cd、As、Cu、Zn 和 Pb 的生物可利用性含量与土壤中重金属总量呈极显著（$P<0.01$）的强相关性，与土壤 pH 值有显著相关关系（$P<0.05$）。

② 各测试方法测定的生物可利用性含量占比规律为：胃肠道模拟＞化学试剂提取。不同方法测定的 Cd 和 Pb 的生物可利用性含量占比普遍较高，其被生物体吸收的潜力较大。

③ 相关性分析显示 EDTA 方法测定的重金属生物可利用性含量与生物体内的重金属含量具有较好的相关性；生物可利用性含量与植物不同组织中的重金属含量相关性存在差异。因此，对于土壤环境基准和风险评估，可依据生态受体的差异采用适宜的生物有效性测定方法。

6.2 土壤重金属生物有效性预测模型构建

6.2.1 数据获取及数据集的建立

土壤重金属生物有效态数据使用严格的质量控制，主要有两个来源：

① 约 90%的重金属生物有效态数据来自 Web of Science、Elsevier Science Direct 和中国知识基础设施数据库中发表的文章（收集了 2022 年 12 月 31 日之前的数据）。检索使用的关键字主要为“element”“heavy metal”“soil”“bioavailability”和“bioaccessibility”。鉴于重金属生物有效态数据的完整性和可靠性，所获得的出版物按以下条件进行筛选：a. 提供了研究的基础抽样方法、处理方法或实验条件；b. 收集的所有信息应包括明确的土壤特性（pH 值、CEC、OM 和黏土含量）、土壤重金属总含量、土壤重金属生物有效态含量和生物有效的重金属提取方法；c. 删除了通过体外胃肠道模拟方法提取的关乎人体健康的重金属生物有效态数据。

② 2020～2021 年共采集了 12 个深度为 0～20cm 的天然土壤样品，并采用 $CaCl_2$ 提取、EDTA 提取和 HNO_3 提取 3 种方法提取了土壤中重金属 As、Cd、Cr、Cu、Ni、Pb 和 Zn 的生物有效态含量。此部分数据约占数据集的 10%。

使用几何平均值对相同土壤性质下相同重金属使用相同测试方法测定的生物有效态数据进行进一步处理。最终共得到 As、Cd、Cr、Cu、Ni、Pb 和 Zn 的生物有效态数据数目分别为 260、681、163、794、193、610 和 823。

6.2.2 生物有效性预测模型的建立

本研究同时使用了 3 种模型对土壤重金属生物有效态含量进行预测，模型建立的具体方法如下。

首先根据不同的重金属，将 6.2.1 部分中的数据集分为 7 个子集（As、Cd、Cr、Cu、Ni、Pb 和 Zn），对应 7 个回归模型，每个子集利用 R 语言随机选取的 80%的样本作为训练集，20%的样本作为测试集。使用 4 种土壤性质（pH 值、CEC、OM 和黏土含量）、土壤重金属总含量和重金属生物有效态提取方法构建预测模型对土壤重金属生物有效态含量进行预测。预测模型的建立均使用 R 4.2.2 和 RStudio 2023.03.0 软件进行。

（1）采用多元线性回归（multiple linear regression，MLR）分析建立预测模型

使用训练集通过 R 软件中自带的 lm（）函数建立预测模型，使用测试集对模型进行验证。然后通过“caret”程序包对数据集进行十折交叉验证，并使用预测精度（R^2）和均方根误差（RMSE）来比较模型的性能和预测的准确性。

（2）使用全连接神经网络（multi-layer perception， MLP）建立预测模型

MLP 是人工神经网络结构的一种，在机器学习中较为常用，可用于回归预测。MLP 模型通过“RSNNS”程序包实现。针对该包在建立回归模型时，需要将数据归一化到 0～1 之间，因此本研究将重金属生物有效态提取方法转化为数值标签。通过

“caret” 程序包进行十折交叉验证，以确定最优模型参数，使用 R^2 和 RMSE 来比较模型性能和预测的准确性。本研究的 MLP 模型最优参数如下：隐藏层为 3，每个隐藏层中的神经元数量为 10；最大迭代次数 200 次；学习算法为 “Rprop”；激活函数为 “Act_TanH”。

(3) 采用随机森林 (random forest, RF) 模型建立预测模型

利用 R 软件中的 “randomForest” 程序包建立预测模型。RF 模型通过网格搜索方法确定最优参数：使用 1500 个随机决策树，在每个节点选择 5 个随机特征 (Yu et al., 2021; Breiman, 2001)。对训练集进行了十折交叉验证，并使用 R^2 和 RMSE 来比较模型的性能和预测的准确性。

分别使用 3 种方法建立预测模型对 7 种重金属在土壤中的生物有效性进行了预测。其中多元线性回归是数值预测中常用的传统方法，RF 和 MLP 属于机器学习中常用的方法。RF 是一种集成学习方法，它在数据集的不同子集上拟合多个决策树，并对每棵树的结果求平均，以提高预测精度和控制过拟合 (Gao et al., 2022)。MLP 是一种连接方式较为简单的人工神经网络结构，属于前馈神经网络的一种，主要由输入层、隐藏层和输出层构成。3 种模型对重金属生物有效性的预测性能参数见表 6.4。MLP 的预测误差最小 (7 种重金属测试集的 RMSE 范围为 0.13～0.24)，普遍比 RF 和 MLR 模型的 RMSE 低，但遗憾的是，预测精度较差，尤其是对 Cd、Ni 和 Pb 的预测，R^2 分别为 0.09、0.01 和 0.05，未能准确拟合变量与重金属生物有效性之间的内在关系 (表 6.4)。MLR 的预测精度 R^2 在 0.55～0.83，但是预测误差较大，是 3 种模型中最大的。RF 模型对所有 HMs 的预测结果都是最准确的，训练集的 $R^2 \geq 0.95$，测试集的 $R^2 \geq 0.76$，具有准确稳定的预测能力 (图 6.4，书后另见彩图)。

表 6.4 模型预测性能

性能参数	模型	As	Cd	Cr	Cu	Ni	Pb	Zn
训练集 R^2	RF	0.97	0.97	0.95	0.98	0.98	0.97	0.97
	MLP	0.83	0.81	0.90	0.87	0.92	0.74	0.72
	MLR	0.75	0.64	0.61	0.79	0.83	0.68	0.69
测试集 R^2	RF	0.76	0.77	0.92	0.87	0.94	0.79	0.79
	MLP	0.72	0.09	0.11	0.15	0.01	0.05	0.41
	MLR	0.65	0.55	0.79	0.83	0.72	0.63	0.68
训练集 RMSE	RF	0.22	0.17	0.14	0.17	0.20	0.27	0.22
	MLP	0.09	0.08	0.07	0.07	0.07	0.10	0.09
	MLR	0.57	0.56	0.35	0.53	0.50	0.83	0.64
测试集 RMSE	RF	0.52	0.41	0.18	0.44	0.31	0.62	0.55
	MLP	0.15	0.16	0.24	0.18	0.16	0.22	0.13
	MLR	0.72	0.61	0.34	0.47	0.66	0.92	0.63

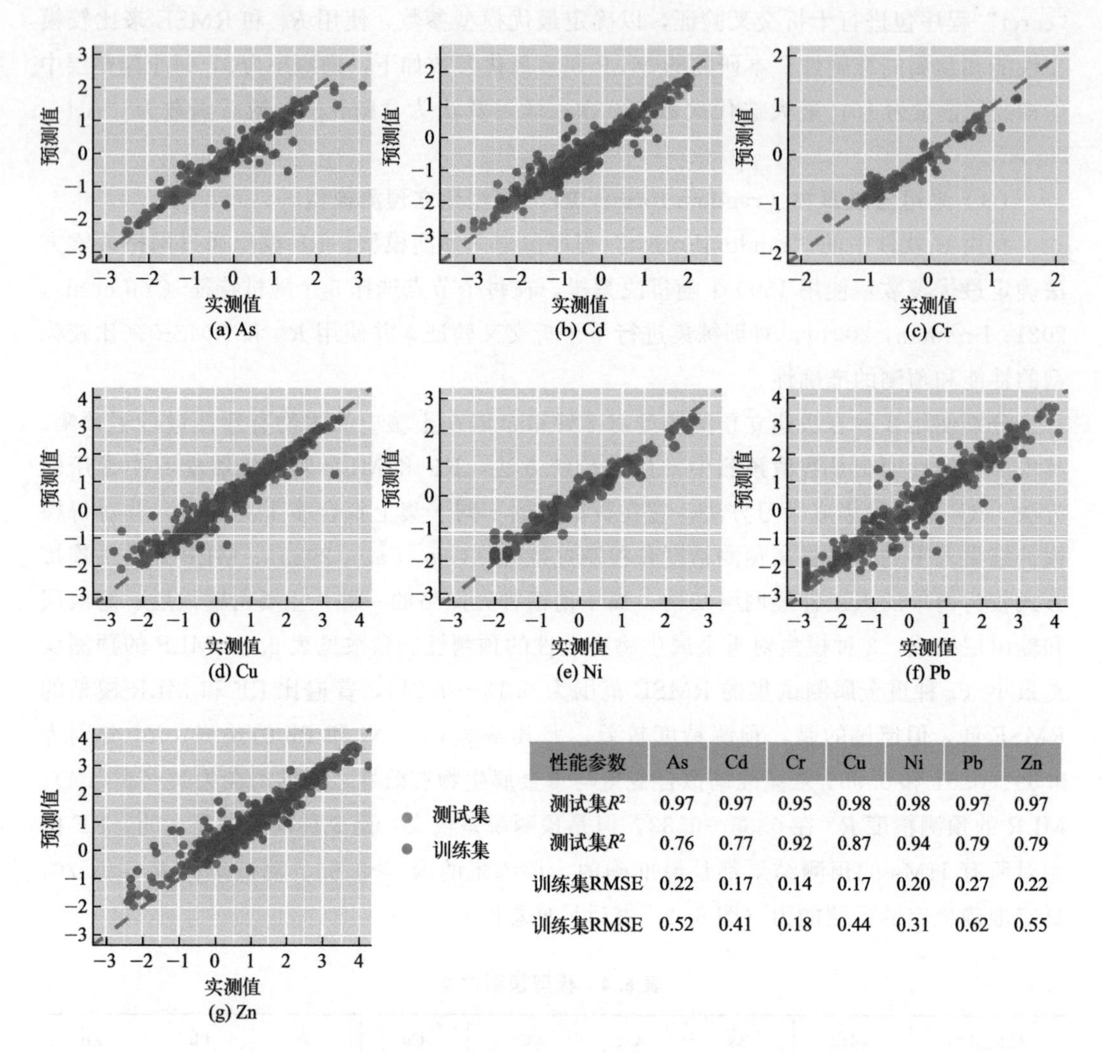

性能参数	As	Cd	Cr	Cu	Ni	Pb	Zn
测试集R^2	0.97	0.97	0.95	0.98	0.98	0.97	0.97
测试集R^2	0.76	0.77	0.92	0.87	0.94	0.79	0.79
训练集RMSE	0.22	0.17	0.14	0.17	0.20	0.27	0.22
训练集RMSE	0.52	0.41	0.18	0.44	0.31	0.62	0.55

图 6.4　最优模型的训练集和测试集的数据分布

重金属总含量和生物有效态重金属的测定方法对重金属生物有效性数据分布影响很大，总含量作为数值型数据，其与生物有效性间的关系可被多种模型很好地处理，而生物有效态重金属的测定方法作为分类变量是预测过程中的一大挑战。MLP 模型是将分类变量转换成数值变量进行处理的，这可能是造成其预测模型精度较低的原因。MLR 根据分类变量将数据分组后进行模型构建，预测效果较 MLP 更精准，但遇到数据量较少的情况时会出现预测能力降低的问题。RF 通过优先级处理分类变量，兼容性更好，这可能是其得到精准预测结果的原因。

6.2.3　基于生物有效性的土壤质量基准值的推导探索

重金属的慢性 EC_{10add}/$NOEC_{add}$/$LOEC_{add}$ 值可通过 6.2.2 部分中创建的预测模型预测基于生物有效性的毒性值。重金属的 SSD 曲线基于 log-normal 函数来计算 5%物种的危险浓度（HC_5）。曲线的拟合公式如下：

$$Y=1/2\{1+\mathrm{erf}[(X-P_1)/\sqrt{2P_2^2}]\} \tag{6-1}$$

式中 Y——物种的累积概率，定义为（数据点的顺序）/（1+数据点总数）；

X——经过 lg 转换的基于生物有效性的 $EC_{10add}/NOEC_{add}/LOEC_{add}$ 值的平均值；

P_1、P_2——参数。

bac-based SQC 的计算方法如式（6-2）所示，其中所使用的元素背景值通过使用 6.2.2 部分建立的预测模型转换为基于生物有效性的元素背景值。

$$\text{bac-based SQC}=\text{bac-based SBV}+\text{bac-based } HC_5 \tag{6-2}$$

在 3 种模型中，RF 预测模型预测效果最好，因此被应用于后续的基准值推导中。利用 6.2.2 部分中建立的 RF 模型将所有重金属的 $EC_{10add}/NOEC_{add}/LOEC_{add}$ 值转换为基于生物有效性的毒性值，然后使用 SSD 曲线计算生态系统中 5% 物种的危害浓度（HC_5）。然后利用 RF 模型将土壤重金属环境暴露总量以及土壤元素背景值转化为生物有效态含量，计算 bac-based SQC 值并进行风险评估。需要指出的是，在利用 RF 模型进行预测的时候需要给定生物有效性测定方法，使用预测给定方法测定土壤重金属生物有效态含量。本研究选用 $CaCl_2$ 提取、EDTA 提取和 HNO_3 提取 3 种方法为目标方法，得出 3 个数据集，取平均值作为最终的预测结果用于风险评估中。这 3 种方法是在前期数据分析中发现使用较多的重金属生物有效态提取方法（在检索数据集中占比分别为 19.55%、21.89%和 8.13%），且分别属于弱酸提取、螯合剂提取和强酸提取，具有一定的代表性。

我国 31 个省份的 bac-based SQC 显示在表 6.5 中。所有 bac-based SQC 值均小于各国现有标准值，因为生物有效性仅占总含量的一小部分。比较了 bac-based SQC 与我国 2018 年 7 个 HMs 的农业用地风险控制标准之间的差异。相对而言，Cd 和 Pb 的差异最小，表明土壤中的生物有效性高于其他 5 种重金属。Cr 和 As 的差异很大，因为它们的 bac-based SQC 是由毒性较高价态的毒性数据计算得来的。

表 6.5 本研究推导的 bac-baesd SQC 与各国土壤质量标准值的比较

项目		国家/地区	As	Cd	Cr	Cu	Ni	Pb	Zn
我国 31 个省份的 bac-based SQC 值		甘肃	0.18	0.19	0.38	5.92	4.90	20.57	7.04
		宁夏	0.19	0.19	0.36	6.20	4.91	21.53	7.32
		青海	0.18	0.19	0.37	5.75	4.68	21.23	7.75
		陕西	0.18	0.19	0.37	6.01	4.91	21.93	7.10
		新疆	0.18	0.19	0.34	6.86	4.81	20.54	7.13
		北京	0.17	0.19	0.37	5.58	5.25	24.23	8.17
		河北	0.18	0.19	0.38	6.07	4.92	21.75	7.25
		内蒙古	0.17	0.19	0.32	4.69	4.43	20.74	7.12
		山西	0.18	0.19	0.36	6.73	5.08	20.62	7.56
		天津	0.17	0.19	0.42	6.32	4.95	21.52	7.34
		黑龙江	0.18	0.20	0.40	5.07	4.58	21.61	7.03

续表

项目		国家/地区	As	Cd	Cr	Cu	Ni	Pb	Zn
我国31个省份的bac-based SQC值		吉林	0.18	0.20	0.33	5.20	4.40	24.20	7.25
		辽宁	0.19	0.20	0.36	5.49	4.68	21.42	7.21
		河南	0.18	0.19	0.38	5.27	5.09	20.44	7.10
		湖北	0.20	0.21	0.43	7.63	5.01	25.28	8.67
		湖南	0.22	0.19	0.52	8.14	4.71	24.34	10.70
		江西	0.21	0.20	0.35	5.64	4.36	24.69	7.12
		重庆	0.18	0.21	0.41	5.39	4.98	20.61	8.18
		贵州	0.21	0.21	0.52	6.05	5.00	22.80	8.22
		四川	0.20	0.20	0.41	6.28	4.94	22.80	7.51
		西藏	0.21	0.19	0.42	5.61	4.76	23.86	6.75
		云南	0.19	0.20	0.40	5.85	5.09	22.77	7.89
		安徽	0.20	0.20	0.41	5.68	4.84	24.39	7.34
		福建	0.18	0.19	0.35	5.67	4.36	24.01	8.82
		江苏	0.17	0.19	0.41	5.73	5.12	23.99	7.19
		山东	0.18	0.20	0.38	5.99	4.72	25.19	7.29
		上海	0.17	0.19	0.38	6.56	5.23	24.91	8.45
		浙江	0.19	0.20	0.35	4.69	4.59	21.94	7.30
		广东	0.20	0.19	0.42	4.76	4.05	25.44	7.02
		广西	0.20	0.19	0.41	5.92	4.44	21.64	7.51
		海南	0.20	0.20	0.33	4.86	4.61	21.82	7.11
	最大值		0.22	0.21	0.52	8.14	5.25	25.44	10.70
	最小值		0.17	0.19	0.32	4.69	4.05	20.44	6.75
	平均值		0.19	0.19	0.39	5.86	4.79	22.67	7.60
标准值		加拿大	12	1.4	64	63	50	70	200
		荷兰	29	0.8	100	36	35	85	140
		澳大利亚	20	3	400	100	60	600	200
		美国	18/—	32/140	—/—	70/80	38/280	120/1700	160/120
		中国	30	0.3	200	100	100	120	250

6.2.4 基于生物有效性的生态风险评估探索

评估计算环境浓度实测值MEC和SQC之间的比值，以评估生态风险水平。使用

6.2.2 部分建立的预测模型将 MEC 转换为环境暴露生物有效性值。单因素污染指数（the single factor pollution index，PI）是用于评估土壤、作物污染水平或土壤环境质量等级的相对无量纲的指标，可以综合反映每个元素的污染程度（Negahban et al.，2021；Xu et al.，2019）。计算公式如下：

$$P_i = \frac{\text{bac-based MEC}_i}{\text{bac-based SQC}_i} \tag{6-3}$$

式中 P_i——土壤中第 i 个元素的环境污染指数（$P_i \leqslant 1$ 为无污染；$1 < P_i \leqslant 2$ 表示轻微污染；$2 < P_i \leqslant 3$ 为中度污染；$P_i > 3$ 表示严重污染）；

bac-based MEC_i——土壤中第 i 种重金属的环境暴露生物有效态值，mg/kg；

bac-based SQC_i——第 i 个重金属的基于生物有效性的土壤基准值，mg/kg。

内梅罗综合污染指数法（the Nemerow integrated pollution index，P_{N}）是先计算各因子的分类指数，然后取最大分类指数和平均值（Zhang et al.，2023）。计算公式如下：

$$P_{\text{N}} = \sqrt{\frac{(P_i)_{\max}^2 + (P_i)_{\text{ave}}^2}{2}} \tag{6-4}$$

式中 P_{N}——内梅罗综合污染指数。

污染程度在 P_{N} 值上分别以 0～0.7、0.7～1、1～2、2～3 和＞3 为对应范围，分别确定为安全、警告限、轻微污染、中度污染和严重污染。

基于生物有效性的生态风险评估（bioaccessibility-based ecological risk assessment，bac-based ERA）结果如图 6.5 所示（书后另见彩图），PI 法可以反映各评价因子的污染程度，快速确定土壤环境的主要污染因子（Xu et al.，2019；Negahban et al.，2021）。基于 RF 模型的风险评估结果［图 6.5（a）］显示，就总体而言，除广东的 Cu 之外各重金属污染皆处于轻微污染及以下的水平（$P_i < 2$），As 轻微污染的省份最多（数量为 4），Cr、Ni 和 Pb 在所有省份中均为无污染（$P_i < 1$）。P_{N} 方法的结果见图 6.5（b）。空间分布格局显示，我国南部和东部沿海省份土壤重金属污染水平高于北部和西北地区。这可能是南部省份和东部沿海地区人群活动范围的扩大以及西南省份是主要矿区的原因（Zhang et al.，2018；Chen et al.，2015）。此外，虽然大多数省份在平均水平上没有受到这些重金属的污染，但在西南、华东和华南的一些地区，个别重金属存在轻微污染（$1 < P_i \leqslant 2$），如云南、贵州、广西、湖南、安徽和广东［图 6.5（b）］。

为了表明该框架具有潜在的应用能力，我们将基于生物有效性的生态风险评估结果与基于总含量计算的风险评估结果进行了对比（表 6.6），发现基于生物有效性评估的风险明显低于基于总含量评估的风险。基于总含量评估的风险结果显示，我国处于安全无污染和警戒范围内的省份共有 13 个，而基于土壤性质归一化后的总含量和基于生物有效性评估的结果显示分别共有 22 个和 24 个。处于严重污染和中度污染的省份分别有 8 个（基于总含量）、0 个（基于土壤性质归一化后的总含量）和 0 个（基于生物有效性）。说明土壤性质归一化和生物有效性降低土壤差异不确定性后可以有效避免生态风险的高估。

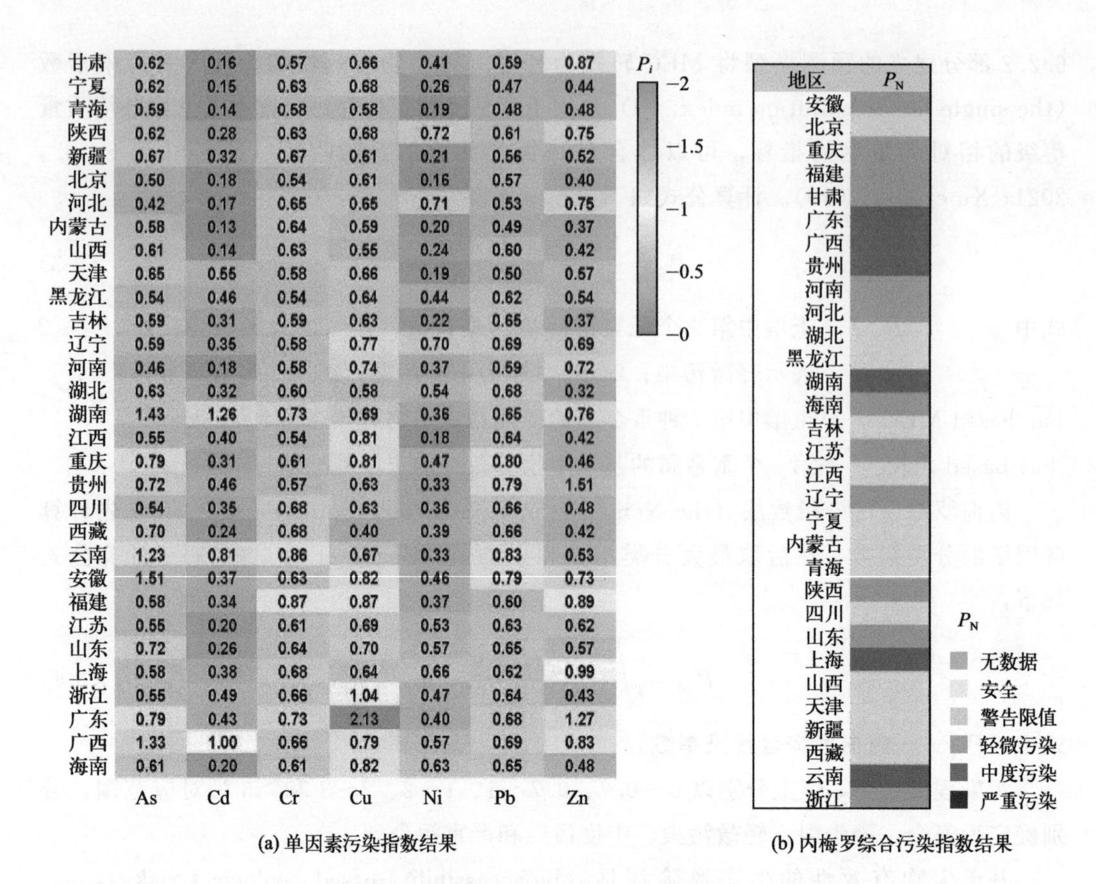

(a) 单因素污染指数结果　　(b) 内梅罗综合污染指数结果

图 6.5　基于生物有效性的中国各省土壤重金属风险评估

表 6.6　风险评估结果对比　　　　单位：个（省份数量）

<table>
<tr><th>方法</th><th>无数据</th><th>安全
无污染</th><th>警戒
范围</th><th>轻微
污染</th><th>中度
污染</th><th>严重
污染</th><th>数据来源</th></tr>
<tr><td>基于总含量</td><td>3</td><td colspan="2">13</td><td>10</td><td>4</td><td>4</td><td>Chen et al.，2015</td></tr>
<tr><td>基于土壤性质归一化后的总含量</td><td>3</td><td>4</td><td>18</td><td>9</td><td>0</td><td>0</td><td>第 2 章</td></tr>
<tr><td>基于生物有效性</td><td>3</td><td>13</td><td>11</td><td>7</td><td>0</td><td>0</td><td>第 6 章，RF 法</td></tr>
</table>

本节证实了利用生物有效性对土壤重金属进行生态风险评估的可行性，并提出了一种精准评估土壤中重金属生态风险的基于生物有效性的风险评估框架，将重金属的生物有效性考虑在内，强调量化土壤中重金属的生物有效性在处理地理变异性上的必要性。使用了 4 种类型的数据（土壤性质、土壤重金属生物有效态含量、土壤重金属总含量和重金属生物有效态提取方法）来准确预测我国各省 7 种重金属（As、Cd、Cr、Cu、Ni、Pb 和 Zn）的生物有效性。结果表明，RF 模型具有准确稳定的预测能力。通过 RF 模型和 SSD 模型，推导了我国 31 个省份的 217 个重金属的 bac-based SQC，并使用基于生物有效性的风险评估框架对我国 bac-based ERA 进行了综合评估。与基于总含量的 ERA 传统方法相比，新方法在降低土壤差异的不确定性后，可以有效避免生态风险的高估。

长期以来，重金属总含量被广泛作为环境污染物调查中最重要的指标之一，而生态风险评估由于对重金属暴露数据的深度依赖，大多基于重金属总含量。然而，众所周知，总含量并不能准确反映地理变异性和生物毒性。本研究的意义在于，不仅提出了一个基于生物有效性的生态风险评估框架，可以准确评估多个区域的生态风险，而且可通过再次利用现有的重金属毒性数据和暴露数据创建重金属基于生物有效性的重金属毒性数据和暴露数据，使之前的调查研究工作不被浪费。后续研究可直接采用化学提取方法计算毒性值和调查重金属暴露程度，得出的结果可直接用于风险评估，无需预测模型，但需要注意的是化学提取方法需保持一致。

参考文献

代允超，2018. 土壤中镉、砷生物有效性影响因素及评价方法研究［D］. 咸阳：西北农林科技大学.

李思民，王豪吉，朱曦，等，2021. 土壤 pH 和有机质含量对重金属可利用性的影响［J］. 云南师范大学学报（自然科学版），41（01）：49-55.

林亲铁，朱伟浩，陈志良，等，2013. 土壤重金属的形态分析及生物有效性研究进展［J］. 广东工业大学学报，30（2）：113-118.

邵金秋，温其谦，阎秀兰，等，2019. 天然含铁矿物对砷的吸附效果及机制［J］. 环境科学，40（09）：4072-4080.

唐文忠，孙柳，单保庆，2019. 土壤/沉积物中重金属生物有效性和生物可利用性的研究进展［J］. 环境工程学报，13（8）：1775-1790.

王春香，徐宸，许安定，等，2014. 植烟土壤重金属的有效性及影响因素研究［J］. 农业环境科学学报，33（08）：1532-1537.

王芳婷，包科，陈植华，等，2021. 珠江三角洲海陆交互相沉积物中镉生物有效性与生态风险评价［J］. 环境科学，42（02）：653-662.

王锐，胡小兰，张永文，等，2020. 重庆市主要农耕区土壤 Cd 生物有效性及影响因素［J］. 环境科学，41（04）：1864-1870.

杨洁，瞿攀，王金生，等，2017. 土壤中重金属的生物有效性分析方法及其影响因素综述［J］. 环境污染与防治，39（2）：217-223.

张逸飞，曹佳，2021. 土壤属性数据 pH 缺失的插补方法［J］. 计算机系统应用，30（01）：277-281.

周贵宇，姜慧敏，杨俊诚，等，2016. 几种有机物料对设施菜田土壤 Cd、Pb 生物有效性的影响［J］. 环境科学，37（10）：4011-4019.

Breiman L，2001. Random Forests［J］. Machine Learning，45（1）：5-32.

Chen H，Teng Y，Lu S，et al.，2015. Contamination features and health risk of soil heavy metals in China［J］. Science of the Total Environment，512-513：143-153.

Daoust C M，Bastien C，Deschênes L，2015. Influence of soil properties and aging on the toxicity of copper on compost worm and barley［J］. Journal of Environmental Quality，35（2）：558-567.

Dinić Z，Maksimović J，Stanojković-Sebić A，et al.，2019. Prediction models for bioavailability of Mn，Cu，Zn，Ni and Pb in soils of republic of serbia［J］. Agronomy，9（12）：856.

Duan X，Xu M，Zhou Y，et al.，2016. Effects of soil properties on copper toxicity to earthworm *Eisenia fetida* in 15 Chinese soils［J］. Chemosphere，145：185-192.

Feng M H，Shan X Q，Zhang S，et al.，2005. A comparison of the rhizosphere-based method with DTPA，EDTA，$CaCl_2$，and $NaNO_3$ extraction methods for prediction of bioavailability of metals in soil to barley［J］. Environmental Pollution，137（2）：231-240.

Fontes R，Ferreira G，Victor V A H，et al.，2021. Bioavailability of soil Cu，Fe，Mn，and Zn from soil fractions［J］. Semina：Ciências Agrárias，42：19-42.

Gao F，Shen Y，Brett Sallach J，et al.，2022. Predicting crop root concentration factors of organic contaminants with machine learning models［J］. Journal of Hazardous Materials，424（Pt B）：127437.

Guo M，Gong Z，Li X，et al.，2017. Polycyclic aromatic hydrocarbons bioavailability in industrial and agricultural soils：Linking SPME and Tenax extraction with bioassays［J］. Ecotoxicology and Environmental Safety，140：191-

197.
Hajmohammadi H, Heydecker B, 2021. Multivariate time series modelling for urban air quality [J]. Urban Climate, 37: 100834.
Liu S, Tian S, Kexin L, et al., 2018. Heavy metal bioaccessibility and health risks in the contaminated soil of an abandoned, small-scale lead and zinc mine [J]. Environmental Science and Pollution Research, 25: 1-13.
Louzon M, Pauget B, Pelfrêne A, et al., 2021. Combining human and snail indicators for an integrative risk assessment of metal (loid) -contaminated soils [J]. Journal of Hazardous Materials, 409: 124182.
Lungu Mitea S, Vogs C, Carlsson G, et al., 2021. Modeling bioavailable concentrations in zebrafish cell lines and embryos increases the correlation of toxicity potencies across test systems [J]. Environmental Science and Technology, 55 (1): 447-457.
Luo X S, Yu S, Li X D, 2012. The mobility, bioavailability, and human bioaccessibility of trace metals in urban soils of Hong Kong [J]. Applied Geochemistry, 27 (5): 995-1004.
Ma Q, Zhao W, Guan D X, et al., 2020. Comparing $CaCl_2$, EDTA and DGT methods to predict Cd and Ni accumulation in rice grains from contaminated soils [J]. Environmental Pollution, 260: 114042.
Naidu R, Bolan N S, Megharaj M, et al., 2008. Chapter 1 Chemical bioavailability in terrestrial environments [M/OL]. Developments in Soil Science: Elsevier, 2008: 1-6.
Negahban S, Mokarram M, Pourghasemi H R, et al., 2021. Ecological risk potential assessment of heavy metal contaminated soils in Ophiolitic formations [J]. Environmental Research, 192: 110305.
Owojori O J, Reinecke A J, Rozanov A B, 2010. Influence of clay content on bioavailability of copper in the earthworm *Eisenia fetida* [J]. Ecotoxicology and Environmental Safety, 73 (3): 407-414.
Ratolojanahary R, Houé Ngouna R, Medjaher K, et al., 2019. Model selection to improve multiple imputation for handling high rate missingness in a water quality dataset [J]. Expert Systems with Applications, 131: 299-307.
Teng Y, Feng D, Wu J, et al., 2015. Distribution, bioavailability, and potential ecological risk of Cu, Pb, and Zn in soil in a potential groundwater source area [J]. Environmental Monitoring and Assessment, 187 (5): 293.
Tian H, Wang Y, Xie J, et al., 2020. Effects of soil properties and land use types on the bioaccessibility of Cd, Pb, Cr, and Cu in Dongguan City, China [J]. Bulletin of Environmental Contamination and Toxicology, 104 (1): 64-70.
Wang X, Wei D, Ma Y, et al., 2018. Soil ecological criteria for nickel as a function of soil properties [J]. Environmental Science and Pollution Research, 25 (3): 2137-2146.
Wu X, Cai Q, Xu Q, et al., 2020. Wheat (*Triticum aestivum* L.) grains uptake of lead (Pb), transfer factors and prediction models for various types of soils from China [J]. Ecotoxicology and Environmental Safety, 206: 111387.
Xu X, Wang T, Sun M, et al., 2019. Management principles for heavy metal contaminated farmland based on ecological risk—A case study in the pilot area of Hunan province, China [J]. Science of the Total Environment, 684: 537-547.
Yan K, Dong Z, Naidu R, et al., 2020. Comparison of in vitro models in a mice model and investigation of the changes in Pb speciation during Pb bioavailability assessments [J]. Journal of Hazardous Materials, 388: 121744.
Yao B M, Chen P, Zhang H M, et al., 2021. A predictive model for arsenic accumulation in rice grains based on bioavailable arsenic and soil characteristics [J]. Journal of Hazardous Materials, 412: 125131.
Yu F, Wei C, Deng P, et al., 2021. Deep exploration of random forest model boosts the interpretability of machine learning studies of complicated immune responses and lung burden of nanoparticles [J]. Science Advances, 7 (22): 4130.
Zhang J W, Liu Z, Tian B, et al., 2023. Assessment of soil heavy metal pollution in provinces of China based on different soil types: From normalization to soil quality criteria and ecological risk assessment [J]. Journal of Hazardous Materials, 441: 129891.
Zhang L, Verweij R A, van Gestel C A M, 2019. Effect of soil properties on Pb bioavailability and toxicity to the soil invertebrate Enchytraeus crypticus [J]. Chemosphere, 217: 9-17.
Zhang X, Zha T, Guo X, et al., 2018. Spatial distribution of metal pollution of soils of Chinese provincial capital cities [J]. Science of the Total Environment, 643: 1502-1513.

第三篇

案例篇

第7章 基于生物有效性的土壤镉对蚯蚓的毒性效应

我国重金属镉（Cd）污染问题严峻，并且土壤差异的不确定性会引起数据的高偏差，从而会影响最终生态风险评估结果的准确性；同时土壤差异也影响着土壤重金属的生物有效性。Cd在土壤中被生物利用的比例较高，所以在本章中，我们选用重金属Cd作为主要研究对象，选用陆生动物赤子爱胜蚓（*Eisenia foetida*）为受试生物，选取我国3种典型土壤（北京昌平褐土、宁夏石嘴山灰钙土和江西赣州红壤）为受试介质，将生物有效态Cd作为剂量因子，对重金属Cd的多种毒性效应（死亡率、生物量、肠道微生物群落和基因表达等）进行研究。

7.1 基于生物有效性的土壤镉对蚯蚓的毒性测试

7.1.1 测试土壤采集与处理

本研究选取了能够代表我国土壤多样性的3种典型土壤进行研究，所有土壤均取自0～20cm表层土。去除其中的生物组织、砂砾等杂物，将土壤样品风干，研磨，并通过100目尼龙筛筛分。所有土壤均测定了pH值、有机质含量（OM）、阳离子交换量（CEC）和黏粒含量（clay），相关的理化性质见表7.1。

表7.1 实验所用土壤

土壤	pH值	OM/(g/kg)	CEC/(cmol/kg)	clay/%
北京褐土	8.09	26.08	10.40	20.61
宁夏灰钙土	8.89	5.71	4.87	12.52
江西红壤	4.91	10.11	12.10	38.60

7.1.2 蚯蚓毒性实验

每个烧杯放入500g土壤，将外源二价Cd配制成水溶液加入烧杯中，各配制成0mg/kg、20mg/kg、40mg/kg、80mg/kg、160mg/kg、320mg/kg、640mg/kg、

1280mg/kg 系列浓度梯度的组，老化 14d。老化完成后每个烧杯放入 10 条赤子爱胜蚓，超纯水维持土壤水分至最大持水量的 40%，为防止蚯蚓逃逸，用插有通气孔的保鲜膜封口，移至温度为 20℃、湿度为 80%且光照为 600lx 的人工气候箱进行毒性实验，周期为 14d，每天拿出处理并记录毒性效应。

7.1.3 测试土壤分析

(1) 测定土壤中 Cd 的总含量

土壤干燥至恒重，用 100 目尼龙筛过筛（<2mm），4℃保存于塑料袋中直至 HNO_3-HCl 消解，最后通过 ICP-OES（电感耦合等离子体原子发射光谱）分析每种土壤中重金属 Cd 的含量。

(2) 测定生物有效态含量

① EDTA 方法。用 EDTA-2Na-2H_2O 配制 0.05mol/L 的 EDTA 溶液；称取土壤（70 目过筛的干燥土壤），每份 2g，加入备好的 EDTA 溶液，每份加 20mL；25℃、120r/min 振荡 2h，然后 25℃、7000r/min 离心 10min，取上清液，0.45μm 过滤器过滤，1%盐酸定容至 25mL，密封保存在冰箱中待测。

② DTPA 方法。配制 0.1mol/L DTPA 溶液；2g 土与 4mL 溶液混匀在 10mL 离心管中，180r/min、25℃振荡 2h；7000r/min、25℃离心 10min，取上清液，0.45μm 过滤器过滤，1%盐酸定容至 25mL，密封保存在冰箱中待测。

③ SEG 蚯蚓肠道模拟方法。溶液配制：α-淀粉酶（675U/4mL 去离子水），纤维素酶（186U/4mL 去离子水），碱性磷酸酶（37U/4mL 去离子水），胰蛋白酶（250000U/4mL 去离子水）；70 目筛的土样 2g 与 4mL 溶液混匀在 10mL 离心管中，210r/min、25℃振荡 3.5h；7000r/min、25℃离心 15min，取上清液，0.45μm 过滤器过滤，1%盐酸定容至 25mL，密封保存在冰箱中待测。

④ DGT（difusive gradients in thin films，梯度扩散薄膜）技术方法。土壤风干后过筛，将 80g 土壤和水充分混合至最大容水量的 60%左右，室温静置 2d，再加水至最大容水量的 80%～100%，放置 24h；将 DGT 装置与土壤充分接触，精确记录时间（min）和水体温度；取回 DGT 装置，用硝酸对吸附膜上的目标物进行洗脱，用 ICP-OES 分析浓度，通过方程计算生物有效性。

7.1.4 毒性效应分析

(1) 生物量变化

蚯蚓暴露 14d 后取出，用纯水冲洗后于干净的滤纸上擦干表面的水分，然后用分析天平称量蚯蚓体重，每个组别设置 3 个平行。

(2) 肠道微生物群落变化

蚯蚓暴露 14d 后取出，用纯水冲洗后于干净的滤纸上擦干表面的水分，用 10%的冰乙醇麻醉 10min 左右，待蚓体收缩成圆环或半环状，取出蚯蚓。将蚓体清洗干净，用无菌吸收纸吸去体表水分；然后用无菌解剖刀在生殖环带 16 节末端处及中肠与后肠分界处剪开，利用无菌尖嘴镊子按压固定一侧，再选择无菌宽嘴镊子且使用不会破坏蚯蚓体表的力度均匀脉冲式挤压蚯蚓腹部，将肠道内容物挤出，收集至无菌冻存管中，整个过程在3min内完成，然后在液氮中速冻10min后在－80℃冰箱中保存。内容物提取后的组织在液氮中速冻3h后保存在－80℃冰箱中，用于后续酶活性检测及RNA提取实验。

后续样品送至上海美吉生物医药科技有限公司进行微生物群落多样性测序分析。具体分析过程如下：对样品DNA进行抽提，完成基因组DNA抽提后，利用1%琼脂糖凝胶电泳检测抽提的基因组DNA。按指定测序区域，合成带有条形码（barcode）的特异引物，进行PCR（聚合酶链反应）扩增，每个样本3个重复，将同一样本的PCR产物混合后用2%琼脂糖凝胶电泳检测，使用AxyPrepDNA凝胶回收试剂盒（AXYGEN公司）切胶回收PCR产物，Tris_HCl洗脱，2%琼脂糖电泳检测。参照电泳初步定量结果，将PCR产物用QuantiFluor™-ST蓝色荧光定量系统（Promega公司）进行检测定量，之后按照每个样本的测序量要求，进行相应比例的混合。以扩增产物为模板进行Illumina MiSeq测序文库的制备，针对16S Ⅴ3～Ⅴ4区进行MiSeq扩增子测序，扩增采用的引物为338F：ACTCCTACGGGAGGCAGCAG，806R：GGACTACHVGGGTWTCTAAT。测序数据经拼接、质控、去接头之后获得优化序列，基于优化序列进行OTU（运算分类单元）聚类，获得OTU丰度表，用于后续的生物信息学分析。

（3）酶活性变化

蚯蚓过氧化氢酶（catalase，CAT）、超氧化物歧化酶（superoxide dismutase，SOD）、过氧化物酶（peroxidase，POD）、谷胱甘肽还原酶（glutathione reductase，GR）活性以及丙二醛（malonaldehyde，MDA）含量测定采用苏州科铭生物技术有限公司的试剂盒。

（4）基因表达变化

基因表达分析根据之前的研究（Mo et al.，2012）和NCBI数据库（https://www.ncbi.nlm.nih.gov），选择了4个会受到重金属抑制作用的基因，进行实时定量PCR。4个基因分别为：MT基因（这是一个富含半胱氨酸的金属结合蛋白家族，在重金属镉存在下被诱导以实现重金属耐受性）、排卵激素annetocin基因（该基因可能影响蚯蚓的生殖系统）、钙网蛋白基因（在细胞代谢和发育中起关键作用）和抗菌肽基因（免疫系统产生的抗微生物肽基因，以抵御外来病原体）。选择β-肌动蛋白基因作为内参基因以检查总基因表达的个体间差异。实验所用引物如表7.2所列。

表7.2　蚯蚓实时定量PCR实验所用引物

序号	基因	引物	
1	β-肌动蛋白基因	sense	5′-CGCCTCTTCATCGTCCCTC-3′
		antisense	5′-GAACATGGTCGTGCCTCCG-3′
2	MT基因	sense	5′-CGCAAGAGAGGGATCAACTTG-3′
		antisense	5′-AGCGTCAGCACAGCAAAGC-3′
3	排卵激素annetocin基因	sense	5′-TTCCATGGCTTGCACTAAGAAGTCG-3′
		antisense	5′-TCAGCATTGAGCGTCGTAAC-3′

续表

序号	基因	引物	
4	钙网蛋白基因	sense	5′-ACACTCTTATCGTCCGTCCTG-3′
		antisense	5′-CCTCTGGCTTCTTCGCTTC-3′
5	抗菌肽基因	sense	5′-CATACTCGGAACGCAAGAACC-3′
		antisense	5′-TTTGATGACCTTCTGCGGTG-3′

7.2 基于生物有效性的土壤镉对蚯蚓的毒性验证

7.2.1 土壤及蚯蚓组织中镉含量

图 7.1（书后另见彩图）展示了 3 种土壤中总量 Cd 和各种方法提取的生物有效态 Cd 含量。可以看出，3 种土壤中每个外源添加的 Cd 总含量没有显著性差异［图 7.1 (a)］，但生物有效态含量有所差异，主要体现在：一般情况下，在较高的外源添加梯度 (640mg/kg 和 1280mg/kg) 中 Cd 在江西土中的生物有效态含量都显著高于北京土和宁夏土（$P \leqslant 0.05$）。此外，蚯蚓除去内容物后干燥至恒重，用 100 目（<2mm）尼龙筛过筛，4℃保存于塑料袋中直至被 HNO_3-HCl 消解，最后通过 ICP-OES 分析每个处理组蚯蚓组织中重金属 Cd 的含量。结果发现在江西土条件下的蚯蚓组织中 Cd 含量普遍存在显著高于北京土和宁夏土的情况（$P \leqslant 0.05$），与土壤中生物有效态 Cd 含量具有相同的趋势［图 7.1 (f)］。

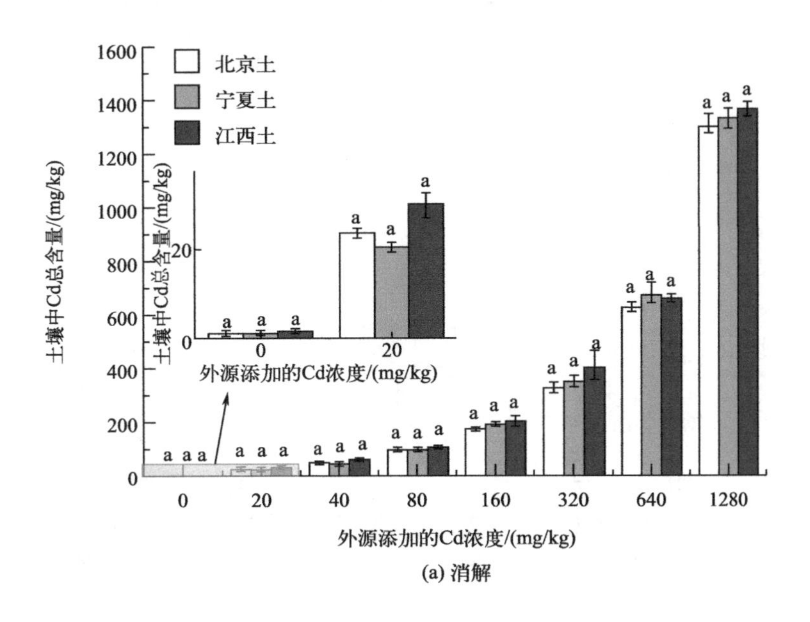

(a) 消解

图 7.1

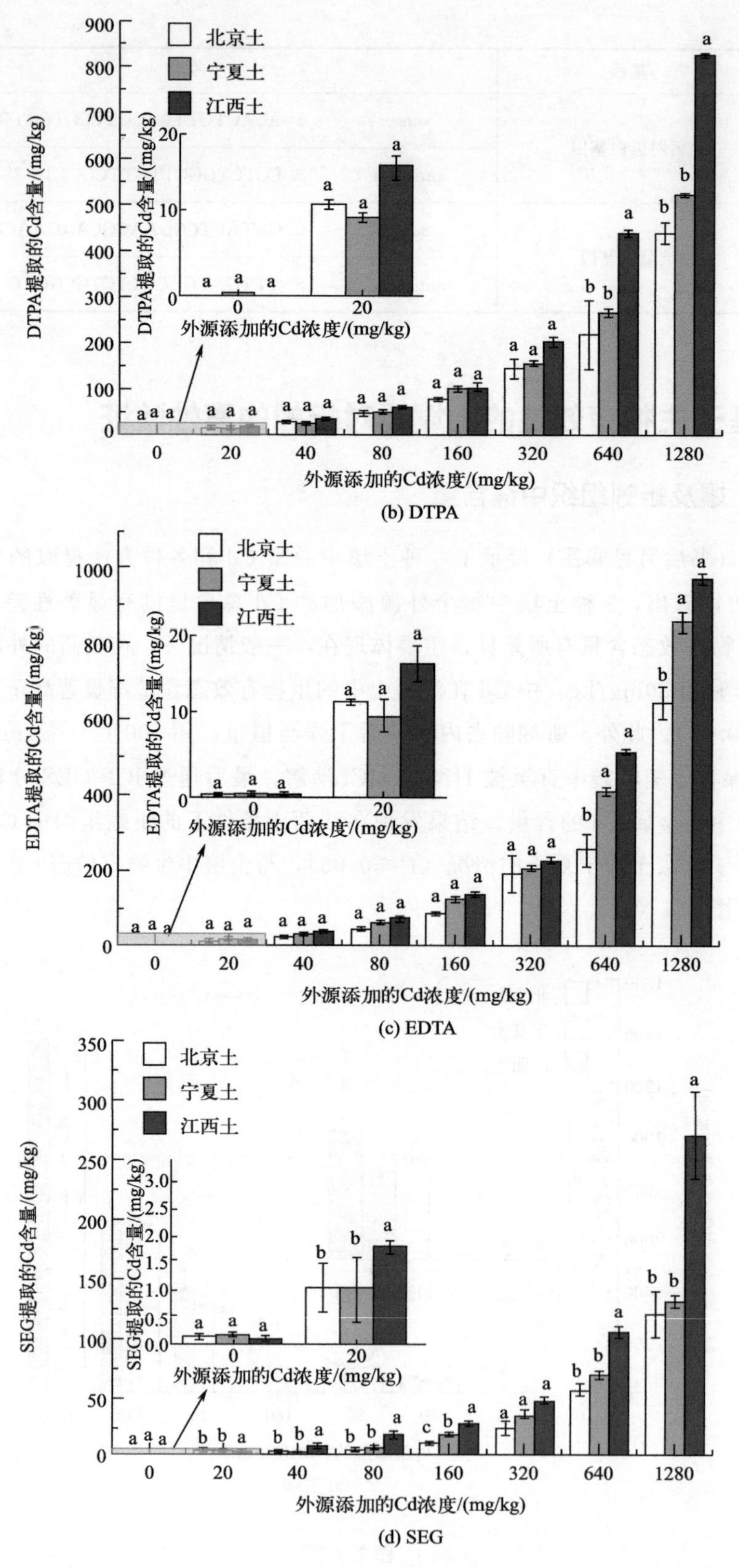

北京土
宁夏土
江西土
DTPA提取的Cd含量/(mg/kg)
外源添加的Cd浓度/(mg/kg)
(b) DTPA
EDTA提取的Cd含量/(mg/kg)
外源添加的Cd浓度/(mg/kg)
(c) EDTA
SEG提取的Cd含量/(mg/kg)
外源添加的Cd浓度/(mg/kg)
(d) SEG

图 7.1

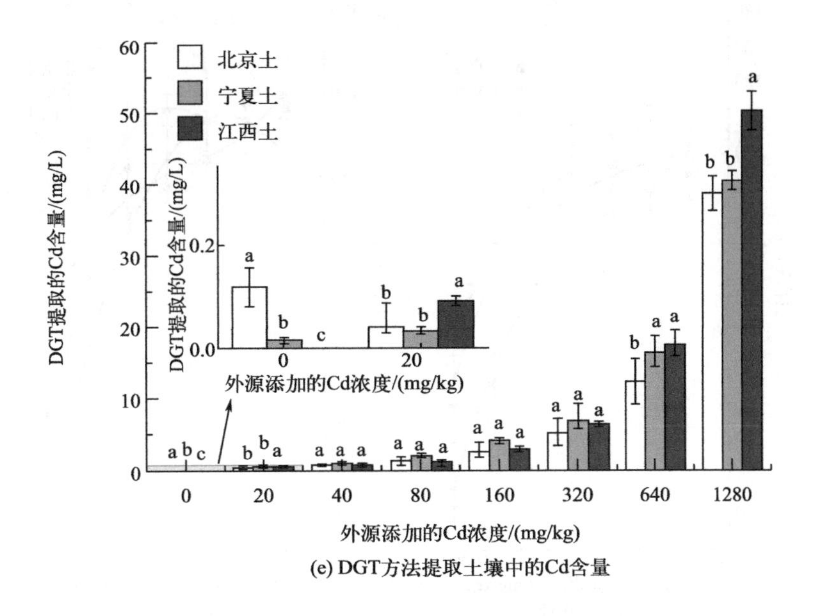

(e) DGT方法提取土壤中的Cd含量

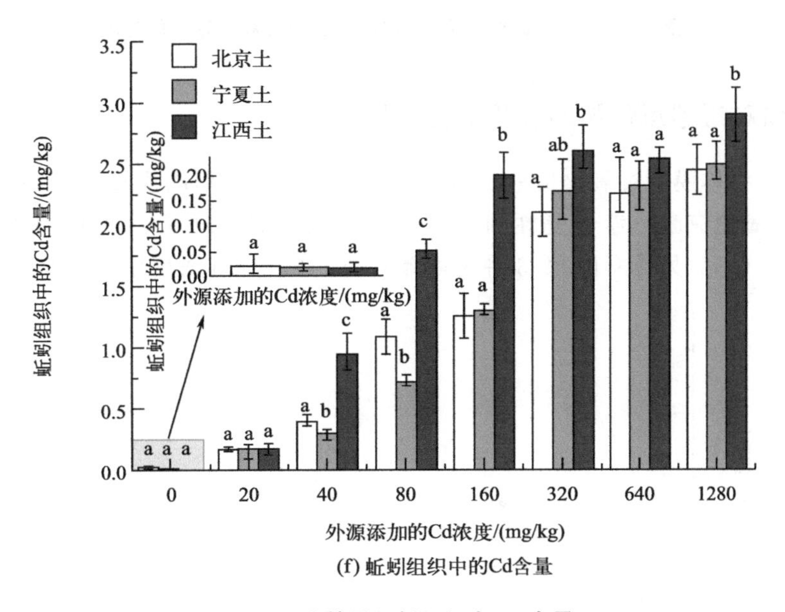

(f) 蚯蚓组织中的Cd含量

图 7.1 土壤及蚯蚓组织中 Cd 含量

7.2.2 镉对蚯蚓的生长和存活的影响

随着 Cd 添加的浓度增加，Cd 对蚯蚓的生长抑制和致死的毒性效应影响显著(图 7.2)。由图 7.2 可以看出，一般情况下，当外源添加浓度超过 160mg/kg 后，蚯蚓的生物量和存活率在 3 种土壤条件下都处于下降趋势。在江西土条件下蚯蚓的生物量和存活率下降幅度最大，在外源添加浓度为 1280mg/kg 时的致死率已超过 90%，表明在江西土中蚯蚓受到的毒性更大。

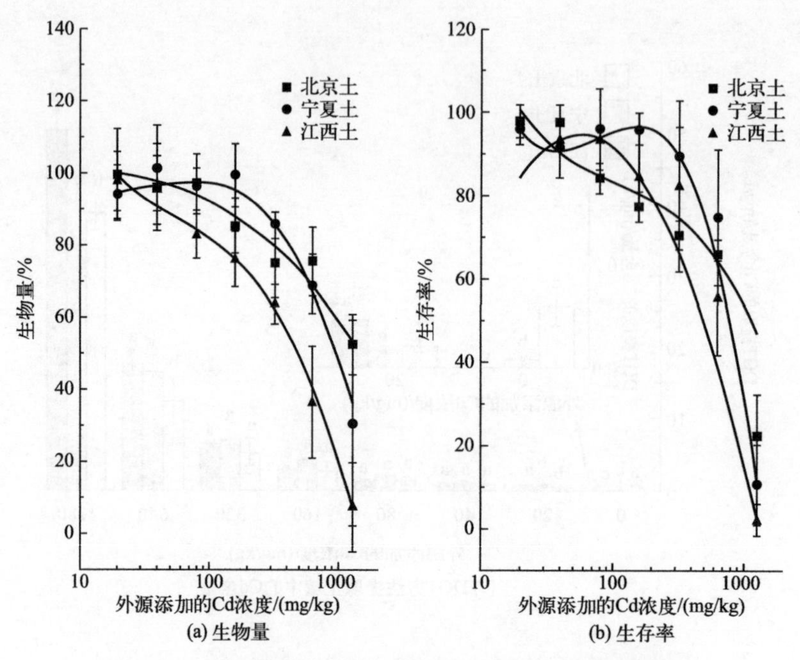

图 7.2　3 种土壤条件下 Cd 对蚯蚓生物量和生存率的影响

7.2.3　镉对蚯蚓氧化胁迫及酶活性的影响

MDA 是机体膜脂过氧化最重要的产物之一，常被用作脂质过氧化的指标来评估生物体内的氧化应激。赤子爱胜蚓暴露于 Cd 污染的第 14 天，MDA 含量的变化如图 7.3 所示（书后另见彩图）。3 种土壤条件下，随着 Cd 浓度增加，MDA 的含量都

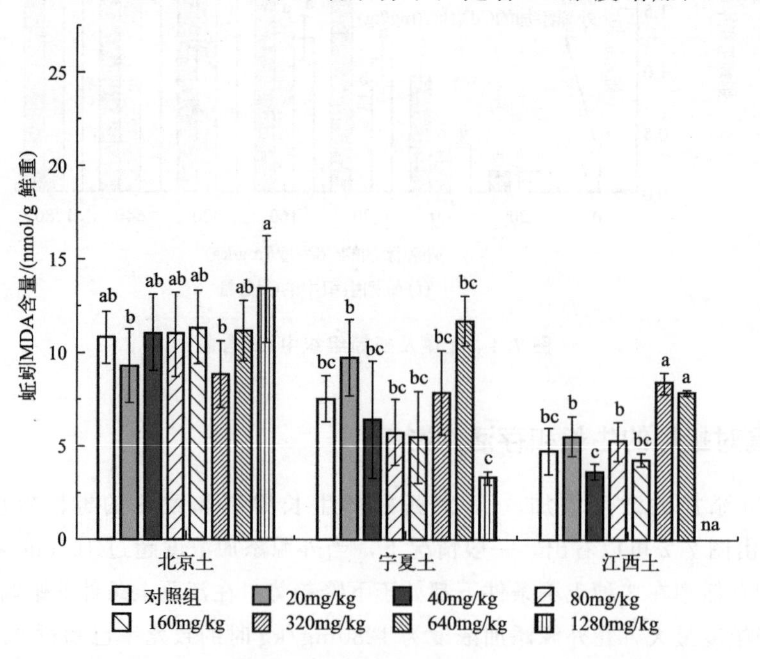

图 7.3　3 种土壤条件下 Cd 暴露 14d 对蚯蚓 MDA 含量的影响

na 指此处不适用，后同

有一个上升的阶段，说明机体为清除过量的活性氧自由基而导致脂质过氧化反应。北京土、宁夏土和江西土条件下的蚯蚓 MDA 含量分别在外源添加浓度为 1280mg/kg、640mg/kg、640mg/kg 时达到最高。而宁夏土和江西土高浓度 Cd 处理组（1280mg/kg）的蚯蚓 MDA 含量显著低于对照组，说明高浓度 Cd 污染对 MDA 具有拮抗作用，使其含量降低。

选取 SOD、CAT、POD 和 GR 酶活性作为评价 Cd 污染对赤子爱胜蚓酶活性影响的生物标志物。赤子爱胜蚓暴露于 Cd 污染第 14 天，SOD 活性的变化如图 7.4（a）所示（书后另见彩图）。SOD 能够使自由基的形成与消除处于一种动态平衡中，从而免除其对生物分子的损伤等。图中可见 Cd 胁迫的低浓度处理组 SOD 活性处于平衡状态，但当 Cd 浓度逐渐提高，SOD 活性有上升的趋势，这与 MDA 含量的变化趋势相一致，说明机体在通过激活 SOD 活性积极地清除体内过量的自由基。在宁夏土和江西土中当外源添加浓度达到 1280mg/kg 时，SOD 活性显著低于对照组，说明高浓度的 Cd 对 SOD 活性具有拮抗作用。赤子爱胜蚓暴露于污染物后 CAT 活性的变化如图 7.4（b）所示（书后另见彩图）。CAT 活性的变化可以反映污染物导致的生物体氧化应激反应。与 SOD 活性类似，蚯蚓 CAT 在最高浓度处理组中的活性比对照组显著降低，1280mg/kg 浓度的 Cd 暴露使蚯蚓超过了自身的抗氧化能力，CAT 活性下降。POD 可催化过氧化氢氧化酚类和胺类化合物，具有消除过氧化氢和酚类、胺类的双重作用。GR 是谷胱甘肽氧化还原循环的关键酶之一，在氧化胁迫反应中对活性氧清除起关键作用，此外还参与抗坏血酸-谷胱甘肽循环途径。Cd 暴露对 POD 和 GR 的活性影响与 SOD 相似，具有先上升后下降的趋势［图 7.4（c）和图 7.4（d），书后另见彩图］。3 种土壤相比，江西土条件下蚯蚓的酶活性受到的影响更大，上升和下降的拐点通常情况下先于其他两种土壤。

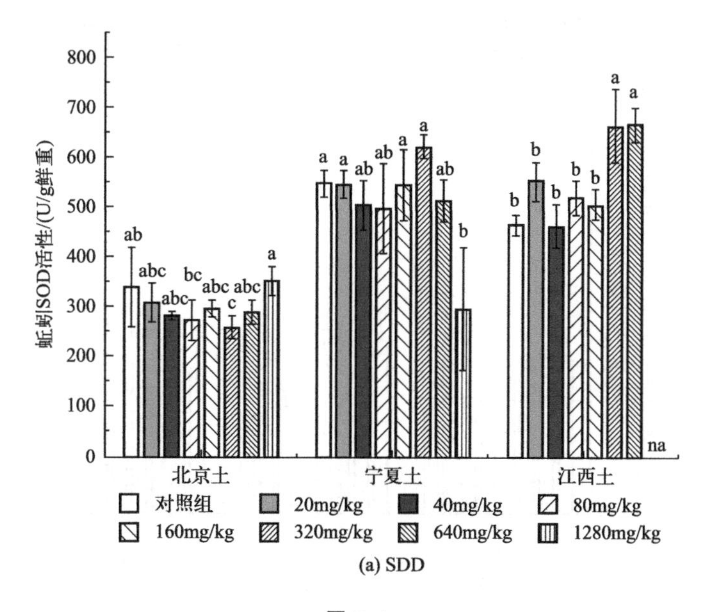

(a) SDD

图 7.4

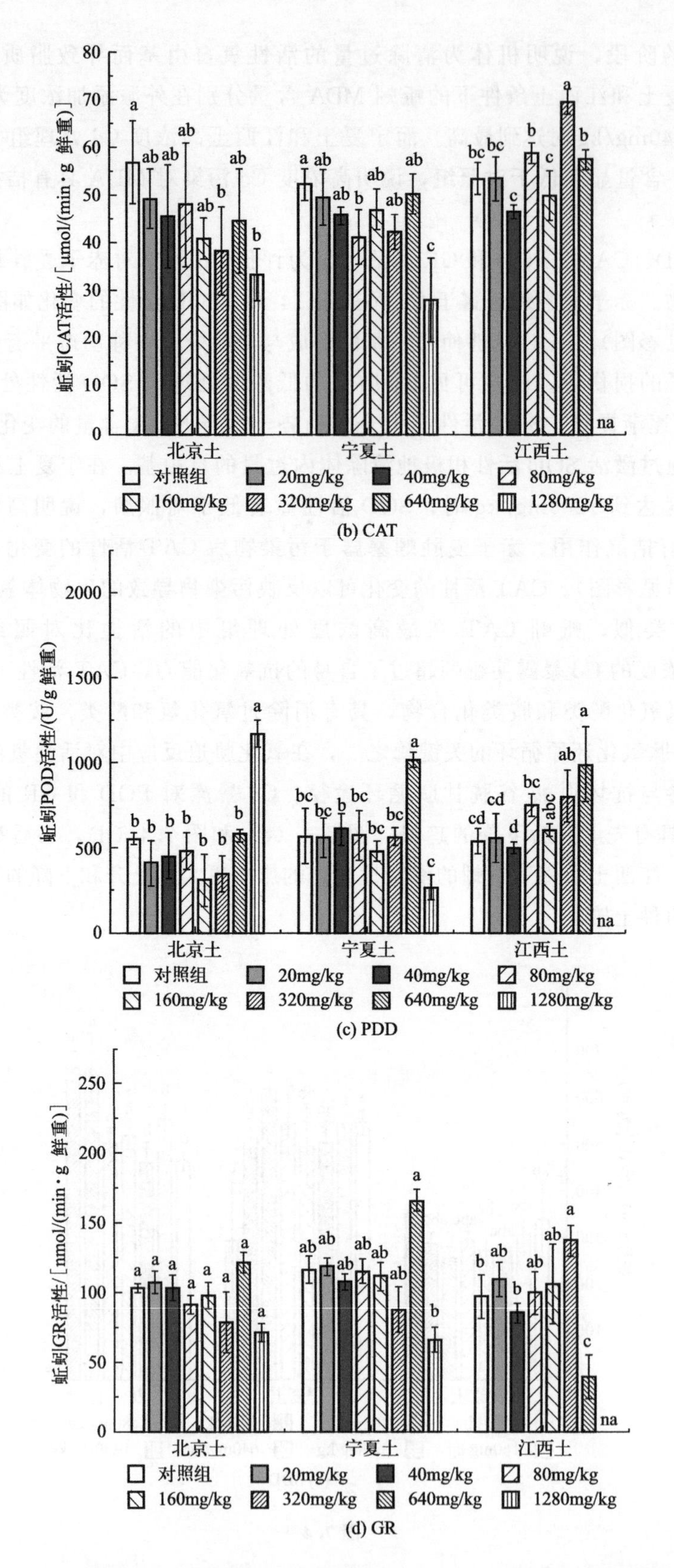

图 7.4　3 种土壤条件下 Cd 暴露 14d 对蚯蚓 SOD、CAT、POD 和 GR 活性的影响

7.2.4 镉对蚯蚓肠道微生物群落结构的影响

以下分析选用宁夏土壤条件下的 Cd 对蚯蚓暴露 14d 的胃肠道微生物群落数据进行。注：con，对照组，外源 Cd 添加 0mg/kg；test1，低浓度处理组，外源 Cd 添加 20mg/kg；test2，中浓度处理组，外源 Cd 添加 160mg/kg；test3，高浓度处理组，外源 Cd 添加 1280mg/kg。

（1）微生物多样性分析

Alpha 多样性指数通过对微生物群落内微生物物种数和均匀度进行计算以反映微生物群落内的多样性。计算微生物群落的物种丰富度、Shannon-Wiener 指数、Simpson 指数、均匀度、Chao1 指数、ACE 指数等，可以统计样本微生物群落内不同 Alpha 多样性指数的差异，进而了解群落内部物种的丰度和多样性。由图 7.5 可见，蚯蚓胃肠道微生物群落的 Alpha 多样性指数在微生物群落内不存在显著性差异。

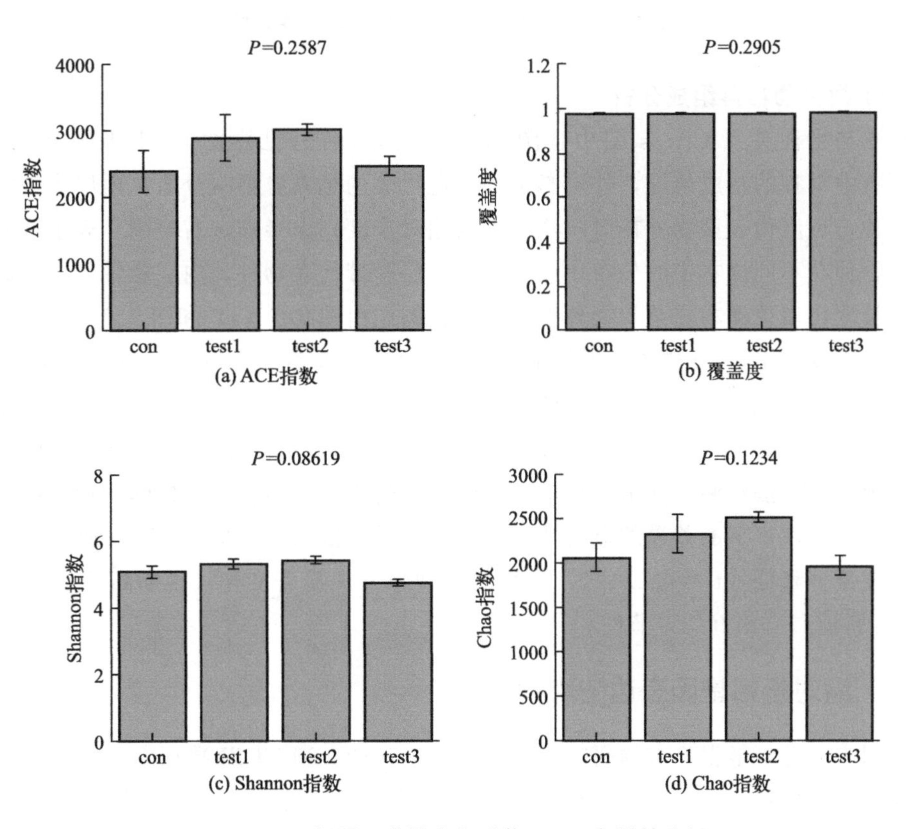

图 7.5 蚯蚓胃肠道微生物群落 Alpha 多样性分析

Beta 多样性分析通过对不同生境或微生物群落间的物种多样性进行组间比较分析，探索不同分组样本间群落组成的相似性或差异性，其核心思想是将样品中高维度的微生物数据降维成可以在二维或三维空间内分布的点以可视化。由图 7.6（书后另见彩图）可以看出，高浓度处理组的微生物组成与对照组及低、中浓度处理组的微生物组成有明显差异。

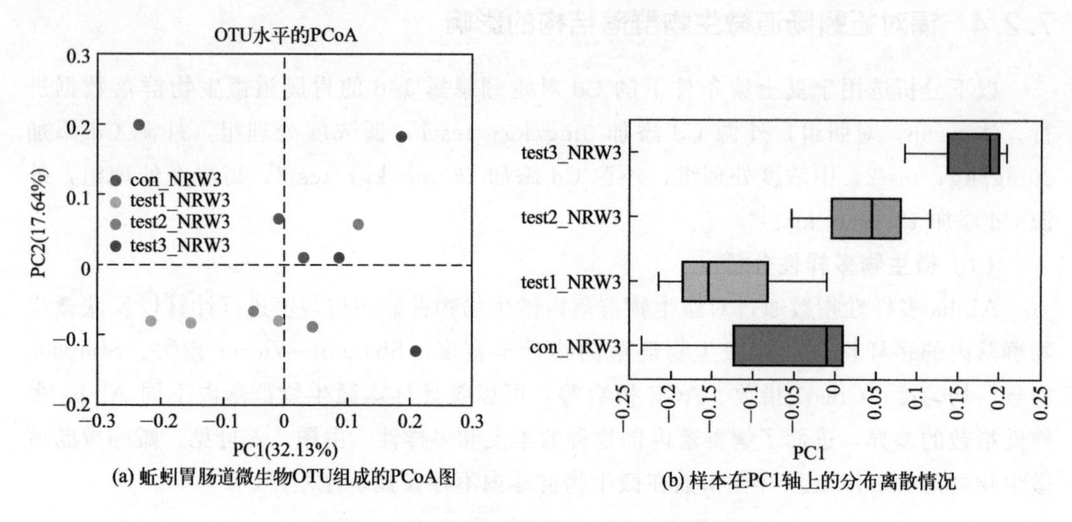

图 7.6　蚯蚓胃肠道微生物 Beta 多样性分析

（2）微生物群落组成分析

样本与物种关系 Circos 图中［图 7.7（a），书后另见彩图］，小半圆（左半圈）表示样本中物种的组成情况，外层彩带的颜色代表的是来自哪一分组，内层彩带的颜色代表物种，长度代表该物种在对应样本中的相对丰度；大半圆（右半圈）表示该分类学水平下物种在不同样本中的分布比例情况，外层彩带代表物种，内层彩带颜色代表不同分组，长度代表该样本在某一物种中的分布比例。由图 7.7（a）和图 7.7（b）（书后另见彩图）可以看出，Cd 的各处理组中的优势门主要有放线菌门（Actinobacteriota）、厚壁菌门（Firmicutes）、绿湾菌门（Chloroflexi）、蓝细菌门（Cyanobacteria）、变形杆菌门（Protebacteria）。图 7.7（c）（书后另见彩图），基于样本中的群落丰度数据，运用严格的统计学方法检测不同组（样本）微生物群落中表现出丰度差异的物种，进行假设性检验，评估观察到的差异的显著性。本研究发现，随着 Cd 处理浓度增加，兼性厌氧菌的丰度显著降低（$P=0.0249$），而其他菌种未发现显著变化，说明蚯蚓肠道微生物对 Cd 的胁迫具有很好的调节性。

7.2.5　镉对蚯蚓基因表达的影响

基因表达分析根据已有的研究（Mo et al.，2012）和 NCBI 数据库，选择了 4 个会受到重金属的抑制作用的基因进行实时定量 PCR。4 个基因分别为：MT 基因（这是一个富含半胱氨酸的金属结合蛋白家族，在重金属镉存在下被诱导以实现重金属耐受性）、内叶催产素 annetocin 基因（该基因可能影响蚯蚓的生殖系统）、钙网蛋白基因（在细胞代谢和发育中起关键作用）和抗菌肽基因（免疫系统产生的抗微生物肽基因，以抵御外来病原体）。选择 β-肌动蛋白基因作为内参基因以检查总基因表达的个体间差异。数据根据 $2^{-\Delta\Delta Ct}$ 方法计算，各组的显著差异用对应 $P<0.05$（单因素方差分析）的不同字母表示。结果如图 7.8 所示，与对照组相比，蚯蚓 MT 的表达量随着 Cd 浓度的增加而提高，高浓度处理组和对照组有显著性差异（$P<0.05$）；暴露在 Cd 污染土壤中的蚯

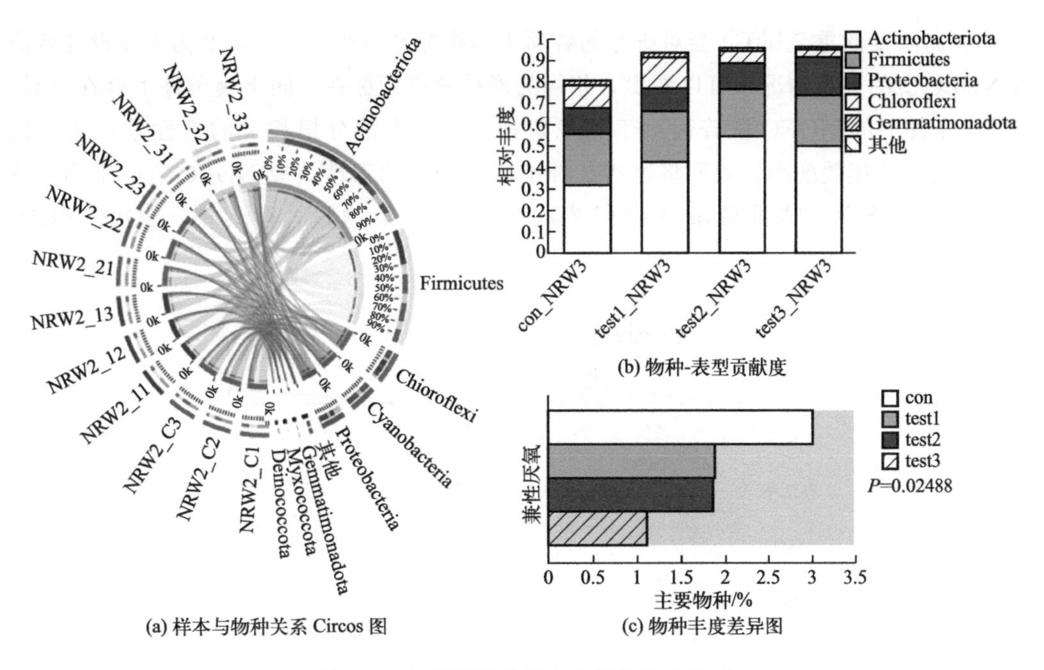

图 7.7　蚯蚓胃肠道微生物群落组成分析

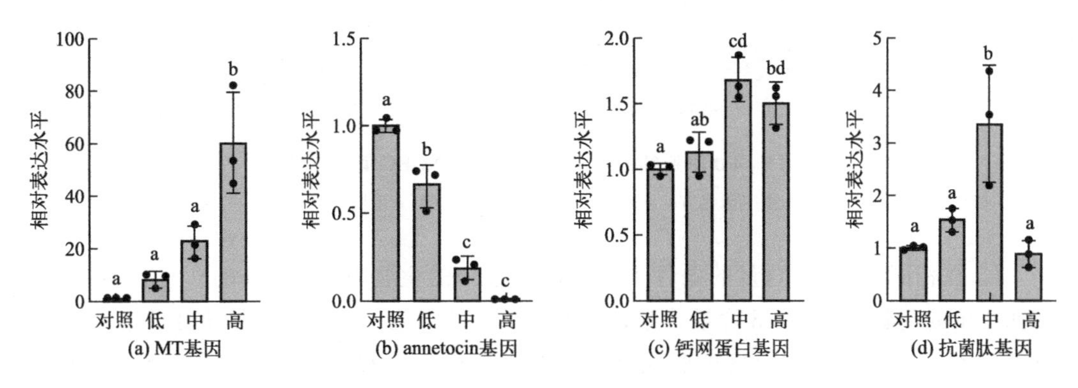

图 7.8　Cd 胁迫下的蚯蚓相对基因表达情况

蚓内催产素表达量显著降低，低浓度组是对照组的 0.625 倍，说明土壤中镉含量较低时，内叶催产素基因的表达受到抑制；土壤镉低浓度处理组与蚯蚓钙网蛋白表达无显著相关性（$P>0.05$），当 Cd 的浓度增加到 320mg/kg 后才有显著性差异（$P<0.05$）；抗菌肽基因表达与 Cd 浓度间呈现先上升后下降的趋势，说明高浓度 Cd 会对抗菌肽基因表达起到抑制作用。

本章小结

选用重金属镉（Cd）作为主要研究对象，选用土壤动物赤子爱胜蚓（*Eisenia foetida*）为受试生物，选取我国 3 种典型土壤（北京昌平褐土、宁夏石嘴山灰钙土和江西赣州红壤）为受试介质，将重金属 Cd 环境生物有效性作为剂量因子，对重金属 Cd 的多种毒性效应（死亡率、生物量、肠道微生物群落和基因表达等）进行研究。本章的主要结论如下。

① 高浓度的重金属 Cd 会对蚯蚓的各项生理指标产生影响，图 7.9 为多项毒性效应的 NOEC 值的分布情况，可以看出，相同的毒性效应指标在不同土壤条件下存在差异。江西土条件下的 NOEC 值普遍小于其他两种土壤，大部分根相关的毒性效应指标的 NOEC 值较叶相关的小。我们将这些 3 种土壤条件下的毒性效应 NOEC 值的平均值从小到大进行排序，结果最敏感指标依次为 CAT、生物量、存活率、SOD、POD、GR、MDA。

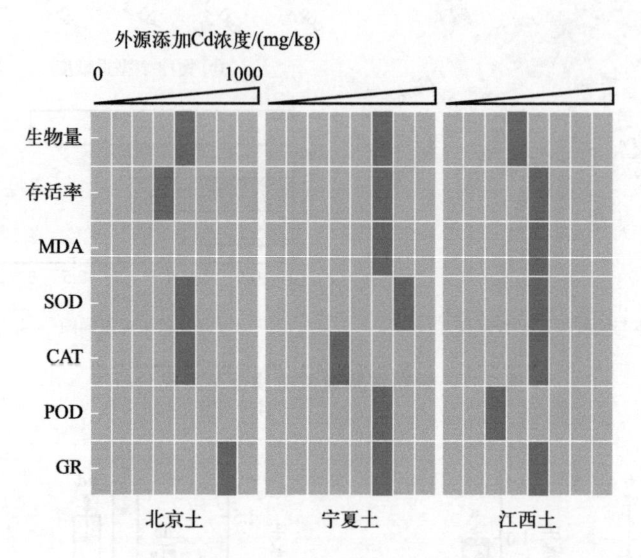

图 7.9　Cd 对蚯蚓的多种毒性效应的 NOEC 值分布情况

注：图中深色方块表示 NOEC 值，从左向右 Cd 浓度逐渐增加

② 在相同的 Cd 总含量的条件下，不同土壤中的生物有效态 Cd 的含量有所差异，江西土中的生物有效态 Cd 含量普遍高于宁夏土和北京土，并且在高浓度水平差异更加显著（图 7.10）。蚯蚓对 Cd 的吸收富集量与土壤中生物有效态 Cd 含量具有相同的趋势，即江西土条件下的蚯蚓对 Cd 在相同时间内的富集量普遍高于宁夏土和北京土（图 7.10）。说明生物有效性能够更好地反映土壤性质间的差异，从而在应用于风险评估方面具有降低区域不确定性的能力。

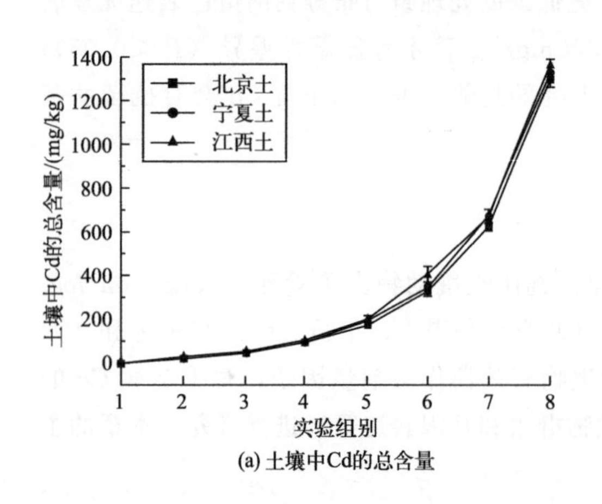

(a) 土壤中Cd的总含量

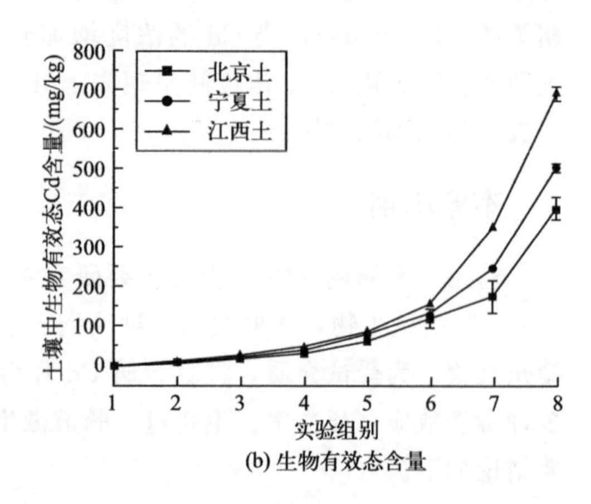

(b) 生物有效态含量

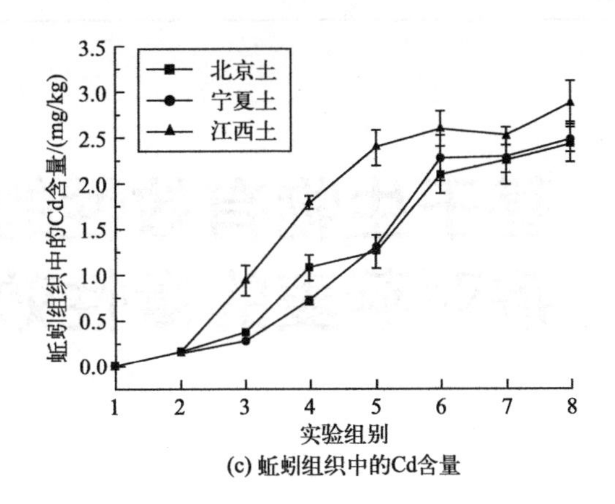

(c) 蚯蚓组织中的Cd含量

图 7.10　3 种土壤条件下的 Cd 总含量、生物有效态含量和蚯蚓组织中 Cd 富集含量差异分析

注：生物有效态含量为 DTPA、EDTA 和 SEG3 种方法提取的生物有效态含量的均值

（DGT 方法获取的生物有效态含量量化单位为 mg/L，所以未在均值计算中使用）

参考文献

Mo X，Qiao Y，Sun Z，et al.，2012. Molecular toxicity of earthworms induced by cadmium contaminated soil and biomarkers screening [J]. Journal of Environmental Sciences，24 (8)：1504-1510.

第8章 基于生物有效性的土壤镉对燕麦的毒性效应

在本章中，我们选用重金属镉（Cd）作为主要研究对象，选用陆生植物燕麦（*Avena sativa* L.）为受试生物，选取我国3种典型土壤（北京昌平褐土、宁夏石嘴山灰钙土和江西赣州红壤）为受试介质，将重金属Cd环境生物有效性作为剂量因子，对重金属Cd的多种毒性效应（根伸长、发芽率、地上部株高、生物量和酶活性等）进行研究（张加文，2023）。

8.1 基于生物有效性的土壤镉对燕麦的毒性测试

8.1.1 测试土壤采集与处理

本研究所用的土壤同7.1.1部分。

8.1.2 燕麦毒性实验

每个结晶皿中放入300g土壤，将外源Cd^{2+}配制成水溶液加入烧杯中，各配制成0mg/kg、15.625mg/kg、31.25mg/kg、62.5mg/kg、125mg/kg、250mg/kg、500mg/kg、1000mg/kg系列浓度梯度的组，老化14d。燕麦种子经消毒后，纯水浸润48h，挑取具有萌发迹象的种子，每个烧杯放入15粒燕麦种子，播种深度为1cm左右，超纯水维持土壤水分至最大持水量的30%，移至温度为20℃、湿度为80%且光照为600lx的人工气候箱进行毒性实验，周期为14d，每个组别设置3个平行，每天拿出处理并记录毒性效应。

8.1.3 测试土壤分析

① 测定土壤中Cd的总含量：同7.1.3部分。
② 测定生物有效态含量：同7.1.3部分。

8.1.4 毒性效应分析

（1）表观毒性效应

燕麦暴露14d后取出，用纯水冲洗后于干净的滤纸上擦干表面的水分，然后测量记录发芽率、根长、根重、地上部长度和质量。

（2）根际微生物群落

暴露实验结束时，收集燕麦根际土壤至无菌冻存管中，然后在液氮中速冻10min后在−80℃冰箱中保存。后续样品送至上海美吉生物医药科技有限公司进行微生物群落多样性测序分析。具体分析过程同7.1.4部分。

（3）酶活性

暴露实验结束后，将燕麦从培养皿中取出，将根和地上部分分别用无菌无酶水冲洗干净，用干净的滤纸除去表面水分后迅速用液氮速冻3h，然后保存于−80℃冰箱中，用于酶活性检测及后续RNA提取实验。

燕麦过氧化氢酶（CAT）、超氧化物歧化酶（SOD）、过氧化物酶（POD）、谷胱甘肽还原酶（GR）活性以及丙二醛（MDA）含量测定采用苏州科铭生物技术有限公司的试剂盒。

8.2 基于生物有效性的土壤镉对燕麦的毒性验证

8.2.1 土壤及燕麦组织中镉含量

图8.1（书后另见彩图）展示了3种土壤中总Cd含量和各种方法提取的生物有效态Cd含量。可以看出，3种土壤中每个外源添加的梯度Cd的总含量没有显著性差异[图8.1（a）]，但生物有效态含量有所差异，主要体现在：一般情况下，在较高的外源添加梯度（500mg/kg和1000mg/kg）中Cd在江西土中的生物有效性含量都显著高于北京土和宁夏土（$P \leqslant 0.05$）。此外，燕麦洗净干燥至恒重，用100目（<2mm）尼龙筛过筛，4℃保存于塑料袋中直至被HNO_3-HCl消解，最后通过ICP-OES分析每个处理组燕麦根组织和叶组织中重金属Cd的含量。结果发现在江西土壤条件下的燕麦组织中Cd含量普遍存在显著高于北京土和宁夏土的情况（$P \leqslant 0.05$），与土壤中生物有效态Cd含量具有相同的趋势[图8.1（f），图8.1（g）]。

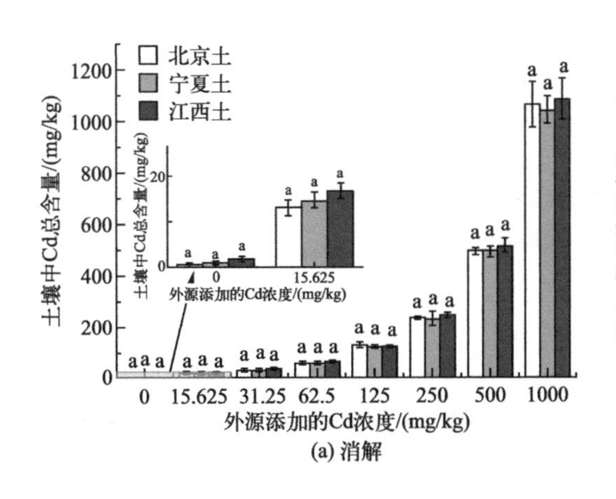

(a) 消解

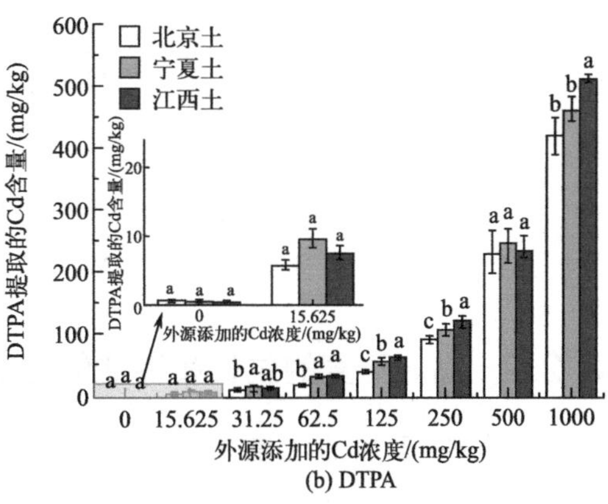

(b) DTPA

图8.1

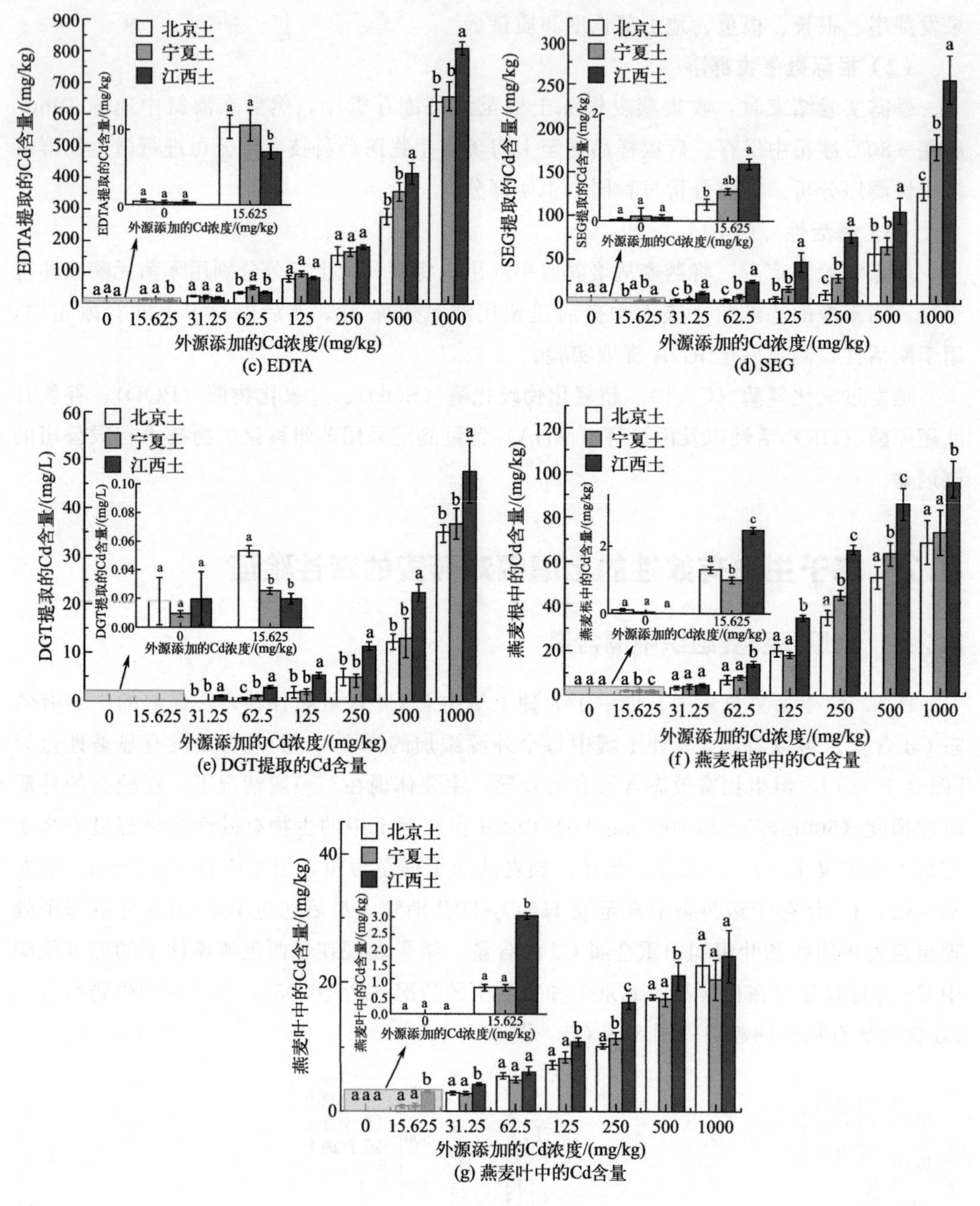

图 8.1　土壤及燕麦组织中的 Cd 含量

图中 a、b、c 表示不同土壤间的显著性差异

8.2.2　镉对燕麦的生长和存活的影响

随着 Cd 添加的浓度增加，Cd 对燕麦的生长抑制和致死的毒性效应影响显著(图 8.2，书后另见彩图)。由图可以看出，一般情况下，随着外源添加的 Cd 浓度逐渐提高，燕麦的生物量、根茎叶长度和存活率在 3 种土壤条件下都处于下降趋势。在江西土条件下燕麦的生物量、根茎叶长度和存活率下降幅度最大，在外源添加浓度为

1000mg/kg 时的致死率已超过 50%，表明在江西土中燕麦受到的毒性更大。

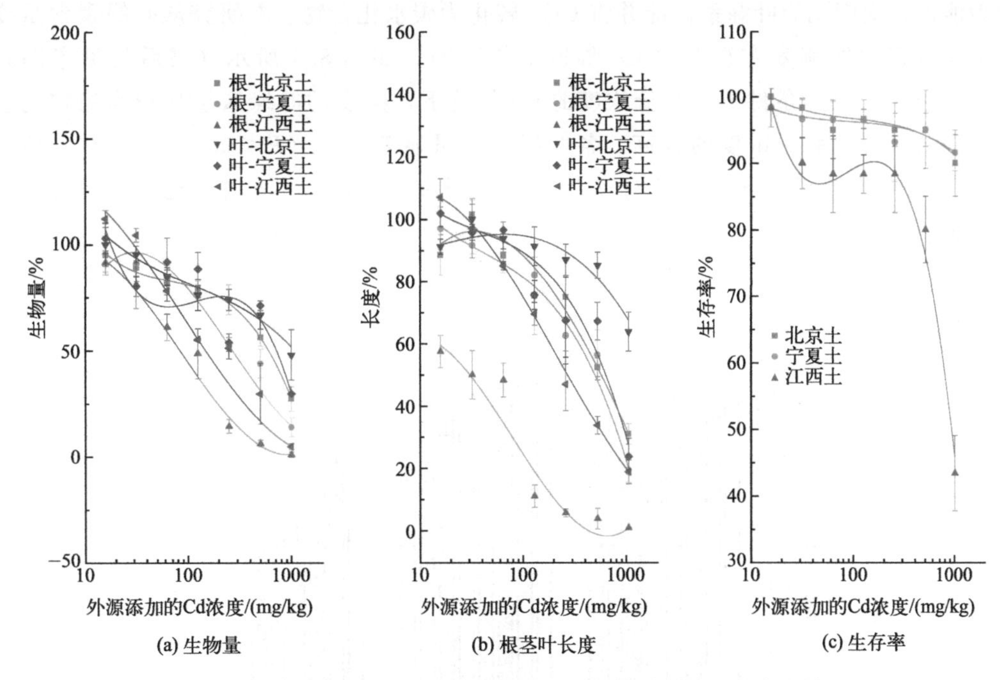

图 8.2　3 种土壤条件下 Cd 对燕麦生物量、根茎叶长度和生存率的影响

根是植物最先接触 Cd 污染的部位，也是植物响应胁迫最敏感的部位之一。本研究采用氯化三苯基四氮唑法（tripheye tetrazolium chloride，TTC）测定 Cd 胁迫下燕麦的根系活性（根部成熟区）。由图 8.3（书后另见彩图）可知，3 种土壤条件下根系活力均随着土壤 Cd 浓度的提高呈现从平稳到下降的变化趋势。特别是在江西土条件下，当外源添加浓度达到 250mg/kg 后根系活性显著下降，Cd 浓度达到 1000mg/kg 时燕麦已基本无法在江西土中存活。

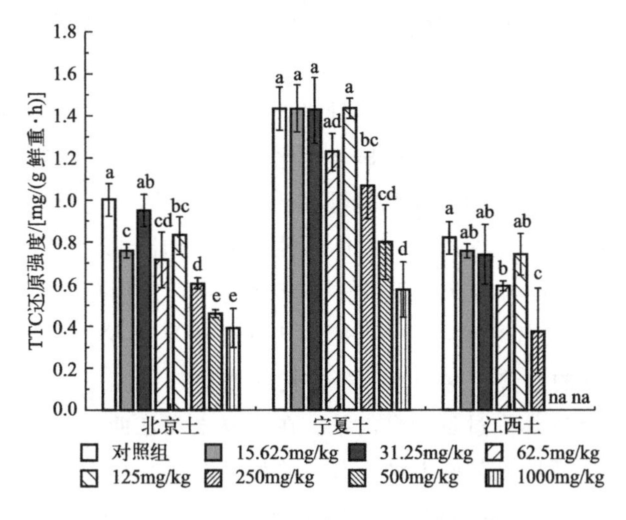

图 8.3　Cd 暴露对燕麦根活性的影响

叶绿素含量与植物光合作用的能力关系紧密，植物体通过光合作用将体内有机物转化为能量，太阳光为叶绿素供能并将 CO_2 转化为碳水化合物。本研究从叶绿素含量变化的角度来说明燕麦在重金属 Cd 胁迫下的影响。如图 8.4 所示（书后另见彩图），在北京土和宁夏土条件下，在低浓度的 Cd 胁迫下，燕麦的叶绿素呈现较为稳定的状态，随着重金属胁迫浓度的升高，各叶绿素含量显著下降（$P<0.05$），但在江西土中，Cd 对燕麦叶绿素含量的影响较大，Cd 含量在 31.25mg/kg 时已比对照组有显著的降低。

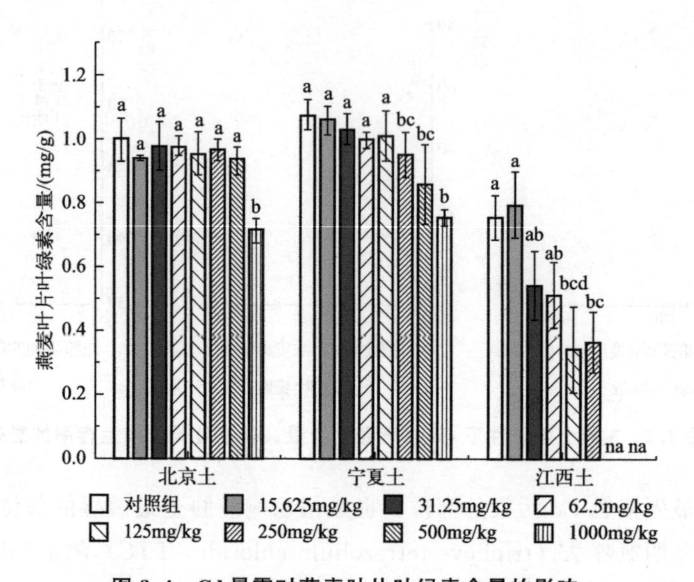

图 8.4　Cd 暴露对燕麦叶片叶绿素含量的影响

8.2.3　镉对燕麦氧化胁迫及酶活性的影响

燕麦暴露于 Cd 污染的第 14 天，根和叶片中的 MDA 含量的变化如图 8.5 所示（书后另见彩图），3 种土壤条件下，随着 Cd 浓度增加，MDA 的含量都呈现出先上升后下降的趋势，说明机体为清除过量的活性氧自由基而导致脂质过氧化反应，但是高浓度 Cd 污染对 MDA 具有拮抗作用，使其含量降低。相比之下，燕麦根中 MDA 含量显著变化时的 Cd 浓度比叶片中 MDA 含量显著变化时要低，说明根面对 Cd 胁迫更加敏感。

选取 SOD、CAT、POD 和 GR 酶活性作为评价 Cd 污染对燕麦活性影响的生物标志物。燕麦暴露于 Cd 污染第 14 天，SOD 活性的变化如图 8.6 所示（书后另见彩图）。SOD 能够使自由基的形成与消除处于一种动态平衡中，从而免除其对生物分子的损伤等。图中可见 Cd 胁迫的低浓度处理组 SOD 活性处于平衡状态，但当 Cd 浓度逐渐提高，SOD 活性有上升的趋势，这与 MDA 含量的变化趋势相一致，说明机体在通过激活 SOD 活性积极地清除体内过量的自由基。在宁夏土和江西土中当外源添加浓度达到 1000mg/kg 时，SOD 活性显著低于对照组，说明高浓度的 Cd 对 SOD 活性具有拮抗作用。燕麦暴露于污染物后 CAT 活性的变化如图 8.6 所示（书后另见彩图）。CAT 活性的变化可以反映污染物导致的生物体氧化应激反应。与 SOD 活性类似，燕麦 CAT 在

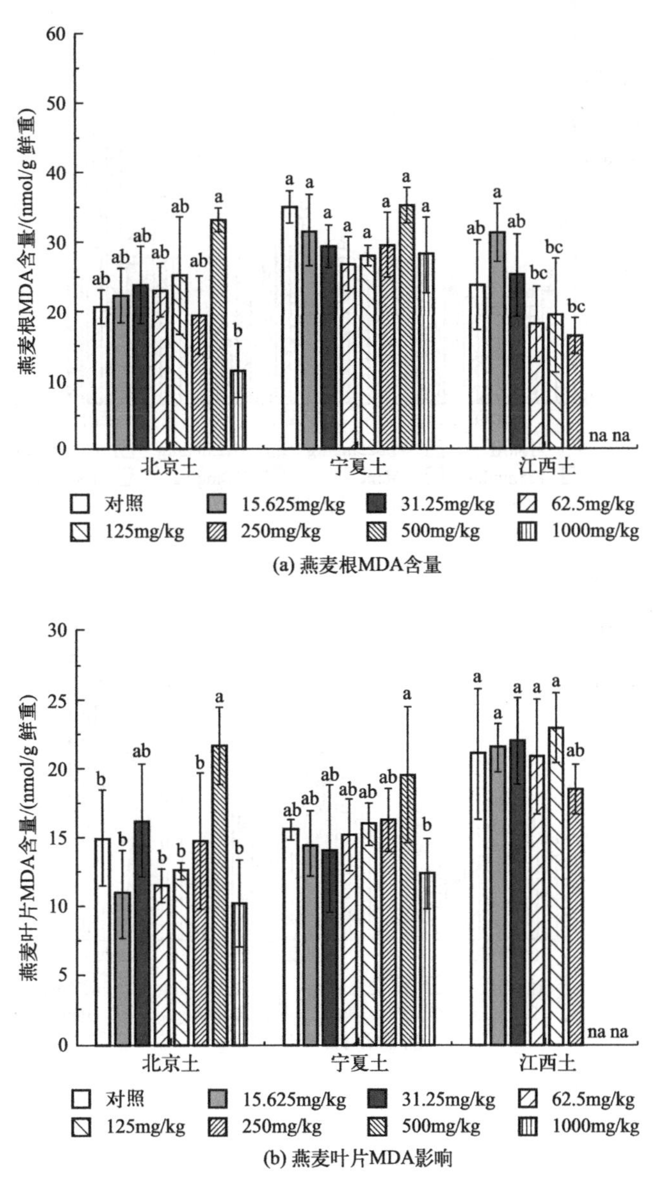

(a) 燕麦根MDA含量

(b) 燕麦叶片MDA影响

图 8.5　Cd 暴露对燕麦 MDA 含量的影响

最高浓度处理组中的活性比对照组显著降低，1000mg/kg 浓度的 Cd 暴露使燕麦超过了自身的抗氧化能力，CAT 活性下降。POD 可催化过氧化氢氧化酚类和胺类化合物，具有消除过氧化氢和酚类、胺类的双重作用。GR 是谷胱甘肽氧化还原循环的关键酶之一，在氧化胁迫反应中对活性氧清除起关键作用，此外还参与抗坏血酸-谷胱甘肽循环途径。Cd 暴露对 POD 和 GR 的活性影响与 SOD 相似，具有先上升后下降的趋势。3 种土壤相比，江西土条件下燕麦的酶活性受到的影响更大，上升和下降的拐点通常情况下先于其他两种土壤。根部酶活性变化较叶片更加敏感，主要体现在酶活性变化的拐点 Cd 浓度通常都低于叶片中酶活性显著变化时的 Cd 浓度。

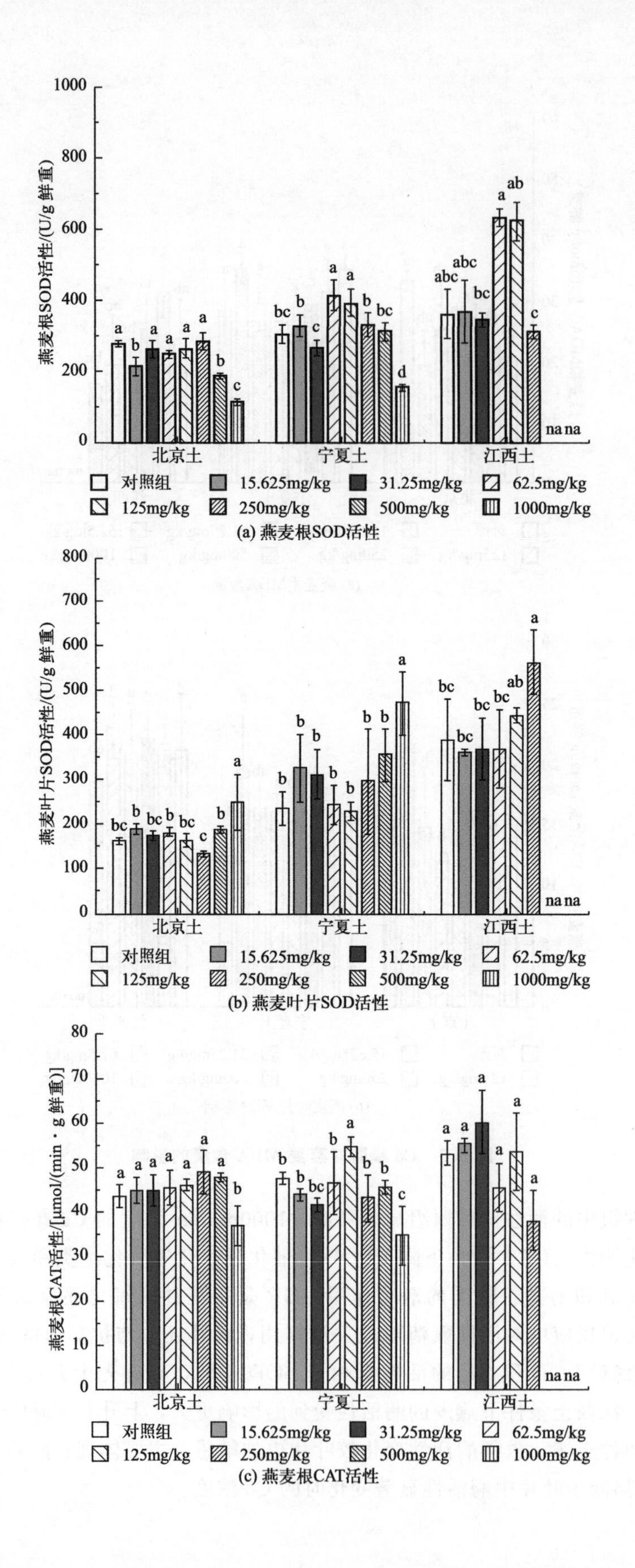

(a) 燕麦根SOD活性

(b) 燕麦叶片SOD活性

(c) 燕麦根CAT活性

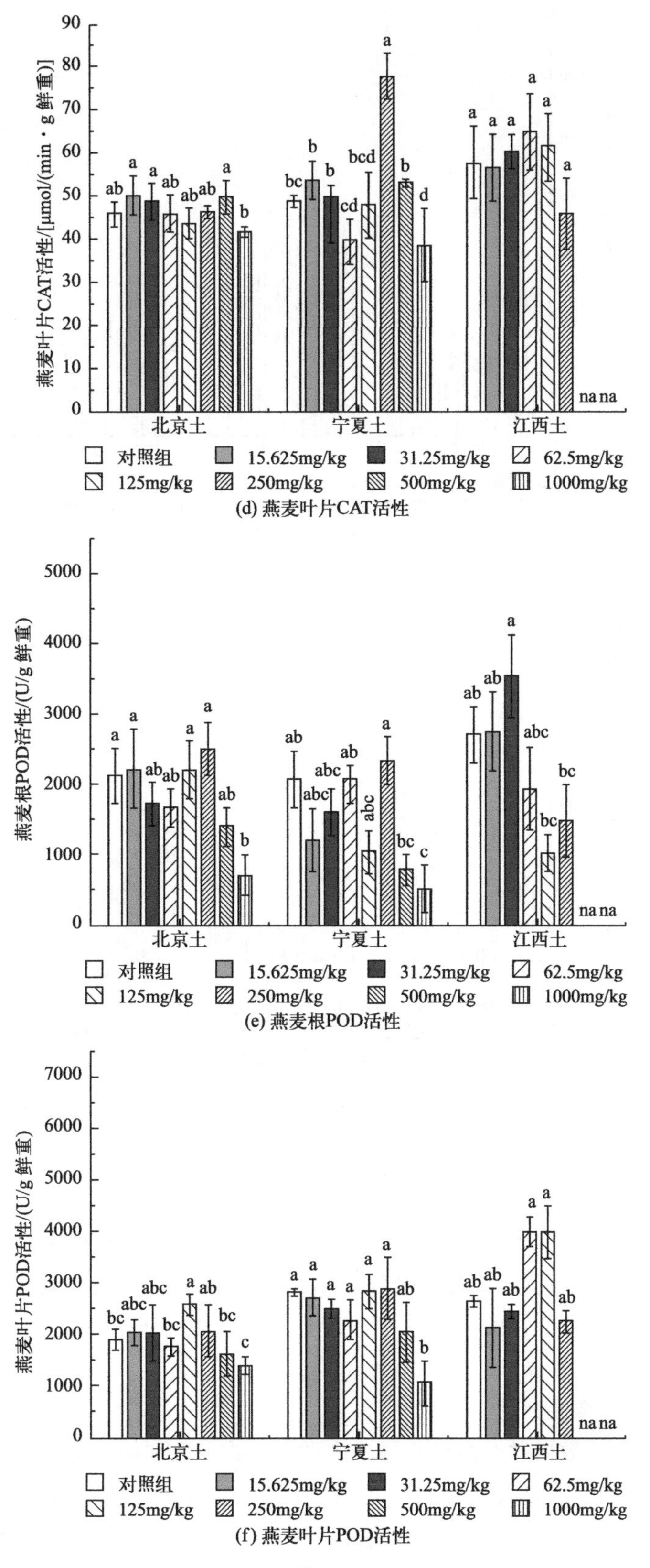

(d) 燕麦叶片CAT活性

(e) 燕麦根POD活性

(f) 燕麦叶片POD活性

图 8.6

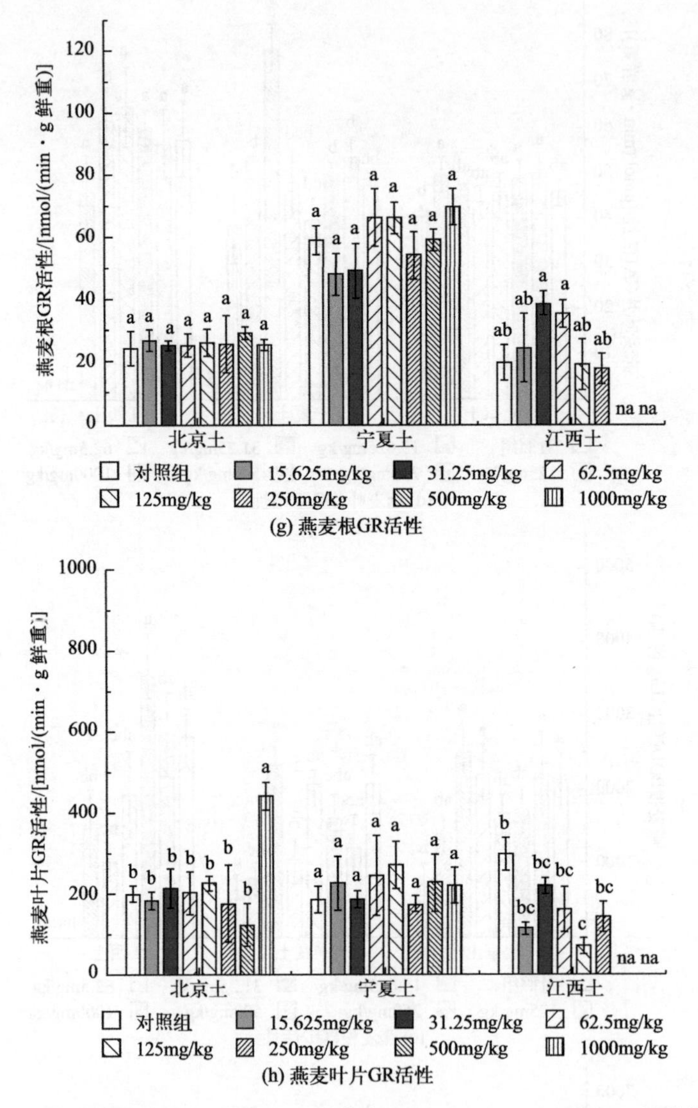

图 8.6　3 种土壤条件下 Cd 暴露 14d 对燕麦 SOD、CAT、POD 和 GR 活性的影响

8.2.4　镉对燕麦根际微生物群落的影响

以下分析选用宁夏土条件下的 Cd 对燕麦暴露 14d 的根际土壤微生物群落数据进行。注：con _NX，对照组，外源 Cd 添加 0mg/kg；test1 _ NX，低浓度处理组，外源 Cd 添加 15.625mg/kg；test2 _NX，中浓度处理组，外源 Cd 添加 125mg/kg；test3 _ NX，高浓度处理组，外源 Cd 添加 1000mg/kg。

（1）微生物多样性分析

Alpha 多样性指数通过对微生物群落内微生物物种数和均匀度进行计算以反映微生物群落内的多样性。计算微生物群落的物种丰富度、Shannon-Wiener 指数、Simpson 指数、均匀度、Chao1 指数、ACE 指数等，可以统计样本微生物群落内不同 Alpha 多样性指数的差异，进而了解群落内部物种的丰度和多样性。由图 8.7 可见，根际微生物群落的 Alpha 多样性指数只有在 1000mg/kg 和 125mg/kg 处理组之间存在显著性差异。

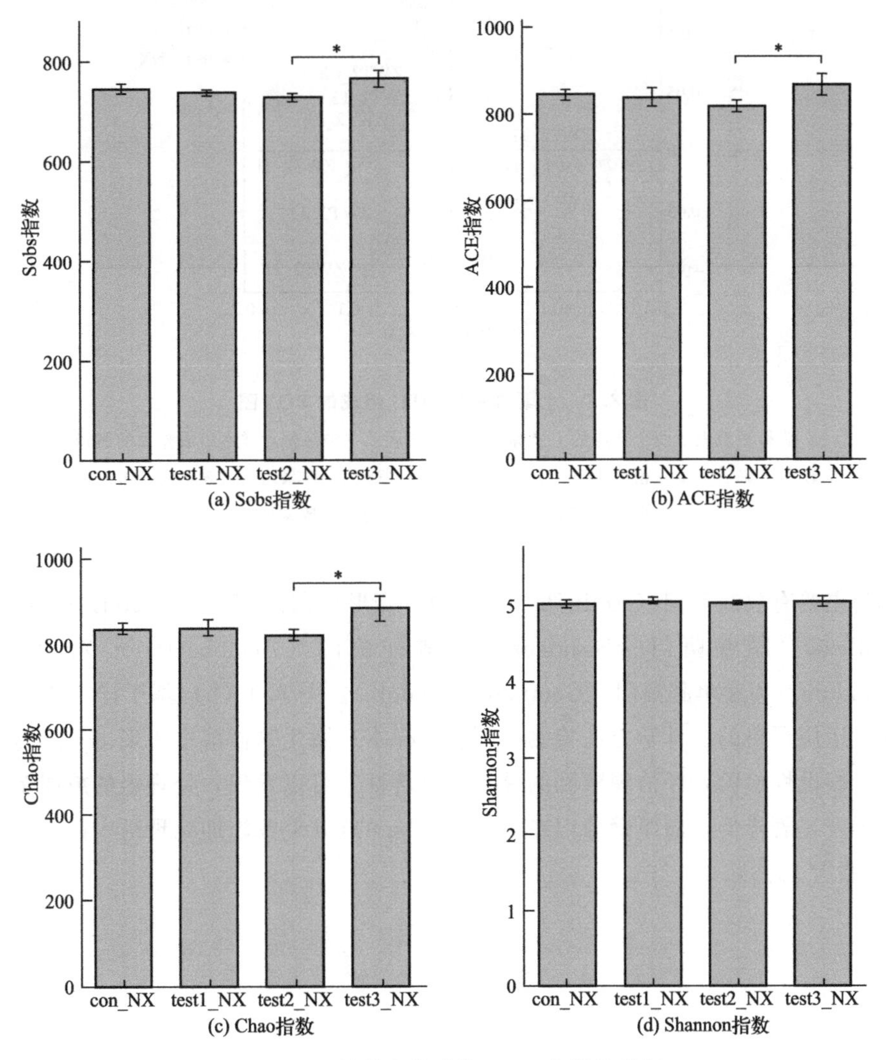

图 8.7　土壤微生物群落 Alpha 多样性分析

Beta 多样性分析通过对不同生境或微生物群落间的物种多样性进行组间比较分析，探索不同分组样本间群落组成的相似性或差异性，其核心思想是将样品中高维度的微生物数据降维成可以在二维或三维空间内分布的点以可视化。由图 8.8（书后另见彩图）可以看出，高浓度处理组的微生物组成与对照组及低、中浓度处理组的微生物组成有明显差异；中浓度处理组的微生物组成与对照组也有显著差异。

（2）微生物群落组成分析

Circos 样本与物种关系图（图 8.9，书后另见彩图）中，小半圆（左半圈）表示样本中物种的组成情况，外层彩带的颜色代表的是来自哪一分组，内层彩带的颜色代表物种，长度代表该物种在对应样本中的相对丰度；大半圆（右半圈）表示该分类学水平下物种在不同样本中的分布比例情况，外层彩带代表物种，内层彩带颜色代表不同分组，长度代表该样本在某一物种中的分布比例。由图 8.9（a）可以看出，Cd 的各处理组中

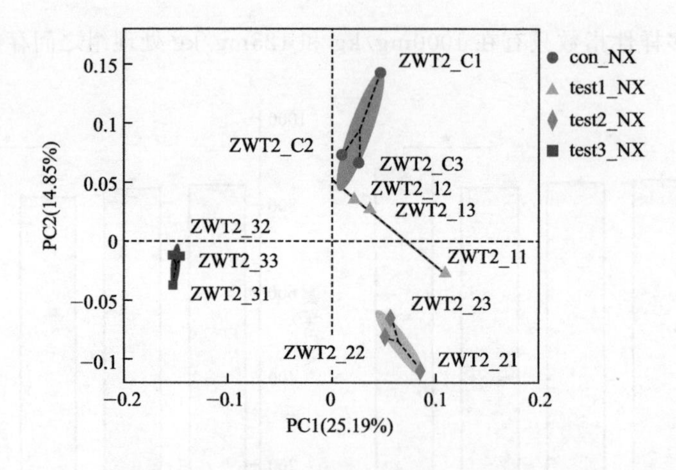

图 8.8　土壤微生物 OTU 组成的 PCA 图

注：X 轴和 Y 轴表示两个选定的主坐标轴，百分比表示主坐标轴对样本组成差异的解释度值；X 轴和 Y 轴的刻度是相对距离，无实际意义；不同颜色或形状的点代表不同分组的样本，两样本点越接近，表明两样本物种组成越相似

的优势门主要有放线菌门（Actinobacteriota）、变形杆菌门（Protebacteria）、绿湾菌门（Chloroflexi）、厚壁菌门（Firmicutes）、酸杆菌门（Acidobacteriota）、拟杆菌门（Bacteroidota）和芽单胞菌门（Gemmatimonadota）。图 8.9（b）基于样本中群落的丰度数据，运用严格的统计学方法检测不同组（样本）微生物群落中表现出丰度差异的物种，进行假设性检验，评估观察到的差异的显著性。可以发现，处理组的放线菌门相较对照组丰度显著降低，而厚壁菌门在 1000mg/kg 的 Cd 外源添加处理组中占比显著提高（高于对照组 15%）。

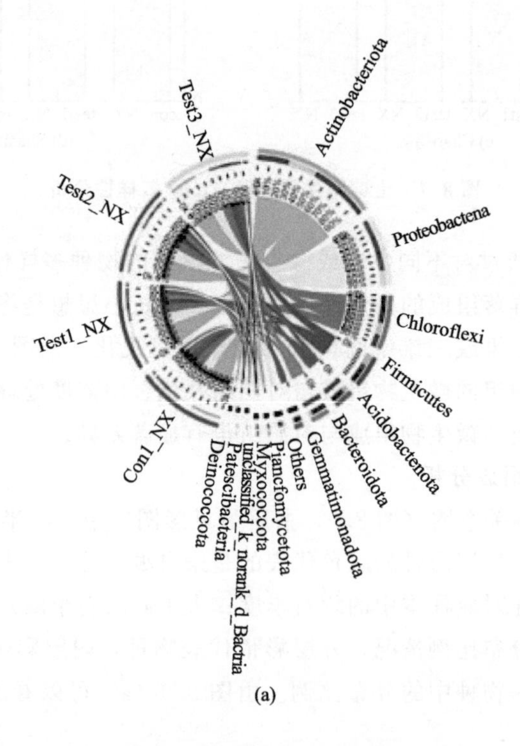

(a)

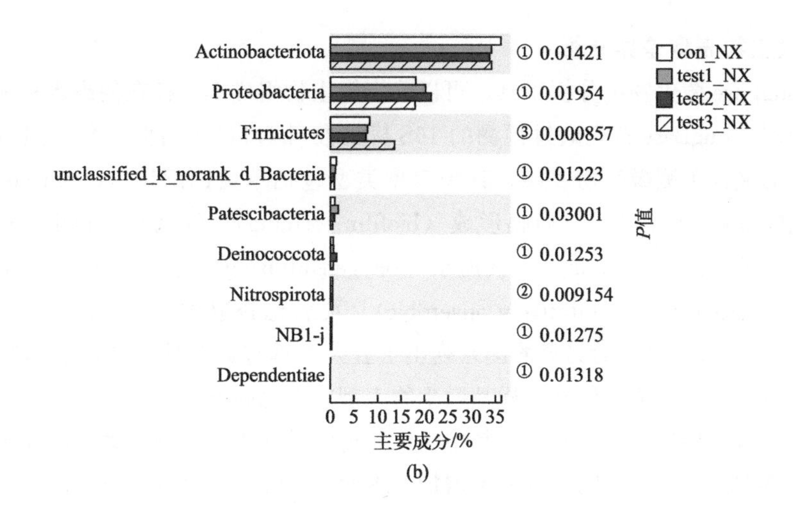

(b)

图 8.9 土壤微生物群落组成分析

注：Y 轴表示某一分类学水平下的物种名，X 轴表示物种不同分组中的平均相对丰度，不同颜色的柱子表示不同分组；最右边为 P 值，①$0.01<P\leqslant0.05$，②$0.001<P\leqslant0.01$，③$P\leqslant0.001$

图 8.10（书后另见彩图）为属水平上的微生物群落分析图。聚类结果显示，分组间优势菌属的组成差异也十分显著。在高浓度处理组样品中差异最显著的优势菌为游动球菌属（*Planomicrobium*），它是革兰氏阳性菌的一个属，球菌里为数不多的有鞭毛的一种。马红球菌属（*Rhodococcus*）和鞘脂单胞菌属（*Sphingomonas*）丰度也都有显著增加。

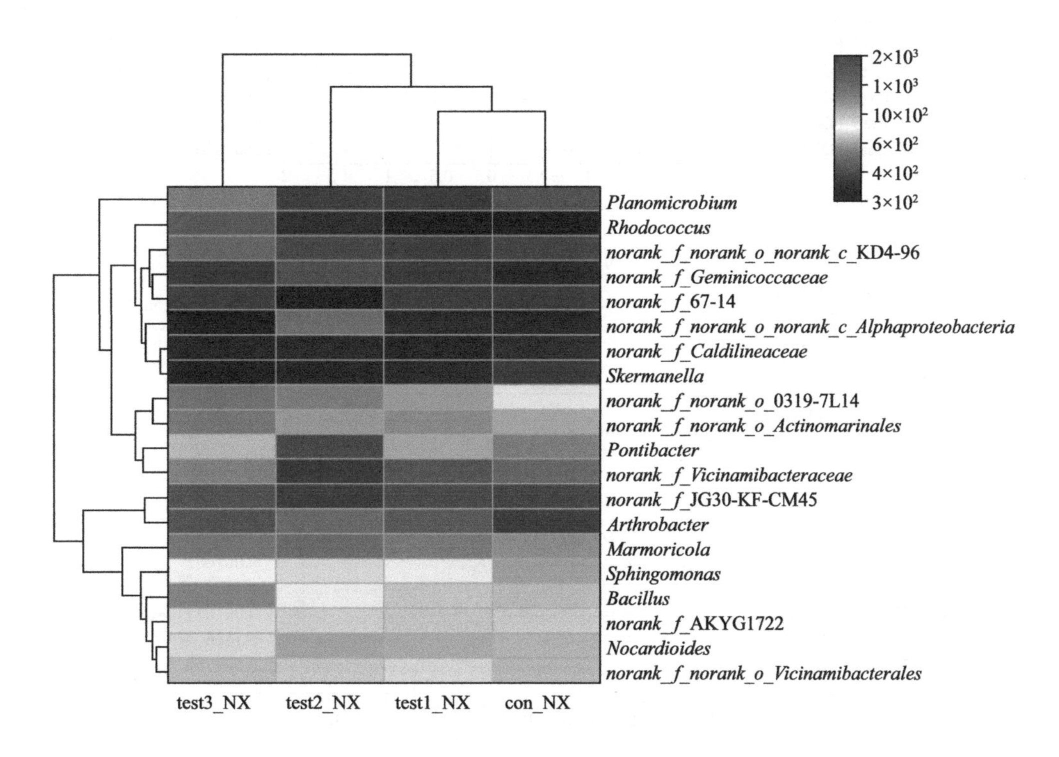

图 8.10 微生物群落属水平热图

（3）微生物表型差异分析

利用 BugBase 微生物组分析工具，可以确定微生物组样本中存在的高水平表型，能够进行表型预测。BugBase 首先通过预测的 16S 拷贝数对 OTU 进行归一化，然后使用提供的预先计算的文件预测微生物表型。其中表型类型包括革兰氏阳性（Gram positive）、革兰氏阴性（Gram negative）、生物膜形成（biofilm forming）、致病性（pathogenic）、移动元件（mobile element containing）、氧需求［oxygen utilizing，包括好氧（aerobic）、厌氧（anaerobic）、兼性厌氧（facultatively anaerobic）］及氧化胁迫耐受（oxidative stress tolerant）七大类。图 8.11（书后另见彩图）列出了五大类具有显著性差异的表型差异分析结果，与对照组相比，高浓度处理组样品微生物表型中氧化胁迫耐受、需氧性、兼性厌氧性和潜在致病性微生物具有显著差异，其中氧化胁迫耐受和需氧性微生物丰度显著降低，兼性厌氧性和潜在致病性微生物丰度显著增加，表明 1000mg/kg 的 Cd 胁迫已影响根际微生物群落的表型结构，可能已进一步影响了微生物群落功能。

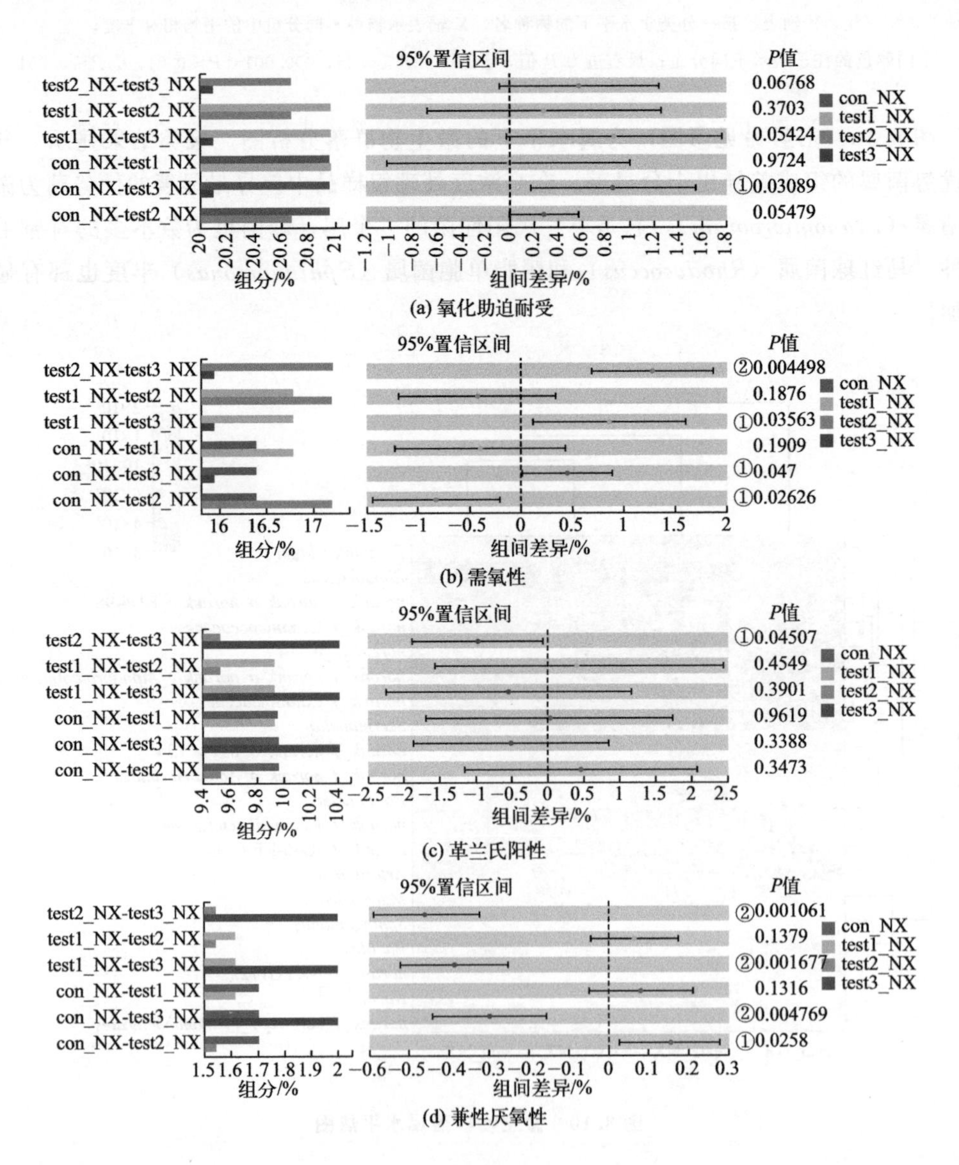

(a) 氧化胁迫耐受

(b) 需氧性

(c) 革兰氏阳性

(d) 兼性厌氧性

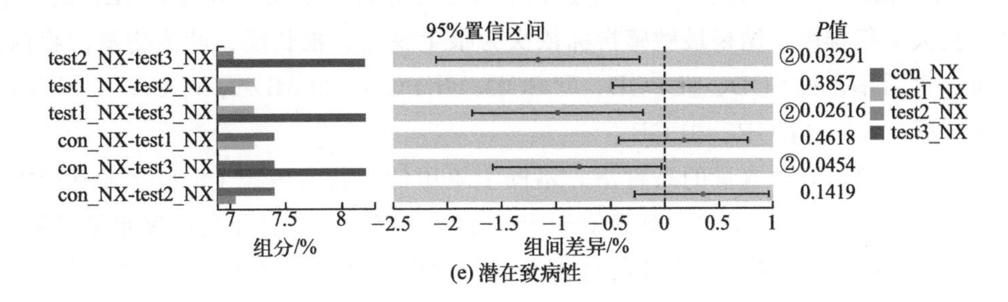

(e) 潜在致病性

图 8.11　微生物表型差异分析

注：纵坐标表示分组名或样本名，横坐标表示不同样本某一表型相对丰度的百分比，不同颜色表示不同的分组。最右边为 P 值，①0.01＜P≤0.05，②0.001＜P≤0.01

本章小结

选用重金属镉（Cd）作为主要研究对象，选用土壤植物燕麦（*Avena sativa* L.）为受试生物，选取我国 3 种典型土壤（北京昌平褐土、宁夏石嘴山灰钙土和江西赣州红壤）为受试介质，将重金属 Cd 环境生物有效性作为剂量因子，对重金属 Cd 的多种毒性效应（根伸长、发芽率、地上部株高、生物量和酶活性等）进行研究。主要结论如下。

① 高浓度的重金属 Cd 会对燕麦的各项生理指标产生影响，图 8.12 为多项毒性效应的 NOEC 值的分布情况，可以看出，相同的毒性效应指标在不同土壤条件下存在差异。江西土壤条件下的 NOEC 值普遍小于其他 2 种土壤，大部分根相关的毒性效应指

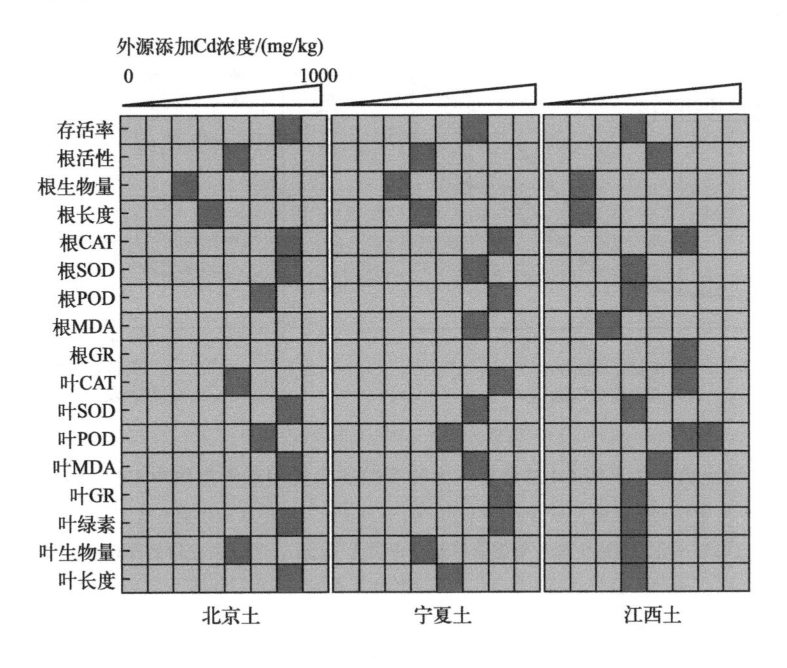

图 8.12　Cd 对燕麦的多种毒性效应的 NOEC 值分布情况

注：图中深色方块表示 NOEC 值，从左向右 Cd 浓度逐渐增加

标的 NOEC 值较叶相关的小。我们将这些 3 种土壤条件下的毒性效应 NOEC 值的平均值从小到大进行排序，结果最敏感指标依次为根生物量、根长度、叶生物量、根活性、叶长度、存活率、根 SOD、根 POD、叶 SOD、叶 POD、根 MDA、叶 CAT、叶 MDA、叶绿素、根 CAT、叶 GR、根 GR。

② 在相同的 Cd 总含量的条件下，不同土壤中的生物有效态 Cd 的含量有所差异，江西土中的生物有效态 Cd 含量普遍高于宁夏土和北京土，并且在高浓度水平差异更加显著（图 8.13）。燕麦对 Cd 的吸收富集量与土壤中生物有效态 Cd 含量具有相同的趋势，即江西土条件下的燕麦对 Cd 在相同时间内的富集量普遍高于宁夏土和北京土条件下的燕麦（图 8.13）。说明生物有效性能够更好地反映土壤性质间的差异，从而在应用于风险评估方面具有降低区域不确定性的能力。

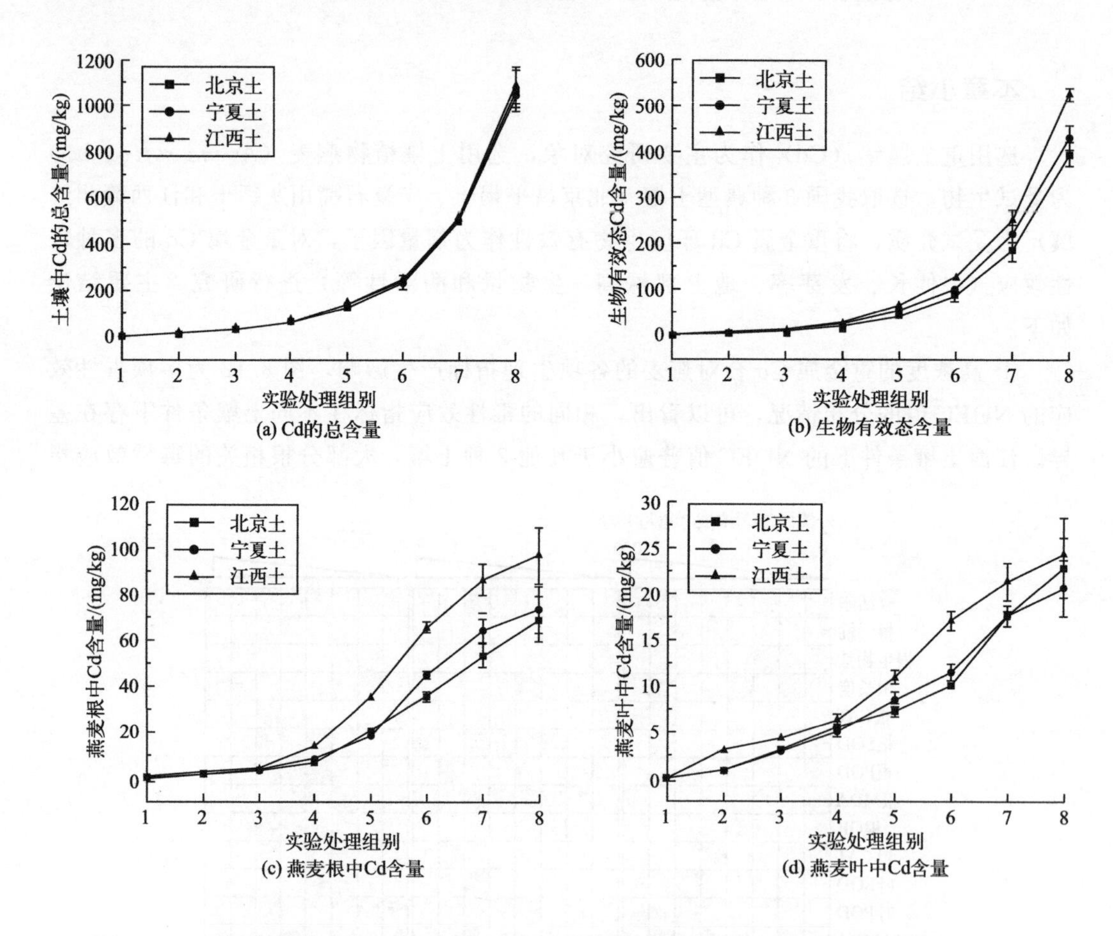

图 8.13　3 种土壤条件下的 Cd 总含量、生物有效态含量和燕麦组织中 Cd 富集含量差异分析

注：生物有效态含量为 DTPA、EDTA 和 SEG 3 种方法提取的生物有效态含量的均值（DGT 方法获取的生物有效态含量量化单位为 mg/L，所以未在均值计算中使用）

参考文献

张加文，2023. 基于生物有效性的土壤 Cd 生态毒性效应研究［D］. 北京：中国环境科学研究院.

第9章 土壤生态环境基准技术报告——镉

镉是我国土壤中常见的重金属污染物，具有较高的生物毒性和环境危害性。本章反映了现阶段土壤环境中镉对95%的土壤生物及其生态功能不产生有害效应的最大剂量，可为制修订相关土壤生态环境质量标准、预防和控制镉对陆生生物及生态系统的危害提供科学依据。

9.1 国内外研究进展

国内外镉的环境土壤质量基准研究进展对比见表9.1。荷兰是最早关注土壤环境污染问题的国家之一，制定了系统全面的土壤环境基准和标准体系，采用评估因子法推导对生态安全的土壤基准值。美国是世界上较早关注场地土壤污染的国家之一，基于科学和务实的原则确定了推导美国土壤生态筛选值（ecological soil screening levels，Eco-SSLs）的生态受体（植物、土壤无脊椎动物等不同的生态受体）。推导的筛选值（LSQC）为植物32mg/kg，土壤无脊椎动物140mg/kg。澳大利亚土壤质量指导值（soil quality guidelines，SQG）根据其目标不同有多种类型，SQG推导方法的关键是考虑污染物在被研究土壤中的生物有效性和生态毒性。该方法的另一个关键因素是背景浓度，因此，用于推导SQG的数据是用外源添加到土壤中造成毒性的污染物的量。当按照该方法使用毒性数据时，所得到的值为外源添加浓度值（added contaminant level，ACL），然后在ACL中加上所研究土壤的环境背景浓度（background concentration）以计算SQG。加拿大的土壤质量指导值（SQG）由加拿大临时土壤质量基准演变而来，其中保护生态安全的土壤质量指导值（SQG_E）的推导和取值都是相对比较保守的。加拿大在推导最终的SQG_E时，选择了不同暴露途径中最低的指导值作为通用的SQG_E，这保证了每类生态受体都能最大限度受到保护。

表9.1 国内外镉环境土壤质量基准研究进展

项目	发达国家	中国
基准推导方法	评价因子法、统计外推法、平衡分配法、物种敏感度分布法、毒性百分数排序法、定量构效关系预测等	无

续表

项目	发达国家	中国
物种来源	本土物种、引进物种、国际通用物种	无
物种选择	基于各个国家生物区系的差异，各个国家物种选择与数据要求不同	无
毒性测试方法	参照采用国际标准化组织（ISO）、经济合作与发展组织（OECD）等规定的土壤陆生生物毒性测试方法；部分发达国家采用本国制定的土壤陆生生物毒性测试方法	无
相关毒性数据库	美国生态毒理数据库（ECOTOX）、欧盟 IUCLID 数据库、日本国立技术与评价研究所数据库、澳大利亚生态毒理学数据库等	无

由于土壤质量基准推导方法和表征形式、使用的物种均存在差异，导致不同国家制定的镉相关的基准均存在一定差异（表 9.2）。2018 年 6 月 22 日，我国生态环境部与国家市场监督管理总局联合发布了《土壤环境质量 农用地土壤污染风险管控标准（试行)》(GB 15618—2018）和《土壤环境质量 建设用地土壤污染风险管控标准（试行)》(GB 36600—2018)，为有效管控农用地和建设用地土壤环境风险提供了重要依据。上述两项标准是我国土壤环境管理工作向科学化、精准化方向迈进的重要一步。然而，上述标准制修订过程也凸显了我国土壤环境基准研究基础薄弱、支撑力不足的问题。

表 9.2 国外土壤陆生生物镉土壤质量基准

国家	制修订时间	LSQC /(mg/kg)	物种数/种	推导方法	发布部门
美国	2005 年	植物：32 无脊椎动物：140	植物：12 无脊椎动物：3	几何平均值	US EPA
澳大利亚	2009 年	3	不详	物种敏感度分布法	澳大利亚和新西兰环境保护理事会
新西兰	2009 年	3	不详	物种敏感度分布法	澳大利亚和新西兰环境保护理事会
英国	2008 年	1.15	不详	物种敏感度分布法	英国环境署
加拿大	1999 年	1.4	不详	证据权重法、最低观察效应浓度法、中位值效应法	加拿大环境部长理事会
荷兰	2001 年	0.8	不详	评估因子法	荷兰国家公共卫生和环境研究所

9.2 镉化合物的环境问题

9.2.1 理化性质

镉是银白色有光泽的金属，有韧性和延展性，在潮湿空气中会缓慢氧化并失去金属光泽，加热时表面形成棕色的氧化物层，加热至沸点以上，则会产生氧化镉烟雾。镉在高温下与卤素反应剧烈，形成卤化镉；也可与硫直接化合，生成硫化镉。镉溶于酸，但不溶于碱，主要用于钢、铁、铜、黄铜和其他金属的电镀，对碱性物质的防腐蚀能力强，还可用于制造体积小和电容量大的电池。镉常见的价态是+1价和+2价，可形成多种配离子，如$Cd(ND_3)^+$、$Cd(CN)^+$、$CdCl^+$等。镉的化合物大量用于生产颜料和荧光粉，硫化镉、硒化镉、碲化镉用于制造光电池。镉的毒性较大，被镉污染的空气和食物对人体危害严重，且在人体内代谢较慢。本报告中镉化合物的可靠数据多数来自$CdCl_2$、$Cd(NO_3)_2$、$Cd(CH_3COO)_2$，镉化合物的理化性质见表9.3。

表9.3　镉化合物的理化性质

物质名称	氯化镉	硝酸镉	乙酸镉
分子式	$CdCl_2$	$Cd(NO_3)_2$	$Cd(CH_3COO)_2$
CAS号	10108-64-2	10325-94-7	543-90-8
EINECS号	233-296-7	233-710-6	208-853-2
UN编号	2570	3082 9/PG 3	2570
熔点/℃	568	59.4	254～256
沸点/℃	967	132	117.1 [760mmHg (1mmHg=133Pa)]
水溶性	易溶	溶于水	易溶
用途	主要用于照相术、印染、电镀等工业，也可用于制特殊镜子	主要用于制瓷器和玻璃上色等	主要用作电镀液及聚合反应催化剂

9.2.2 镉对土壤陆生生物的毒性

慢性毒性值（CTV）包括无观察效应浓度（NOEC）、最低观察效应浓度（LOEC）、x%效应浓度（EC_x）。本基准推导种平均慢性值（SMCV）时，以基于生长毒性等效应指标获得的NOEC/LOEC/EC_{10}作为CTV计算SMCV。

9.2.3 土壤参数对镉毒性的影响

土壤参数包括土壤粒径（黏粒、砂粒、粉粒）、pH值、阳离子含量、有机质含量等，是影响污染物质毒性和土壤质量基准的重要因素。目前，关于土壤参数对镉毒性影响的研究尚未形成统一认识。美国、加拿大、澳大利亚和新西兰在制定本国镉相关基准时均考虑了土壤参数对镉毒性的影响。

9.3 资料检索和数据筛选

9.3.1 数据需求

本次基准推导所需数据类别包括物种类型、毒性数据等，各类数据关注指标见表9.4。

表 9.4 毒性数据检索要求

数据类型	关注指标
化合物	$CdCl_2$、$Cd(NO_3)_2$、$Cd(CH_3COO)_2$ 等
物种类型	中国本土物种、在中国自然土壤中广泛分布的国际通用物种或替代物种
物种名称	中文名称、拉丁文名称
实验物种生命阶段	幼体、成体等
暴露方式	土培暴露
暴露时间	以天或时计
CTV	NOEC、LOEC、EC_{10}
毒性效应	致死效应、生殖毒性效应、活动抑制效应等

9.3.2 文献资料检索

本次基准制定使用的数据来自英文毒理数据库和中英文文献数据库。毒理数据库、文献数据库纳入条件和剔除原则见表 9.5。在数据库筛选的基础上进行镉毒性数据检索，检索方案见表 9.6 和表 9.7，检索结果见表 9.8。

表 9.5 数据库纳入和剔除原则

数据库类型	纳入条件	剔除原则	符合条件的数据库名称
毒理数据库	(1) 包含表 9.4 关注的数据类型和指标； (2) 数据条目可溯源，且包括题目、作者、期刊名、期刊号等信息	(1) 剔除不包含毒性测试方法的数据库； (2) 剔除不包含具体实验条件的数据库	ECOTOX
文献数据库	(1) 包含中文核心期刊或科学引文索引核心期刊 (SCI)； (2) 包含表 9.4 关注的数据类型和指标	(1) 剔除综述性论文数据库； (2) 剔除理论方法学论文数据库	(1) 中国知识基础设施工程 (2) 万方知识服务平台 (3) 维普网 (4) Web of Science

表 9.6 毒理数据和文献检索方案

数据类别	数据库名称	检索时间	检索方式
毒理数据	ECOTOX	截至 2022 年 12 月 31 日之前数据库覆盖年限	(1) 化合物名称：cadmium (2) 暴露介质：soil (3) 测试终点：NOEC 或 LOEC 或 EC_{10}
文献检索	中国知识基础设施工程；万方知识服务平台；维普网	截至 2022 年 12 月 31 日之前数据库覆盖年限	(1) 题名：镉或 Cd 或 cadmium；或摘要：镉和毒性 (2) 主题：毒性、土壤 (3) 期刊来源类别：核心期刊

续表

数据类别	数据库名称	检索时间	检索方式
文献检索	Web of Science	截至2022年12月31日之前数据库覆盖年限	(1) 题名：Cd 或 cadmium (2) 主题：toxicity 或 ecotoxicity 或 NOEC 或 LOEC 或 EC_{10}； (3) 摘要：NOEC 或 LOEC 或 EC_x 或 LC_x 或 IC_x 或 soil quality criteria

表 9.7 数据筛选方法

项目	筛选原则
物种筛选	(1) 中国本土物种依据《中国动物志》《中国大百科全书》《中国生物物种名录》进行筛选； (2) 国际通用且在中国自然土壤中广泛分布物种，依据《中国动物志》《中国大百科全书》《中国生物物种名录》进行筛选； (3) 引进物种依据《中国外来入侵生物》进行筛选
毒性数据筛选	(1) 纳入受试物种在适宜生长条件下测得的毒理数据，剔除土壤 pH 值、有机质不符合要求的数据； (2) 剔除水培实验的毒理数据； (3) 剔除对照组（含空白对照组、助溶剂对照组）物种出现胁迫、疾病和死亡的比例超过10%的数据，剔除未设置对照组实验的毒理数据； (4) 优先采用实验过程中对实验溶液浓度进行化学分析监控的数据； (5) 剔除单细胞动物的实验数据； (6) 当同一物种的同一毒性终点实验数据相差10倍以上时，剔除离群值
暴露时间（慢性毒性）	暴露时间≥21d，或实验暴露时间至少跨越1个世代
毒性效应测试终点（慢性毒性）	NOEC、LOEC、EC_x 或 LC_x 或 IC_x

表 9.8 数据可靠性评价及分布

数据可靠性	评价原则	慢性毒性数据/条
无限制可靠	数据来自良好实验室规范（GLP）体系，或数据产生过程符合实验准则	94
限制可靠	数据产生过程不完全符合实验准则，但发表于核心期刊	0
不可靠	数据产生过程与实验准则有冲突或矛盾，没有充足的证据证明数据可用，实验过程不能令人信服；以及合并后的非优先数据（对比实验方式及是否进行了化学监控等）	0
不确定	没有提供足够的实验细节，无法判断数据可靠性	0

9.3.3 文献数据筛选

9.3.3.1 筛选方法

对检索获得的数据进行筛选，筛选方法见表9.7。数据筛选时，采用两组研究人员分别独立完成，筛选过程中若两组人员对数据存在分歧，则提交编制组统一讨论或组织专家咨询后决策。

9.3.3.2 筛选结果

依据表 9.7 所列数据筛选方法对检索所得数据进行筛选，共获得数据 94 条，筛选结果见表 9.8。经可靠性评价，共有 94 条数据（无限制可靠）可用于基准推导，94 条数据共涉及 19 种物种，涵盖中国本土物种 15 种，国际通用且在中国土壤中广泛分布物种、替代物种 4 种（表 9.9）。大部分物种都是我国本土土壤常见种，具有重要的生态学意义和应用价值，纳入基准计算。

表 9.9 筛选数据涉及的物种分布

数据类型	物种类型	物种数量/种	物种名称	合计/种
慢性毒性	本土物种	15	①黑麦草；②线蚓；③大麦；④赤子爱胜蚓；⑤小麦；⑥微生物酶促氧化还原反应；⑦白符跳虫；⑧小白菜；⑨微生物酶促水解裂解反应；⑩紫苜蓿；⑪白蚓；⑫燕麦；⑬安德爱胜蚓；⑭跳虫；⑮微生物群落	15
	在中国自然土壤中广泛分布的国际通用物种	3	①玉蜀黍；②番茄；③莴苣	4
	引进物种	1	日本女真	

获得的动植物慢性毒性数据终点有 LOEC、NOEC 和 EC_{10}。镉对陆生动物的毒性数据相对较少，本报告筛选获得了 26 条用于基准推导的陆生动物毒性数据，包括 10 条白符跳虫毒性数据、10 条赤子爱胜蚓毒性数据、3 条线蚓毒性数据、1 条跳虫毒性数据、1 条白蚓毒性数据和 1 条安德爱胜蚓毒性数据（表 9.10），暴露时间均≥21d，纳入长期基准计算。

表 9.10 长期土壤质量基准推导物种及毒性数据量分布

序号	物种名称	毒性数据/条	物种类型	序号	物种名称	毒性数据/条	物种类型
1	微生物酶促氧化还原反应	5	本土物种	11	赤子爱胜蚓	10	本土物种
2	微生物群落	1		12	小麦	1	
3	微生物酶促水解裂解反应	5		13	白符跳虫	10	
4	黑麦草	4		14	安德爱胜蚓	1	
5	燕麦	16		15	大麦	6	
6	紫苜蓿	8		16	番茄	1	在中国自然土壤中广泛分布的国际通用物种
7	白蚓	1		17	莴苣	8	
8	小白菜	1		18	玉蜀黍	2	
9	跳虫	1					
10	线蚓	3		19	日本女真	10	引进物种

9.3.4 实验室自测镉毒性数据

由于筛选获得的相关毒性数据较少，尤其慢性毒性数据相对缺乏，因此本报告参考OECD 208的标准测试方法，利用本土代表性物种开展了镉慢性毒性测试。在慢性毒性数据方面，获取了两种土壤条件下镉对黑麦草和紫苜蓿28d慢性实验的EC_{10}，以及镉对燕麦和赤子爱胜蚓21d慢性实验的EC_{10}。

9.3.5 基准推导物种及毒性数据量分布

镉长期土壤质量基准推导物种及毒性数据量分布情况见表9.10。

9.4 基准推导

9.4.1 推导方法

9.4.1.1 毒性数据使用

获得的陆生生物CTV主要包括EC_{10add}、$NOEC_{add}$和$LOEC_{add}$等形式，然后利用式（9-1）计算SMCV，使用回归模型和种间外推回归模型将镉所有的$SMCV_i$值归一化到目标土壤性质（pH=6.93，CEC=20.82cmol/kg，OM=2.02%，clay=24.72%）条件下。

$$SMCV_i=\sqrt[n]{(CTV_1)_i\times(CTV_2)_i\times\cdots\times(CTV_n)_i}$$

式中　$SMCV_i$——物种i的种平均慢性值，mg/kg；

CTV——慢性毒性值，mg/kg；

n——物种i的CTV个数，个；

i——某一物种，无量纲。

9.4.1.2 毒性数据分布检验

对计算获得的$SMCV_i$分别进行正态分布检验（K-S检验），若不符合正态分布，则对数据进行对数转换后重新检验。对符合正态分布的数据按照“9.4.1.4　模型拟合与评价”的要求进行物种敏感性分布（SSD）模型拟合。

9.4.1.3 累积频率计算

将物种$SMCV_i$或其对数值分别从小到大进行排序，确定其毒性秩次R。最小毒性值的秩次为1，次之秩次为2，依次排列，如果有两个或两个以上物种的毒性值相同，则将其任意排成连续秩次，每个秩次下物种数为1。依据下式分别计算物种的累积频率F_R。

$$F_R=\frac{\sum_{1}^{R}f}{\sum f+1}\times 100\%$$

式中 F_R——累积频率，指毒性秩次 1～R 的物种数之和与物种总数之比；

f——频数，指毒性值秩次 R 对应的物种数，个。

9.4.1.4 模型拟合与评价

以通过正态分布检验的 $SMCV_i$ 或经转换后符合正态分布的数据为 X，以对应的累积频率 F_R 为 Y，进行物种敏感性分布（SSD）模型拟合（包括正态分布模型、对数正态分布模型、逻辑斯谛分布模型、对数逻辑斯谛分布模型），依据模型拟合的均方根误差（RMSE）以及 A-D 检验结果，结合专业判断，确定 $SMCV_i$ 的最优拟合模型。

9.4.1.5 基准的确定

（1）HC_x

根据“9.4.1.4 模型拟合与评价”确定的最优拟合模型拟合的 SSD 曲线，分别确定累积频率为 5%时所对应的 x 值，将 x 值还原为数据转换前的形式，获得的值即为慢性的 5%物种危害浓度 HC_5。

（2）基准值

将急性和慢性的 HC_5 分别除以评估因子 1 再加上土壤镉的背景值，即为镉的土壤生物长期基准，单位为 mg/kg。

9.4.1.6 SSD 模型拟合软件

本次基准推导采用国家生态环境基准计算软件 EEC-SSD。

9.4.1.7 结果表达

数据修约按照《数值修约规则与极限数值的表示和判定》（GB/T 8170—2008）进行。LSQC 保留 4 位有效数字。

9.4.2 推导结果

9.4.2.1 SMCV

根据每个物种的 CTV，依据 9.4.1.1 部分得到每个物种的 $SMCV_i$（表 9.11 和表 9.12）。

表 9.11 种平均慢性值及累积频率

物种 i	$SMCV_i$ /(mg/kg)	lg[$SMCV_i$ / (mg/kg)]	lg[$SMCV_i$/(mg/kg)]			参考文献
			R	f/个	F_R/%	
微生物酶促氧化还原反应 microbial enzymatic redox reaction	0.7635	−0.1172	1	1	5.00	Cheng et al., 2013; Caetano et al., 2016
微生物群落 protista kingdom	1.1523	0.0616	2	1	10.00	Cheng et al., 2013

续表

物种 i	$SMCV_i$ /(mg/kg)	lg[$SMCV_i$ / (mg/kg)]	lg[$SMCV_i$/(mg/kg)]			参考文献
			R	f/个	F_R/%	
微生物酶促水解裂解反应 microbial enzymatic hydrolysis cleavage reaction	1.5991	0.2039	3	1	15.00	Cheng et al., 2013; Caetano et al., 2016
日本女真 *Ligustrum japonicum* Thunb.	3.2501	0.5119	4	1	20.00	Zhang et al., 2020
黑麦草 *Lolium perenne* L.	7.5340	0.8770	5	1	25.00	自测
燕麦 *Avena sativa* L.	8.4912	0.9290	6	1	30.00	Caetano et al., 2016; Adema et al., 1989; Correa A et al., 2006
紫苜蓿 *Medicago sativa* L.	9.7820	0.9904	7	1	35.00	自测
莴苣 *Lactuca sativa* L.	35.3843	1.5488	8	1	40.00	Adema et al., 1989; Recatala et al., 2010
玉蜀黍 *Zea mays* L.	38.8932	1.5899	9	1	45.00	Caetano et al., 2016; An, 2004
白蚓 *Enchytraeus albidus*	90.1997	1.9552	10	1	50.00	Lock et al., 2002
番茄 *Lycopersicum esculentum* Mill.	96.9891	1.9867	11	1	55.00	Caetano et al., 2016; Adema et al., 1989
跳虫 *Proisotoma minuta*	99.8413	1.9993	12	1	60.00	Nursita et al., 2005
线蚓 *Enchytraeus crypticus*	116.6920	2.0670	13	1	65.00	Caetano et al., 2016; Lock et al., 2002
赤子爱胜蚓 *Eisenia fetida*	136.2189	2.1342	14	1	70.00	Spurgeon et al., 1994; Hartenstein et al., 1981; Spurgeon et al., 1995
小麦 *Triticum aestivum* L.	322.3053	2.5083	15	1	75.00	Chen et al., 2010
白符跳虫 *Folsomia candida*	343.0457	2.5354	16	1	80.00	Vangestel et al., 1997; Greenslade et al., 2003; Bur et al., 2010; Herbert et al., 2004
安德爱胜蚓 *Eisenia andrei*	383.7997	2.5841	17	1	85.00	Caetano et al., 2016
大麦 *Hordeum vulgare* L.	392.5745	2.5939	18	1	90.00	张强, 2016
小白菜 *Brassica campestris* L.	402.9097	2.6052	19	1	95.00	Correa et al., 2006

表 9.12 慢性毒性数据的正态性检验结果

数据类别	百分数			算术平均值	标准差	峰度	偏度	P 值 (K-S 检验)
	25%	50%	75%					
$SMCV_i$/(mg/kg)	7.5340	90.1997	322.3053	131.1277	152.9901	−0.8080	0.946	0.013
lg[$SMCV_i$/(mg/kg)]	0.8770	1.9552	2.5083	1.5560	0.9239	−1.0880	−0.524	0.059

9.4.2.2 毒性数据分布检验

对获得的 $SMCV_i$ 和 $\lg(SMCV_i)$进行正态分布检验，综合 P 值、峰度和偏度分析结果，$\lg(SMCV_i)$正态分布对称性更优，满足 SSD 模型拟合要求，结果见表 9.12。

9.4.2.3 累积频率

$\lg(SMCV_i)$的累积频率 F_R 见表 9.11。

9.4.2.4 模型拟合与评价

模型拟合结果见表 9.13。通过 R^2、RMSE 和 P 值（A-D 检验）的比较可知，最优拟合模型为逻辑斯谛分布模型，拟合曲线见图 9.1。

表 9.13 镉长期土壤基准模型拟合结果

模型拟合	RMSE	P 值（A-D 检验）	模型拟合	RMSE	P 值（A-D 检验）
正态分布模型	0.0771	>0.05	逻辑斯谛分布模型	0.0739	>0.05
对数正态分布模型	0.1095	<0.05	对数逻辑斯谛分布模型	—	—

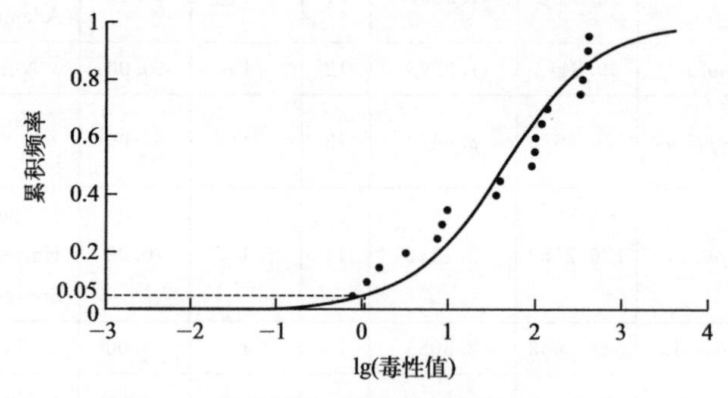

图 9.1 慢性毒性-累积频率拟合 SSD 曲线

9.4.2.5 HC_x

依据模型拟合结果（表 9.13），选择逻辑斯谛分布模型推导长期物种危害浓度 HC_5、HC_{10}、HC_{25}、HC_{50}、HC_{75}、HC_{90} 和 HC_{95}（表 9.14）。

表 9.14 土壤陆生生物镉长期物种危害浓度 单位：mg/kg

项目	HC_5	HC_{10}	HC_{25}	HC_{50}	HC_{75}	HC_{90}	HC_{95}
数据	1.0747	2.7308	10.7591	42.3902	167.0142	658.0232	1673.0857

9.4.2.6 长期土壤质量基准

由表 9.14 中确定的 HC_5，除以评估因子 1，然后加上我国土壤镉的平均背景值

0.09mg/kg得到镉长期土壤质量基准1.1647mg/kg。本长期土壤质量基准表示对95%的土壤陆生生物及其生态功能不产生慢性有害效应的土壤中镉最大浓度。

参考文献

张强，2016. 贵州省主要土壤外源Pb和Cd对大麦和蚯蚓毒性初步研究［D］. 贵阳：贵州师范大学.

Adema D M M, Henzen L, 1989. A Comparison of plant toxicities of some industrial-chemicals in soil culture and soiless culture [J]. Ecotoxicology and Environmental Safety, 18 (2): 219-229.

An Y J, 2004. Soil ecotoxicity assessment using cadmium sensitive plants [J]. Environmental Pollution, 127 (1): 21-26.

Bur T, Probst A, Bianco A, et al., 2010. Determining cadmium critical concentrations in natural soils by assessing Collembola mortality, reproduction and growth [J]. Ecotoxicology and Environmental Safety, 73 (3): 415-422.

Caetano A L, Marques C R, Gavina A, et al., 2016. Contribution for the derivation of a soil screening level (SSV) for cadmium using a natural reference soil [J]. Joural of Soils and Sediments, 16 (1): 134-149.

Chen C, Zhou Q, Bao Y, et al., 2010. Ecotoxicological effects of polycyclic musks and cadmium on seed germination and seedling growth of wheat (*Triticum aestivum*) [J]. Journal of Environmental Sciences, 22 (12): 1966-1973.

Cheng J, Song J, Chen W, et al., 2013. The ecotoxicity effects of cadmium on microorganism in udic-ferrosols and aquic-cambosols [J]. Asian Journal of Ecotoxicology, 8 (4): 577-586.

Correa A, Rorig L R, Verdinelli M A, et al., 2006. Cadmium phytotoxicity: Quantitative sensitivity relationships between classical endpoints and antioxidative enzyme biomarkers [J]. Science of the Total Environment, 357 (1/3): 120-127.

Greenslade P, Vaughan G T, 2003. A comparison of Collembola species for toxicity testing of Australian soils [J]. Pedobiologia, 47 (2): 171-179.

Hartenstein R, Neuhauser E F, Narahara A, 1981. Effects of heavy-metal and other elemental additives to acticated-aludge on growth of eisenia-foetida [J]. Jurnal of Environmental Quality, 10 (3): 372-376.

Herbert I N, Svendsen C, Hankard P K, et al., 2004. Comparison of instantaneous rate of population increase and critical-effect estimates in Folsomia candida exposed to four toxicants [J]. Ecotoxicology and Environmental Safety, 57 (2): 175-183.

Lock K, Janssen C R, 2002. Mixture toxicity of zinc, cadmium, copper, and lead to the potworm *Enchytraeus albidus* [J]. Ecotoxicology and Environmental Safety, 52 (1): 1-7.

Nursita A I, Singh B, Lees E, 2005. The effects of cadmium, copper, lead, and zinc on the growth and reproduction of *Proisotoma minuta* Tullberg (Collembola) [J]. Ecotoxicology and Environmental Safety, 60 (3): 306-314.

Recatala L, Sanchez J, Arbelo C, et al., 2010. Testing the validity of a Cd soil quality standard in representative Mediterranean agricultural soils under an accumulator crop [J]. Science of the Total Environment, 409 (1): 9-18.

Spurgeon D J, Hopkin S P, 1995. Extrapolation of the laboratory-based OECD earthworm toxixity test to metal-contaminated field sites [J]. Ecotoxicology, 4 (3): 190-205.

Spurgeon D J, Hopkin S P, Jones D T, 1994. Effects of cadmium, copper, lead and zinc on growth, reproduction and survival of the earthworm *Eisenia fetida* (Savigny): Assessing the environmental impact of point-source metal contamination in terrestrial ecosystems [J]. Environmental Pollution, 84 (2): 123-130.

van Gestel C A M, Hensbergen P J, 1997. Interaction of Cd and Zn toxicity for Folsomia candida Willem (Collembola: Isotomidae) in relation to bioavailability in soil [J]. Environmental Toxicology and Chemistry, 16 (6): 1177-1186.

Zhang X, Wu H, Ma Y, et al., 2020. Intrinsic soil property effects on Cd phytotoxicity to *Ligustrum japonicum* 'Howardii' expressed as different fractions of Cd in forest soils [J]. Ecotoxicology and Environmental Safety, 206.

第10章 土壤生态环境基准技术报告——五价砷

砷是我国土壤中常见的重金属污染物，具有较高的生物毒性和环境危害性。本章反映了现阶段土壤环境中五价砷对95%的土壤生物及其生态功能不产生有害效应的最大剂量，可为制修订相关土壤生态环境质量标准、预防和控制五价砷对陆生生物及生态系统的危害提供科学依据。

10.1 国内外研究进展

国内外砷的环境土壤质量基准研究进展对比见表10.1。荷兰是最早关注土壤环境污染问题的国家之一，制定了系统全面的土壤环境基准和标准体系，采用评估因子法推导对生态安全的土壤基准值。美国是世界上较早关注场地土壤污染的国家之一，基于科学和务实的原则确定了推导美国土壤生态筛选值（ecological soil screening levels，Eco-SSLs）的生态受体（植物、土壤无脊椎动物等不同的生态受体）。推导的筛选值为植物18mg/kg。澳大利亚土壤质量指导值（soil quality guidelines，SQG）根据其目标不同有多种类型，SQG推导方法的关键是考虑污染物在被研究土壤中的生物有效性和生态毒性，该方法的另一个关键因素是背景浓度。因此，用于推导SQG的数据是用外源添加到土壤中造成毒性的污染物的量。当按照该方法使用毒性数据时，所得到的值为外源添加浓度值（added contaminant level，ACL），然后在ACL中加上所研究土壤的环境背景浓度（background concentration）以计算SQG。加拿大的土壤质量指导值（SQG）由加拿大临时土壤质量基准演变而来，其中保护生态安全的土壤质量指导值（SQG_E）的推导和取值都是相对比较保守的。加拿大在推导最终的SQG_E时，选择了不同暴露途径中最低的指导值作为通用的SQG_E，这保证了每类生态受体都能最大限度受到保护。

表10.1 国内外五价砷环境土壤质量基准研究进展

项目	发达国家	中国
基准推导方法	评价因子法、统计外推法、平衡分配法、物种敏感度分布法、毒性百分数排序法、定量构效关系预测等	无

续表

项目	发达国家	中国
物种来源	本土物种、引进物种、国际通用物种	无
物种选择	基于各个国家生物区系的差异，各个国家物种选择与数据要求不同	无
毒性测试方法	参照采用国际标准化组织（ISO）、经济合作与发展组织（OECD）等规定的土壤陆生生物毒性测试方法；部分发达国家采用本国制定的土壤陆生生物毒性测试方法	无
相关毒性数据库	美国生态毒理数据库（ECOTOX）、欧盟 IUCLID 数据库、日本国立技术与评价研究所数据库、澳大利亚生态毒理学数据库等	无

由于土壤质量基准推导方法和表征形式、使用的物种均存在差异，导致不同国家制定的五价砷相关的基准均存在一定差异（表 10.2）。2018 年 6 月 22 日，生态环境部与国家市场监督管理总局联合发布了《土壤环境质量　农用地土壤污染风险管控标准（试行)》(GB 15618—2018）和《土壤环境质量　建设用地土壤污染风险管控标准（试行)》(GB 36600—2018)，为有效管控农用地和建设用地土壤环境风险提供了重要依据。上述两项标准是我国土壤环境管理工作向科学化、精准化方向迈进的重要一步。然而，上述标准制修订过程也凸显了我国土壤环境基准研究基础薄弱、支撑力不足的问题。

表 10.2　国外土壤陆生生物五价砷土壤质量基准

国家	制修订时间	LSQC /(mg/kg)	物种数/种	推导方法	发布部门
美国	2005 年	植物：18 无脊椎动物：—	植物：3 无脊椎动物：—	几何平均值	US EPA
澳大利亚	2009 年	20	不详	物种敏感度分布法	澳大利亚和新西兰环境保护理事会
新西兰	2009 年	20	不详	物种敏感度分布法	澳大利亚和新西兰环境保护理事会
英国	2008 年	—	不详	物种敏感度分布法	英国环境署
加拿大	1999 年	12	不详	证据权重法、最低观察效应浓度法、中位值效应法	加拿大环境部长理事会
荷兰	2001 年	29	不详	评估因子法	荷兰国家公共卫生和环境研究所

10.2 砷化合物的环境问题

10.2.1 理化性质

砷是一种类金属元素，常见的氧化形态有 4 种（−3 价、0 价、+3 价与+5 价），常与铜、铅、金等矿藏金属相伴出现。环境中砷的来源分为自然源和人为源，自然源主要包括火山喷发、森林火灾、温泉水上涌与岩石风化等。人为源分为工业源与农业源。工业源包括有色金属的冶炼、化石燃料的燃烧、染料原料、玻璃脱色剂以及采矿活动、制革等工业生产过程。农业源包括在农业林业上广泛使用的含砷除草剂、杀虫剂与杀菌剂。砷主要以硫化物矿形式存在，也以氧化物和单质形态存在。在土壤环境中无机 As（Ⅲ）与 As（Ⅴ）是最广泛的存在形式。本报告中砷化合物的可靠数据多数来自砷酸氢二钠、砷酸钠，砷化合物的理化性质见表 10.3。

表 10.3 五价砷化合物的理化性质

物质名称	砷酸钠	砷酸氢二钠
分子式	Na_3AsO_4	Na_2HAsO_4
CAS 号	13464-38-5	7778-43-0
EINECS 号	无	231-902-4
UN 编号	1685	1685
熔点/℃	86.3	57
沸点/℃	100	无
水溶性	溶于水	61g/100mL（15℃）
用途	制药、试剂、电子	防腐剂、杀虫剂

10.2.2 五价砷对土壤陆生生物的毒性

慢性毒性值（CTV）包括无观察效应浓度（NOEC）、最低观察效应浓度（LOEC）、x%效应浓度（EC_x）。本基准推导种平均慢性值（SMCV）时，以基于生长毒性等效应指标获得的 NOEC/LOEC/EC_{10} 作为 CTV 计算 SMCV。

10.2.3 土壤参数对五价砷毒性的影响

土壤参数包括土壤粒径（黏粒、砂粒、粉粒）、pH 值、阳离子含量、有机质含量等，是影响污染物质毒性和土壤质量基准的重要因素。目前，关于土壤参数对五价砷毒性影响的研究尚未形成统一认识。美国、加拿大、澳大利亚和新西兰在制定本国砷相关基准时均考虑了土壤参数对砷毒性的影响。

10.3 资料检索和数据筛选

10.3.1 数据需求

本次基准推导所需数据类别包括物种类型、毒性数据等，各类数据关注指标见表 10.4。

表 10.4 毒性数据检索要求

数据类型	关注指标
化合物	Na_2HAsO_4、Na_3AsO_4 等
物种类型	中国本土物种、在中国自然土壤中广泛分布的国际通用物种或替代物种
物种名称	中文名称、拉丁文名称
实验物种生命阶段	幼体、成体等
暴露方式	土培暴露
暴露时间	以天或时计
CTV	NOEC、LOEC、EC_{10}
毒性效应	致死效应、生殖毒性效应、活动抑制效应等

10.3.2 文献资料检索

本次基准制定使用的数据来自英文毒理数据库和中英文文献数据库。毒理数据库、文献数据库纳入条件和剔除原则见表 10.5。在数据库筛选的基础上进行五价砷毒性数据检索，检索方案见表 10.6 和表 9.7，检索结果见表 10.7。

表 10.5 数据库纳入和剔除原则

数据库类型	纳入条件	剔除原则	符合条件的数据库名称
毒理数据库	(1) 包含表 10.4 关注的数据类型和指标； (2) 数据条目可溯源，且包括题目、作者、期刊名、期刊号等信息	(1) 剔除不包含毒性测试方法的数据库； (2) 剔除不包含具体实验条件的数据库	ECOTOX
文献数据库	(1) 包含中文核心期刊或科学引文索引核心期刊 (SCI)； (2) 包含表 10.4 关注的数据类型和指标	(1) 剔除综述性论文数据库； (2) 剔除理论方法学论文数据库	(1) 中国知识基础设施工程 (2) 万方知识服务平台 (3) 维普网 (4) Web of Science

表 10.6 毒理数据和文献检索方案

数据类别	数据库名称	检索时间	检索方式
毒理数据	ECOTOX	截至 2022 年 12 月 31 日之前数据库覆盖年限	(1) 化合物名称：arsenic (2) 暴露介质：soil (3) 测试终点：NOEC 或 LOEC 或 EC_{10}
文献检索	中国知识基础设施工程；万方知识服务平台；维普网	截至 2022 年 12 月 31 日之前数据库覆盖年限	(1) 题名：砷或 As 或 arsenic；或摘要：砷和毒性 (2) 主题：毒性、土壤 (3) 期刊来源类别：核心期刊

续表

数据类别	数据库名称	检索时间	检索方式
文献检索	Web of Science	截至2022年12月31日之前数据库覆盖年限	(1) 题名：As或arsenic (2) 主题：toxicity或ecotoxicity或NOEC或LOEC或EC_{10}； (3) 摘要：NOEC或LOEC或EC_x或LC_x或IC_x或soil quality criteria

表 10.7　数据可靠性评价及分布

数据可靠性	评价原则	慢性毒性数据/条
无限制可靠	数据来自良好实验室规范（GLP）体系，或数据产生过程符合实验准则	72
限制可靠	数据产生过程不完全符合实验准则，但发表于核心期刊	0
不可靠	数据产生过程与实验准则有冲突或矛盾，没有充足的证据证明数据可用，实验过程不能令人信服；以及合并后的非优先数据（对比实验方式及是否进行了化学监控等）	0
不确定	没有提供足够的实验细节，无法判断数据可靠性	0

10.3.3　文献数据筛选

10.3.3.1　筛选方法

对检索获得的数据进行筛选，筛选方法见表9.7。数据筛选时，采用两组研究人员分别独立完成，筛选过程中若两组人员对数据存在分歧，则提交编制组统一讨论或组织专家咨询后决策。

10.3.3.2　筛选结果

依据表9.7所示数据筛选方法对检索所得数据进行筛选，共获得数据72条，筛选结果见表10.7。经可靠性评价，共有72条数据（无限制可靠数据）可用于基准推导，72条数据共涉及8种物种，涵盖中国本土物种7种，国际通用且在中国土壤中广泛分布物种、替代物种1种（表10.8）。大部分物种都是我国土壤常见种，具有重要的生态学意义和应用价值，纳入基准计算。

表 10.8　筛选数据涉及的物种分布

数据类型	物种类型	物种数量/种	物种名称	合计/种
慢性毒性	本土物种	7	①白符跳虫；②水稻；③大麦；④赤子爱胜蚓；⑤微生物酶促水解裂解反应；⑥黄瓜；⑦紫苜蓿	7
	在中国自然土壤中广泛分布的国际通用物种	1	莴苣	1
	引进物种	0		

获得的动植物慢性毒性数据终点有 LOEC、NOEC 和 EC_{10}。五价砷对陆生动物的毒性数据相对较少，本报告筛选获得了 2 条用于基准推导的陆生动物毒性数据，包括 1 条白符跳虫毒性数据，1 条赤子爱胜蚓毒性数据（表 10.9），暴露时间均≥21d，纳入长期基准计算。

表 10.9　长期土壤质量基准推导物种及毒性数据量分布

序号	物种名称	毒性数据/条	物种类型	序号	物种名称	毒性数据/条	物种类型
1	赤子爱胜蚓	1	本土物种	6	水稻	17	本土物种
2	黄瓜	8		7	大麦	16	
3	白符跳虫	1		8	莴苣	12	在中国自然土壤中广泛分布的国际通用物种
4	紫苜蓿	3					
5	微生物酶促水解裂解反应	14					

10.3.4　实验室自测五价砷毒性数据

由于筛选获得的相关毒性数据较少，尤其慢性毒性数据相对缺乏，因此本报告参考 OECD 208 的标准测试方法，利用本土代表性物种开展了五价砷慢性毒性测试。在慢性毒性数据方面，获取了一种土壤条件下五价砷对紫苜蓿 28d 慢性实验的 EC_{10}。

10.3.5　基准推导物种及毒性数据量分布

五价砷长期土壤质量基准推导物种及毒性数据量分布情况见表 10.9。

10.4　基准推导

10.4.1　推导方法

10.4.1.1　毒性数据使用

获得的陆生生物 CTV 主要包括 EC_{10add}、$NOEC_{add}$ 和 $LOEC_{add}$ 等形式，然后利用下式计算 SMCV，使用回归模型和种间外推回归模型将五价砷所有的 $SMCV_i$ 值归一化到目标土壤性质（pH＝6.93，CEC＝20.82cmol/kg，OM＝2.02%，clay＝24.72%）条件下。

$$SMCV_i = \sqrt[n]{(CTV_1)_i \times (CTV_2)_i \times \cdots \times (CTV_n)_i}$$

式中　$SMCV_i$——物种 i 的种平均慢性值，mg/kg；

CTV——慢性毒性值，mg/kg；

n——物种 i 的 CTV 个数，个；

i——某一物种，无量纲。

10.4.1.2 毒性数据分布检验

对计算获得的 $SMCV_i$ 分别进行正态分布检验（K-S 检验），若不符合正态分布，则对数据进行对数转换后重新检验。对符合正态分布的数据按照“10.4.1.4 模型拟合与评价”的要求进行物种敏感性分布（SSD）模型拟合。

10.4.1.3 累积频率计算

将物种 $SMCV_i$ 或其对数值分别从小到大进行排序，确定其毒性秩次 R。最小毒性值的秩次为 1，次之秩次为 2，依次排列，如果有两个或两个以上物种的毒性值相同，则将其任意排成连续秩次，每个秩次下物种数为 1。依据下式分别计算物种的累积频率 F_R。

$$F_R = \frac{\sum_{1}^{R} f}{\sum f + 1} \times 100\%$$

式中 F_R——累积频率，指毒性秩次 1～R 的物种数之和与物种总数之比；

f——频数，指毒性值秩次 R 对应的物种数，个。

10.4.1.4 模型拟合与评价

以通过正态分布检验的 $SMCV_i$ 或经转换后符合正态分布的数据为 X，以对应的累积频率 F_R 为 Y，进行物种敏感度分布（SSD）模型拟合（包括正态分布模型、对数正态分布模型、逻辑斯谛分布模型、对数逻辑斯谛分布模型），依据模型拟合的决定系数（r^2）、均方根误差（RMSE）以及 A-D 检验结果，结合专业判断，确定 $SMCV_i$ 的最优拟合模型。

10.4.1.5 基准的确定

（1）HC_x

根据“10.4.1.4 模型拟合与评价”确定的最优拟合模型拟合的 SSD 曲线，分别确定累积频率为 5%时所对应的 x 值，将 x 值还原为数据转换前的形式，获得的值即为慢性的 5%物种危害浓度 HC_5。

（2）基准值

将急性和慢性的 HC_5 分别除以评估因子 1 再加上土壤砷的背景值，即为五价砷的土壤生物长期基准，单位为 mg/kg。

10.4.1.6 SSD 模型拟合软件

本次基准推导采用国家生态环境基准计算软件 EEC-SSD。

10.4.1.7 结果表达

数据修约按照《数值修约规则与极限数值的表示和判定》（GB/T 8170—2008）进

行。LSQC保留4位有效数字。

10.4.2 推导结果

10.4.2.1 SMCV

根据每个物种的CTV，依据10.4.1.1部分得到每个物种的$SMCV_i$（表10.10和表10.11）。

表10.10 种平均慢性值及累积频率

物种 i	$SMCV_i$ /(mg/kg)	lg[$SMCV_i$ /(mg/kg)]	lg[$SMCV_i$/(mg/kg)]			参考文献
			R	f/个	F_R/%	
紫苜蓿 *Medicago sativa* L.	1.6662	0.2217	1	1	11.11	自测
赤子爱胜蚓 *Eisenia fetida*	8.0000	0.9031	2	1	22.22	Correa et al.，2006
黄瓜 *Cucumis sativa* L.	8.0280	0.9046	3	1	33.33	Abbasi et al.，2021
白符跳虫 *Folsomia candida*	10.0000	1.0000	4	1	44.44	Greenslade et al.，2003
水稻 *Oryza sativa* L.	16.0924	1.2066	5	1	55.56	丁枫华，2010
大麦 *Hordeum vulgare* L.	17.6551	1.2469	6	1	66.67	Song et al.，2006
微生物酶促水解裂解反应 microbial enzymatic hydrolysis cleavage reaction	21.6797	1.3361	7	1	77.78	Bustos et al.，2015
莴苣 *Lactuca sativa* L.	45.7274	1.6602	8	1	88.89	Romero Freire et al.，2014；涂从 等，1992

表10.11 慢性毒性数据的正态性检验结果

数据类别	百分数			算术平均值	标准差	峰度	偏度	P 值 (K-S 检验)
	25%	50%	75%					
$SMCV_i$/(mg/kg)	8.0070	13.0462	20.6736	16.1061	13.5628	3.4520	1.6700	0.2000
lg[$SMCV_i$/(mg/kg)]	0.9035	1.1033	1.3138	1.0599	0.4222	1.9190	−0.8850	0.2000

10.4.2.2 毒性数据分布检验

对获得的$SMCV_i$和lg($SMCV_i$)进行正态分布检验，综合P值、峰度和偏度分析结果，lg($SMCV_i$)正态分布对称性更优，满足SSD模型拟合要求，结果见表10.11。

10.4.2.3 累积频率

lg($SMCV_i$)的累积频率 F_R 见表 10.10。

10.4.2.4 模型拟合与评价

模型拟合结果见表 10.12。通过 R^2、RMSE 和 P 值（A-D 检验）的比较可知，最优拟合模型为逻辑斯谛分布模型，拟合曲线见图 10.1。

表 10.12 五价砷长期土壤基准模型拟合结果

模型拟合	RMSE	P 值（A-D 检验）	模型拟合	RMSE	P 值（A-D 检验）
正态分布模型	0.0658	>0.05	逻辑斯谛分布模型	0.0571	>0.05
对数正态分布模型	0.1238	<0.05	对数逻辑斯谛分布模型	0.0731	>0.05

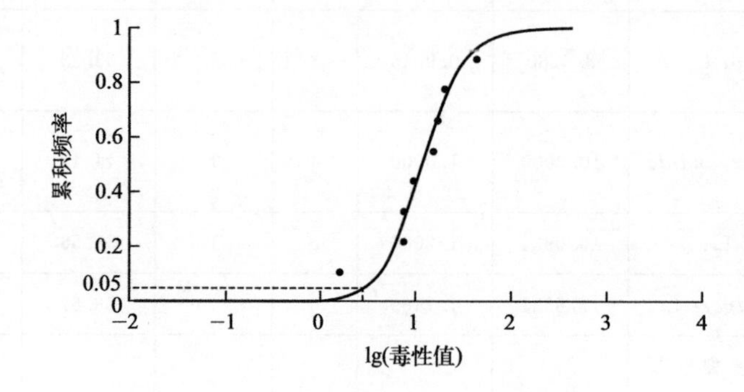

图 10.1 慢性毒性-累积频率拟合 SSD 曲线

10.4.2.5 HC_x

依据模型拟合结果（表 10.12），选择逻辑斯谛分布模型推导长期物种危害浓度 HC_5、HC_{10}、HC_{25}、HC_{50}、HC_{75}、HC_{90} 和 HC_{95}（表 10.13）。

表 10.13 土壤陆生生物五价砷长期物种危害浓度 单位：mg/kg

项目	HC_5	HC_{10}	HC_{25}	HC_{50}	HC_{75}	HC_{90}	HC_{95}
数据	2.8770	4.1623	7.1642	12.3309	21.2239	36.5303	52.8508

10.4.2.6 长期土壤质量基准

由表 10.13 中确定的 HC_5，除以评估因子 1，然后加上我国土壤砷的平均背景值 9.64mg/kg 得到五价砷长期土壤质量基准 12.5170mg/kg。本长期土壤质量基准表示对 95%的土壤陆生生物及其生态功能不产生慢性有害效应的土壤中五价砷最大浓度。

参考文献

丁枫华，2010. 土壤中砷、镉对作物的毒害效应及其临界值研究［D］. 福州：福建农林大学.

涂从，苗金燕，1992. 土壤砷毒性临界值的初步研究［J］. 农业环境科学学报，(02)：80-83.

Abbasi S，Lamb D T，Kader M，et al.，2021. The influence of long-term ageing on arsenic ecotoxicity in soil［J］. Journal of Hazardous Materials，407.

Bustos V，Mondaca P，Verdejo J，et al.，2015. Thresholds of arsenic toxicity to *Eisenia fetida* in field-collected agricultural soils exposed to copper mining activities in Chile［J］. Ecotoxicology and Environmental Safety，122：448-454.

Correa A，Rorig L R，Verdinelli M A，et al.，2006. Cadmium phytotoxicity：Quantitative sensitivity relationships between classical endpoints and antioxidative enzyme biomarkers［J］. Science of the Total Environment，357 (1/3)：120-127.

Greenslade P，Vaughan G T，2003. A comparison of Collembola species for toxicity testing of Australian soils［J］. Pedobiologia，47 (2)：171-179.

Romero Freire A，Sierra Aragon M，Ortiz Bernad I，et al.，2014. Toxicity of arsenic in relation to soil properties：Implications to regulatory purposes［J］. Journal of Soils and Sediments，14 (5)：968-979.

Song J，Zhao F J，Mcgrath S P，et al.，2006. Influence of soil properties and aging on arsenic phytotoxicity［J］. Environmental Toxicology and Chemistry，25 (6)：1663-1670.

第11章 土壤生态环境基准技术报告——铜

铜是我国土壤中常见的重金属污染物，具有较高的生物毒性和环境危害性。本章反映了现阶段土壤环境中铜对95%的土壤生物及其生态功能不产生有害效应的最大剂量，可为制修订相关土壤生态环境质量标准、预防和控制铜对陆生生物及生态系统的危害提供科学依据。

11.1 国内外研究进展

国内外铜的环境土壤质量基准研究进展对比见表11.1。荷兰是最早关注土壤环境污染问题的国家之一，制定了系统全面的土壤环境基准和标准体系，采用评估因子法推导对生态安全的土壤基准值。美国是世界上较早关注场地土壤污染的国家之一，基于科学和务实的原则确定了推导美国土壤生态筛选值（ecological soil screening levels，Eco-SSLs）的生态受体（植物、土壤无脊椎动物等不同的生态受体）；推导的筛选值为植物70mg/kg，土壤无脊椎动物80mg/kg。澳大利亚土壤质量指导值（soil quality guidelines，SQG）根据其目标不同有多种类型，SQG推导方法的关键是考虑污染物在被研究土壤中的生物有效性和生态毒性。该方法的另一个关键因素是背景浓度，因此用于推导SQG的数据是用外源添加到土壤中造成毒性的污染物的量。当按照该方法使用毒性数据时，所得到的值为外源添加浓度值（added contaminant level，ACL），然后在ACL中加上所研究土壤的环境背景浓度（background concentration）以计算SQG。加拿大的土壤质量指导值（SQG）由加拿大临时土壤质量基准演变而来，其中保护生态安全的土壤质量指导值（SQG_E）的推导和取值都是相对比较保守的。加拿大在推导最终的SQG_E时，选择了不同暴露途径中最低的指导值作为通用的SQG_E，这保证了每类生态受体都能最大限度受到保护。

表11.1 国内外铜环境土壤质量基准研究进展

项目	发达国家	中国
基准推导方法	评价因子法、统计外推法、平衡分配法、物种敏感度分布法、毒性百分数排序法、定量构效关系预测等	无

续表

项目	发达国家	中国
物种来源	本土物种、引进物种、国际通用物种	无
物种选择	基于各个国家生物区系的差异，各个国家物种选择与数据要求不同	无
毒性测试方法	参照采用国际标准化组织（ISO）、经济合作与发展组织（OECD）等规定的土壤陆生生物毒性测试方法；部分发达国家采用本国制定的土壤陆生生物毒性测试方法	无
相关毒性数据库	美国生态毒理数据库（ECOTOX）、欧盟 IUCLID 数据库、日本国立技术与评价研究所数据库、澳大利亚生态毒理学数据库等	无

由于土壤质量基准推导方法和表征形式、使用的物种均存在差异，导致不同国家制定的铜相关的基准均存在一定差异（表 11.2）。2018 年 6 月 22 日，生态环境部与国家市场监督管理总局联合发布了《土壤环境质量　农用地土壤污染风险管控标准（试行）》(GB 15618—2018）和《土壤环境质量　建设用地土壤污染风险管控标准（试行）》(GB 36600—2018)，为有效管控农用地和建设用地土壤环境风险提供了重要依据。上述两项标准是我国土壤环境管理工作向科学化、精准化方向迈进的重要一步。然而，上述标准制修订过程也凸显了我国土壤环境基准研究基础薄弱、支撑力不足的问题。

表 11.2　国外土壤陆生生物铜土壤质量基准

国家	制修订时间	LSQC /(mg/kg)	物种数/种	推导方法	发布部门
美国	2005 年	(1) 植物：70 (2) 无脊椎动物：80	(1) 植物：4 (2) 无脊椎动物：5	几何平均值	US EPA
澳大利亚	2009 年	100	不详	物种敏感度分布法	澳大利亚和新西兰环境保护理事会
新西兰	2009 年	100	不详	物种敏感度分布法	澳大利亚和新西兰环境保护理事会
英国	2008 年	88.4	不详	物种敏感度分布法	英国环境署
加拿大	1999 年	63	不详	证据权重法、最低观察效应浓度法、中位值效应法	加拿大环境部长理事会
荷兰	2001 年	36	不详	评估因子法	荷兰国家公共卫生和环境研究所

11.2　铜化合物的环境问题

11.2.1　理化性质

铜是一种存在于地壳和海洋中的金属。铜在地壳中的含量约为 0.01%，在个别铜矿床中，铜的含量可以达到 3%～5%。自然界中的铜，多数以化合物即铜矿石形式存在。铜的活动性较弱，铁单质与硫酸铜反应可以置换出铜单质。铜单质不溶于非氧化性酸。铜是与人类关系非常密切的有色金属，被广泛地应用于电气、轻工、机械制造、建筑工业、国防工业等领域，在我国有色金属材料的消费中仅次于铝。铜常见的价态是+1价和+2价。本报告中铜化合物的可靠数据多数来自 $CuCl_2$、$CuSO_4$、$Cu(NO_3)_2$，铜化合物的理化性质见表 11.3。

表 11.3　铜化合物的理化性质

物质名称	氯化铜	硫酸铜	硝酸铜
分子式	$CuCl_2$	$CuSO_4$	$Cu(NO_3)_2$
CAS 号	7447-39-4	7758-98-7	3251-23-8
EINECS 号	231-210-2	231-847-6	221-838-5
UN 编号	3264	3288	3085
熔点/℃	620	560	115
沸点/℃	993	N/A	170
水溶性	易溶	溶于水	易溶
用途	消毒剂、媒染剂、催化剂、分析试剂	主要用作纺织品媒染剂，农业杀虫剂，水的杀菌剂、防腐剂，也用于鞣革、铜电镀、选矿等	主要用作分析试剂及氧化剂，也可用作搪瓷着色剂等

注：N/A 为不适用。

11.2.2　铜对土壤陆生生物的毒性

慢性毒性值（CTV）包括无观察效应浓度（NOEC）、最低观察效应浓度（LOEC）、x%效应浓度（EC_x）。本基准推导种平均慢性值（SMCV）时，以基于生长毒性等效应指标获得的 NOEC/LOEC/EC_{10} 作为 CTV 计算 SMCV。

11.2.3　土壤参数对铜毒性的影响

土壤参数包括土壤粒径（黏粒、砂粒、粉粒）、pH 值、阳离子含量、有机质含量等，是影响污染物质毒性和土壤质量基准的重要因素。目前，关于土壤参数对铜毒性影响的研究尚未形成统一认识。美国、加拿大、澳大利亚和新西兰在制定本国铜相关基准时均考虑了土壤参数对铜毒性的影响。

11.3　资料检索和数据筛选

11.3.1　数据需求

本次基准推导所需数据类别包括物种类型、毒性数据等，各类数据关注指标见表 11.4。

表 11.4 毒性数据检索要求

数据类型	关注指标
化合物	$CuCl_2$、$CuSO_4$、$Cu(NO_3)_2$ 等
物种类型	中国本土物种、在中国自然土壤中广泛分布的国际通用物种或替代物种
物种名称	中文名称、拉丁文名称
实验物种生命阶段	幼体、成体等
暴露方式	土培暴露
暴露时间	以天或时计
CTV	NOEC、LOEC、EC_{10}
毒性效应	致死效应、生殖毒性效应、活动抑制效应等

11.3.2 文献资料检索

本次基准制定使用的数据来自英文毒理数据库和中英文文献数据库。毒理数据库、文献数据库纳入条件和剔除原则见表 11.5。在数据库筛选的基础上进行铜毒性数据检索，检索方案见表 11.6 和表 9.7。

表 11.5 数据库纳入和剔除原则

数据库类型	纳入条件	剔除原则	符合条件的数据库名称
毒理数据库	(1) 包含表 11.4 关注的数据类型和指标； (2) 数据条目可溯源，且包括题目、作者、期刊名、期刊号等信息	(1) 剔除不包含毒性测试方法的数据库； (2) 剔除不包含具体实验条件的数据库	ECOTOX
文献数据库	(1) 包含中文核心期刊或科学引文索引核心期刊 (SCI)； (2) 包含表 11.4 关注的数据类型和指标	(1) 剔除综述性论文数据库； (2) 剔除理论方法学论文数据库	(1) 中国知识基础设施工程 (2) 万方知识服务平台 (3) 维普网 (4) Web of Science

表 11.6 毒理数据和文献检索方案

数据类别	数据库名称	检索时间	检索方式
毒理数据	ECOTOX	截至 2022 年 12 月 31 日之前数据库覆盖年限	(1) 化合物名称：copper (2) 暴露介质：soil (3) 测试终点：NOEC 或 LOEC 或 EC_{10}
文献检索	中国知识基础设施工程；万方知识服务平台；维普网	截至 2022 年 12 月 31 日之前数据库覆盖年限	(1) 题名：铜或 Cu 或 copper；或摘要：铜和毒性 (2) 主题：毒性、土壤 (3) 期刊来源类别：核心期刊

续表

数据类别	数据库名称	检索时间	检索方式
文献检索	Web of Science	截至2022年12月31日之前数据库覆盖年限	(1) 题名：Cu或copper (2) 主题：toxicity 或 ecotoxicity 或 NOEC 或LOEC或EC_{10}； (3) 摘要：NOEC或LOEC或EC_x 或 LC_x 或 IC_x 或soil quality criteria

11.3.3 文献数据筛选

11.3.3.1 筛选方法

对检索获得的数据进行筛选，筛选方法见表9.7。数据筛选时，采用两组研究人员分别独立完成，筛选过程中若两组人员对数据存在分歧，则提交编制组统一讨论或组织专家咨询后决策。

11.3.3.2 筛选结果

依据表9.7所示数据筛选方法对检索所得数据进行筛选，共获得数据212条，筛选结果见表11.7。经可靠性评价，共有212条数据（无限制可靠数据）可用于基准推导，212条数据共涉及19种物种，涵盖中国本土物种15种，国际通用且在中国土壤中广泛分布物种、替代物种4种（表11.8）。大部分物种都是我国土壤常见种，具有重要的生态学意义和应用价值，纳入基准计算。

表11.7 数据可靠性评价及分布

数据可靠性	评价原则	慢性毒性数据/条
无限制可靠	数据来自良好实验室规范（GLP）体系，或数据产生过程符合实验准则	212
限制可靠	数据产生过程不完全符合实验准则，但发表于核心期刊	0
不可靠	数据产生过程与实验准则有冲突或矛盾，没有充足的证据证明数据可用，实验过程不能令人信服；以及合并后的非优先数据（对比实验方式及是否进行了化学监控等）	0
不确定	没有提供足够的实验细节，无法判断数据可靠性	0

表11.8 筛选数据涉及的物种分布

数据类型	物种类型	物种数量/种	物种名称	合计/种
慢性毒性	本土物种	15	①黑麦草；②线蚓；③大麦；④赤子爱胜蚓；⑤小麦；⑥黄瓜；⑦白符跳虫；⑧小白菜；⑨萝卜；⑩微生物底物诱导呼吸；⑪水稻；⑫茄子；⑬安德爱胜蚓；⑭跳虫；⑮微生物群落	15

续表

数据类型	物种类型	物种数量/种	物种名称	合计/种
慢性毒性	在中国自然土壤中广泛分布的国际通用物种	4	①玉蜀黍；②番茄；③莴苣；④辣椒	4
	引进物种	0	—	

获得的动植物慢性毒性数据终点有 NOEC 和 EC_{10}。铜对陆生动物的毒性数据相对较少，本报告筛选获得了 46 条用于基准推导的陆生动物毒性数据，包括 25 条白符跳虫毒性数据，18 条赤子爱胜蚓毒性数据，1 条线蚓毒性数据，1 条跳虫毒性数据和 1 条安德爱胜蚓毒性数据（表 11.9），暴露时间均≥21d，纳入长期基准计算。

表 11.9　长期土壤质量基准推导物种及毒性数据量分布

序号	物种名称	毒性数据/条	物种类型	序号	物种名称	毒性数据/条	物种类型
1	黑麦草	2	本土物种	11	赤子爱胜蚓	18	本土物种
2	小麦	13		12	线蚓	1	
3	黄瓜	5		13	番茄	45	
4	白符跳虫	25		14	安德爱胜蚓	1	
5	茄子	1		15	跳虫	1	
6	大麦	43		16	微生物群落	5	
7	水稻	4		17	莴苣	6	在中国自然土壤中广泛分布的国际通用物种
8	微生物底物诱导呼吸	15		18	玉蜀黍	5	
9	小白菜	19		19	辣椒	1	
10	萝卜	2					

11.3.4 实验室自测铜毒性数据

由于筛选获得的相关毒性数据较少，尤其慢性毒性数据相对缺乏，因此本报告参考 OECD 208 的标准测试方法，利用本土代表性物种开展了 Cu 慢性毒性测试。在慢性毒性数据方面，获取了一种土壤条件下铜对黑麦草 21d 慢性实验的 EC_{10}。

11.3.5 基准推导物种及毒性数据量分布

铜长期土壤质量基准推导物种及毒性数据量分布情况见表 11.9。

11.4 基准推导

11.4.1 推导方法

11.4.1.1 毒性数据使用

获得的陆生生物 CTV 主要包括 EC_{10add}、$NOEC_{add}$ 和 $LOEC_{add}$ 等形式，然后利用下式计算 SMCV，使用回归模型和种间外推回归模型将铜所有的 $SMCV_i$ 值归一化到目标土壤性质（pH = 6.93，CEC = 20.82cmol/kg，OM = 2.02%，clay = 24.72%）条件下。

$$SMCV_i = \sqrt[n]{(CTV_1)_i \times (CTV_2)_i \times \cdots \times (CTV_n)_i}$$

式中 $SMCV_i$——物种 i 的种平均慢性值，mg/kg；

CTV——慢性毒性值，mg/kg；

n——物种 i 的 CTV 个数，个；

i——某一物种，无量纲。

11.4.1.2 毒性数据分布检验

对计算获得的 $SMCV_i$ 分别进行正态分布检验（K-S 检验），若不符合正态分布，则对数据进行对数转换后重新检验。对符合正态分布的数据按照“11.4.1.4 模型拟合与评价”的要求进行物种敏感性分布（SSD）模型拟合。

11.4.1.3 累积频率计算

将物种 $SMCV_i$ 或其对数值分别从小到大进行排序，确定其毒性秩次 R。最小毒性值的秩次为 1，次之秩次为 2，依次排列，如果有两个或两个以上物种的毒性值相同，则将其任意排成连续秩次，每个秩次下物种数为 1。依据下式分别计算物种的累积频率 F_R。

$$F_R = \frac{\sum_1^R f}{\sum f + 1} \times 100\%$$

式中 F_R——累积频率，指毒性秩次 1～R 的物种数之和与物种总数之比；

f——频数，指毒性值秩次 R 对应的物种数，个。

11.4.1.4 模型拟合与评价

以通过正态分布检验的 $SMCV_i$ 或经转换后符合正态分布的数据为 X，以对应的累积频率 F_R 为 Y，进行物种敏感性分布（SSD）模型拟合（包括正态分布模型、对数正态分布模型、逻辑斯谛分布模型、对数逻辑斯谛分布模型），依据模型拟合均方根误差（RMSE）以及 A-D 检验结果，结合专业判断，确定 $SMCV_i$ 的最优拟合模型。

11.4.1.5 基准的确定

（1）HC_x

根据“11.4.1.4 模型拟合与评价”确定的最优拟合模型拟合的 SSD 曲线，分别确定累积频率为 5%时所对应的 x 值，将 x 值还原为数据转换前的形式，获得的值即为慢性的 5%物种危害浓度 HC_5。

（2）基准值

将急性和慢性的 HC_5 分别除以评估因子 1 再加上土壤铜的背景值，即为铜的土壤生物长期基准，单位为 mg/kg。

11.4.1.6 SSD 模型拟合软件

本次基准推导采用国家生态环境基准计算软件 EEC-SSD。

11.4.1.7 结果表达

数据修约按照《数值修约规则与极限数值的表示和判定》(GB/T 8170—2008) 进行。LSQC 保留 4 位有效数字。

11.4.2 推导结果

11.4.2.1 SMCV

根据每个物种的 CTV，依据 11.4.1.1 部分得到每个物种的 $SMCV_i$（表 11.10 和表 11.11）。

表 11.10 种平均慢性值及累积频率

物种 i	$SMCV_i$ /(mg/kg)	lg[$SMCV_i$ /(mg/kg)]	lg[$SMCV_i$/(mg/kg)]			参考文献
			R	f/个	F_R/%	
玉蜀黍 *Zea mays* L.	3.6999	0.5682	1	1	5	Caetanoet al.，2016；Guo et al.，2010
小白菜 *Brassica chinensis* L.	24.6763	1.3923	2	1	10	王小庆，2012
辣椒 *Capsicum annuum* L.	66.9989	1.8261	3	1	15	王小庆，2012
萝卜 *Raphanus sativus* L.	86.3463	1.9362	4	1	20	王小庆，2012
大麦 *Hordeum vulgare* L.	97.4212	1.9887	5	1	25	Li et al.，2010；Rooney et al.，2006
微生物底物诱导呼吸 SIR	101.7874	2.0077	6	1	30	王小庆，2012
水稻 *Oryza sativa* L.	103.9840	2.0170	7	1	35	孙权，2008
番茄 *Solanum lycopersicum* L.	171.9693	2.2355	8	1	40	Sacristán et al.，2015；纳明亮 等，2008

续表

物种 i	$SMCV_i$ /(mg/kg)	lg[$SMCV_i$ /(mg/kg)]	lg[$SMCV_i$/(mg/kg)]			参考文献
			R	f/个	F_R/%	
赤子爱胜蚓 *Eisenia fetida*	214.4516	2.3313	9	1	45	Criel et al., 2008; Li, 2008
黑麦草 *Lolium perenne* L.	288.1547	2.4596	10	1	50	Verdejo et al., 2015; 自测
安德爱胜蚓 *Eisenia andrei*	299.4001	2.4763	11	1	55	Caetano et al., 2016
茄子 *Solanum melongena* L.	323.5574	2.5100	12	1	60	王小庆, 2012
白符跳虫 *Folsomia candida*	349.6262	2.5436	13	1	65	Amorim et al., 2005; Simoes et al., 2020; Herbert et al., 2004
莴苣 *Lactuca sativa* L.	416.0852	2.6192	14	1	70	Sacristán et al., 2015; Recatalá et al., 2012
线蚓 *Enchytraeus crypticus*	442.0278	2.6454	15	1	75	Caetano et al., 2016
黄瓜 *Cucumis sativus* L.	521.3834	2.7172	16	1	80	Kader et al., 2018
小麦 *Triticum aestivum* L.	990.8382	2.9960	17	1	85	Warne et al., 2008
跳虫 *Folsomia fimetaria*	1207.2164	3.0818	18	1	90	Scottfordsmand et al., 1997
微生物群落 protista kingdom	20614.7156	4.3142	19	1	95	Du Plessis et al., 2005

表 11.11 慢性毒性数据的正态性检验结果

数据类别	百分数			算术平均值	标准差	峰度	偏度	P 值 (K-S 检验)
	25%	50%	75%					
$SMCV_i$/(mg/kg)	97.4212	288.1547	442.0278	1385.4916	4667.2156	18.7960	4.3260	0.000
lg[$SMCV_i$/(mg/kg)]	1.9887	2.4596	2.6454	2.3509	0.7493	2.9370	0.2140	0.200

11.4.2.2 毒性数据分布检验

对获得的 $SMCV_i$ 和 lg($SMCV_i$)分别进行正态分布检验，综合 P 值、峰度和偏度分析结果，lg($SMCV_i$)正态分布对称性更优，满足 SSD 模型拟合要求，结果见表 11.11。

11.4.2.3 累积频率

lg($SMCV_i$)的累积频率 F_R 见表 11.10。

11.4.2.4 模型拟合与评价

模型拟合结果见表 11.12。通过 RMSE 和 P 值（A-D 检验）的比较可知，最优拟合模型为逻辑斯谛分布模型，拟合曲线见图 11.1。

表 11.12 铜长期土壤基准模型拟合结果

模型拟合	RMSE	P 值（A-D 检验）	模型拟合	RMSE	P 值（A-D 检验）
正态分布模型	0.0592	>0.05	逻辑斯谛分布模型	0.0412	>0.05
对数正态分布模型	0.0956	>0.05	对数逻辑斯谛分布模型	0.0530	>0.05

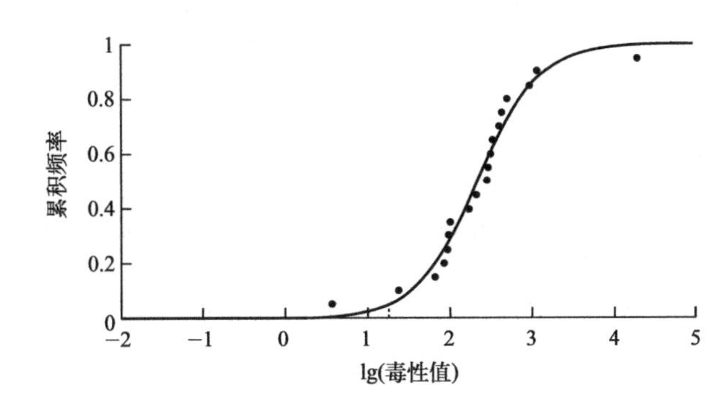

图 11.1 慢性毒性-累积频率拟合 SSD 曲线

11.4.2.5 HC_x

依据模型拟合结果（表 11.12），选择逻辑斯谛分布模型推导长期物种危害浓度 HC_5、HC_{10}、HC_{25}、HC_{50}、HC_{75}、HC_{90} 和 HC_{95}（表 11.13）。

表 11.13 土壤陆生生物铜长期物种危害浓度 单位：mg/kg

项目	HC_5	HC_{10}	HC_{25}	HC_{50}	HC_{75}	HC_{90}	HC_{95}
数据	18.1872	34.3624	87.5689	223.1591	568.6951	1449.2538	2738.1867

11.4.2.6 长期土壤质量基准

由表 11.13 中确定的 HC_5，除以评估因子 1，然后加上我国土壤铜的平均背景值 23.1mg/kg 得到铜长期土壤质量基准 41.2872mg/kg。本长期土壤质量基准表示对 95% 的土壤陆生生物及其生态功能不产生慢性有害效应的土壤中铜最大浓度。

参考文献

纳明亮，徐明岗，张建新，等，2008. 我国典型土壤上重金属污染对番茄根伸长的抑制毒性效应 [J]. 生态毒理学报，(01)：81-86.
孙权，2008. 粮-菜轮作系统铜污染的作物和土壤微生物生态效应及诊断指标［D］. 杭州：浙江大学.
王小庆. 2012. 中国农业土壤中铜和镍的生态阈值研究［D］. 北京：中国矿业大学.
Amorim M J，Römbke J，Schallnass H J，et al.，2005. Effect of soil properties and aging on the toxicity of copper for Enchytraeus albidus，Enchytraeus luxuriosus，and Folsomia candida［J］. Environ Toxicol Chem，24 (8)：1875-1885.
Caetano A L，Marques C R，Gonçalves F，et al.，2016. Copper toxicity in a natural reference soil：Ecotoxicological data for the derivation of preliminary soil screening values［J］. Ecotoxicology，25 (1)：163-177.
Criel P，Lock K，Eeckhout H V，et al.，2008. Influence of soil properties on copper toxicity for two soil invertebrates［J］. Environ Toxicol Chem，27 (8)：1748-1755.
Du Plessis K R，Botha A，Joubert L，et al.，2005. Response of the microbial community to copper oxychloride in acidic sandy loam soil［J］. J Appl Microbiol，98 (4)：901-909.
Guo X Y，Zuo Y B，Wang B R，et al.，2010. Toxicity and accumulation of copper and nickel in maize plants cropped on calcareous and acidic field soils［J］. Plant and Soil，333 (1)：365-373.
Herbert I N，Svendsen C，Hankard P K，et al.，2004. Comparison of instantaneous rate of population increase and critical-effect estimates in *Folsomia candida* exposed to four toxicants［J］. Ecotoxicology and Environmental Safety，57 (2)：175-183.
Kader M，Lamb D T，Wang L，et al.，2018. Copper interactions on arsenic bioavailability and phytotoxicity in soil［J］. Ecotoxicol Environ Saf，148：738-746.
Li B，Ma Y，Mclaughlin M J，et al.，2010. Influences of soil properties and leaching on copper toxicity to barley root elongation［J］. Environ Toxicol Chem，29 (4)：835-842.
Li F S，2008. Comparative study on toxicity differences of copper to earthworm *Eisenia fetida* in four typical soils［J］. Asian Journal of Ecotoxicology，3 (4)：394-402.
Recatalá L，Sacristán D，Arbelo C，et al.，2012. Can a single and unique cu soil quality standard be valid for different Mediterranean agricultural soils under an accumulator crop?［J］. Water，Air，& Soil Pollution，223 (4)：1503-1517.
Rooney C P，Zhao F J，Mcgrath S P，2006. Soil factors controlling the expression of copper toxicity to plants in a wide range of European soils［J］. Environ Toxicol Chem，25 (3)：726-732.
Sacristán D，Peñarroya B，Recatalá L，2015. Increasing the knowledge on the management of Cu-contaminated agricultural soils by cropping tomato (*Solanum Lycopersicum* L.)［J］. Land Degradation & Development，26：587-595.
Sacristán D，Recatalá L，Rossel R A V，2015. Toxicity and bioaccumulation of Cu in an accumulator crop (*Lactuca sativa* L.) in different Australian agricultural soils［J］. Scientia Horticulturae，193：346-352.
Scottfordsmand J J，Krogh P H，Weeks J M，1997. Sublethal toxicity of copper to a soil-dwelling springtail (*Folsomia fimetaria*) (Collembola：Isotomidae)［J］. Environ Toxicol Chem，16 (12)：2538-2542.
Simoes B F，Mazur N，Fernandes Correia M E，et al.，2020. Ecotoxicity test as an aid in the determination of copper guideline values in soils［J］. Ciencia Rural，50 (6).
Verdejo J，Ginocchio R，Sauvé S，et al.，2015. Thresholds of copper phytotoxicity in field-collected agricultural soils exposed to copper mining activities in Chile［J］. Ecotoxicology and Environmental Safety，122：171-177.
Warne M S，Heemsbergen D，Stevens D，et al.，2008. Modeling the toxicity of copper and zinc salts to wheat in 14soils［J］. Environ Toxicol Chem，27 (4)：786-792.

第12章 土壤生态环境基准技术报告——铅

铅是我国土壤中常见的重金属污染物，具有较高的生物毒性和环境危害性。本章反映了现阶段土壤环境中铅对95%的土壤生物及其生态功能不产生有害效应的最大剂量，可为制修订相关土壤生态环境质量标准、预防和控制铅对陆生生物及生态系统的危害提供科学依据。

12.1 国内外研究进展

国内外铅的环境土壤质量基准研究进展对比见表12.1。荷兰是最早关注土壤环境污染问题的国家之一，制定了系统全面的土壤环境基准和标准体系，采用评估因子法推导对生态安全的土壤基准值。美国是世界上较早关注场地土壤污染的国家之一，基于科学和务实的原则确定了推导美国土壤生态筛选值（ecological soil screening levels，Eco-SSLs）的生态受体（植物、土壤无脊椎动物等不同的生态受体）；推导的筛选值为植物120mg/kg，土壤无脊椎动物1700mg/kg。澳大利亚土壤质量指导值（soil quality guidelines，SQG）根据其目标不同有多种类型，SQG推导方法的关键是考虑污染物在被研究土壤中的生物有效性和生态毒性，该方法的另一个关键因素是背景浓度。因此，用于推导SQG的数据是用外源添加到土壤中造成毒性的污染物的量。当按照该方法使用毒性数据时，所得到的值为外源添加浓度值（added contaminant level，ACL），然后在ACL中加上所研究土壤的环境背景浓度（background concentration）以计算SQG。加拿大的土壤质量指导值（SQG）由加拿大临时土壤质量基准演变而来，其中保护生态安全的土壤质量指导值（SQG_E）的推导和取值都是相对比较保守的。加拿大在推导最终的SQG_E时，选择了不同暴露途径中最低的指导值作为通用的SQG_E，这保证了每类生态受体都能最大限度受到保护。

表12.1 国内外铅环境土壤质量基准研究进展

项目	发达国家	中国
基准推导方法	评价因子法、统计外推法、平衡分配法、物种敏感度分布法、毒性百分数排序法、定量构效关系预测等	无

续表

项目	发达国家	中国
物种来源	本土物种、引进物种、国际通用物种	无
物种选择	基于各个国家生物区系的差异，各个国家物种选择与数据要求不同	无
毒性测试方法	参照采用国际标准化组织（ISO）、经济合作与发展组织（OECD）等规定的土壤陆生生物毒性测试方法；部分发达国家采用本国制定的土壤陆生生物毒性测试方法	无
相关毒性数据库	美国生态毒理数据库（ECOTOX）、欧盟 IUCLID 数据库、日本国立技术与评价研究所数据库、澳大利亚生态毒理学数据库等	无

由于土壤质量基准推导方法和表征形式、使用的物种均存在差异，导致不同国家制定的铅相关的基准均存在一定差异（表 12.2）。2018 年 6 月 22 日，生态环境部与国家市场监督管理总局联合发布了《土壤环境质量　农用地土壤污染风险管控标准（试行）》（GB 15618—2018）和《土壤环境质量　建设用地土壤污染风险管控标准（试行）》（GB 36600—2018），为有效管控农用地和建设用地土壤环境风险提供了重要依据。上述两项标准是我国土壤环境管理工作向科学化、精准化方向迈进的重要一步。然而，上述标准制修订过程也凸显了我国土壤环境基准研究基础薄弱、支撑力不足的问题。

表 12.2　国外土壤陆生生物铅土壤质量基准

国家	制修订时间	LSQC /(mg/kg)	物种数/种	推导方法	发布部门
美国	2005 年	（1）植物：120 （2）无脊椎动物：1700	（1）植物：4 （2）无脊椎动物：1	几何平均值	US EPA
澳大利亚	2009 年	600	不详	物种敏感度分布法	澳大利亚和新西兰环境保护理事会
新西兰	2009 年	600	不详	物种敏感度分布法	澳大利亚和新西兰环境保护理事会
英国	2008 年	166	不详	物种敏感度分布法	英国环境署
加拿大	1999 年	70	不详	证据权重法、最低观察效应浓度法、中位值效应法	加拿大环境部长理事会
荷兰	2001 年	85	11	评估因子法	荷兰国家公共卫生和环境研究所

12.2 铅化合物的环境问题

12.2.1 理化性质

金属铅是一种耐蚀的有色重金属元素，是原子量最大的非放射性元素。铅具有熔点低、耐蚀性高、X 射线和 γ 射线等不易穿透、塑性好等优点，常被加工成板材和管材，广泛用于化工、电缆、蓄电池和放射性防护等工业。自然界主要以方铅矿（PbS）及白铅矿（$PbCO_3$）的形式存在，铅的化合物种类很多，具有工业价值的主要化合物有 $Pb(NO_3)_2$、

PbS、PbO、$PbSO_4$ 及 $PbCl_2$。本报告中铅化合物的可靠数据多数来自 $Pb(NO_3)_2$、$PbCl_2$，铅化合物的理化性质见表 12.3。

表 12.3　铅化合物的理化性质

物质名称	硫化铅	氧化铅	硫酸铅	氯化铅	硝酸铅
分子式	PbS	PbO	$PbSO_4$	$PbCl_2$	$Pb(NO_3)_2$
CAS 号	1314-87-0	1317-36-8	7446-14-2	7758-95-4	10099-74-8
EINECS 号	215-246-6	215-267-0	231-198-9	231-845-5	233-245-9
UN 编号	3077	1479	1794	2291	1469
熔点/℃	1114	886	1170	501	470
沸点/℃	1281	1470	N/A	950	N/A
水溶性	难溶于水	难溶于水	难溶于水	微溶	易溶
用途	陶瓷业及半导体工业，也可用于制备金属铅	用作颜料、冶金助熔剂、油漆催干剂、橡胶硫化促进剂、杀虫剂等	用作草酸的触媒、白色颜料以及制造电池和快干漆等	主要用作分析试剂、助剂及焊料，也可用于制备铅黄等染料	用于制造奶黄色素、纸张的黄色素、媒染剂，用于制造其他铅盐及二氧化铅，用作照片增感剂、矿石浮选剂等

12.2.2　铅对土壤陆生生物的毒性

慢性毒性值（CTV）包括无观察效应浓度（NOEC）、最低观察效应浓度（LOEC）、$x\%$效应浓度（EC_x）。本基准推导种平均慢性值（SMCV）时，以基于生长毒性等效应指标获得的 NOEC/LOEC/EC_{10} 作为 CTV 计算 SMCV。

12.2.3　土壤参数对铅毒性的影响

土壤参数包括土壤粒径（黏粒、砂粒、粉粒）、pH 值、阳离子含量、有机质含量等，是影响污染物质毒性和土壤质量基准的重要因素。目前，关于土壤参数对铅毒性影响的研究尚未形成统一认识。美国、加拿大、澳大利亚和新西兰在制定本国铅相关基准时均考虑了土壤参数对铅毒性的影响。

12.3　资料检索和数据筛选

12.3.1　数据需求

本次基准推导所需数据类别包括物种类型、毒性数据等，各类数据关注指标见表 12.4。

表 12.4　毒性数据检索要求

数据类型	关注指标
化合物	$Pb(NO_3)_2$、$PbCl_2$ 等

续表

数据类型	关注指标
物种类型	中国本土物种、在中国自然土壤中广泛分布的国际通用物种或替代物种
物种名称	中文名称、拉丁文名称
实验物种生命阶段	幼体、成体等
暴露方式	土培暴露
暴露时间	以天或时计
CTV	NOEC、LOEC、EC_{10}
毒性效应	致死效应、生殖毒性效应、活动抑制效应等

12.3.2 文献资料检索

本次基准制定使用的数据来自英文毒理数据库和中英文文献数据库。毒理数据库、文献数据库纳入条件和剔除原则见表 12.5。在数据库筛选的基础上进行铅毒性数据检索，检索方案见表 12.6 和表 9.7，检索结果见表 12.7。

表 12.5 数据库纳入和剔除原则

数据库类型	纳入条件	剔除原则	符合条件的数据库名称
毒理数据库	(1) 包含表 12.4 关注的数据类型和指标； (2) 数据条目可溯源，且包括题目、作者、期刊名、期刊号等信息	(1) 剔除不包含毒性测试方法的数据库； (2) 剔除不包含具体实验条件的数据库	ECOTOX
文献数据库	(1) 包含中文核心期刊或科学引文索引核心期刊 (SCI)； (2) 包含表 12.4 关注的数据类型和指标	(1) 剔除综述性论文数据库； (2) 剔除理论方法学论文数据库	(1) 中国知识基础设施工程 (2) 万方知识服务平台 (3) 维普网 (4) Web of Science

表 12.6 毒理数据和文献检索方案

数据类别	数据库名称	检索时间	检索方式
毒理数据	ECOTOX	截至 2022 年 12 月 31 日之前数据库覆盖年限	(1) 化合物名称：lead (2) 暴露介质：soil (3) 测试终点：NOEC 或 LOEC 或 EC_{10}
文献检索	中国知识基础设施工程；万方知识服务平台；维普网	截至 2022 年 12 月 31 日之前数据库覆盖年限	(1) 题名：铅或 Pb 或 lead；或摘要：铅和毒性 (2) 主题：毒性、土壤 (3) 期刊来源类别：核心期刊
	Web of Science	截至 2022 年 12 月 31 日之前数据库覆盖年限	(1) 题名：Pb 或 lead (2) 主题：toxicity 或 ecotoxicity 或 NOEC 或 LOEC 或 EC_{10}； (3) 摘要：NOEC 或 LOEC 或 EC_x 或 LC_x 或 IC_x 或 soil quality criteria

表 12.7 数据可靠性评价及分布

数据可靠性	评价原则	慢性毒性数据/条
无限制可靠	数据来自良好实验室规范（GLP）体系，或数据产生过程符合实验准则（参照 HJ 831 相关要求）	73
限制可靠	数据产生过程不完全符合实验准则，但发表于核心期刊	0
不可靠	数据产生过程与实验准则有冲突或矛盾，没有充足的证据证明数据可用，实验过程不能令人信服；以及合并后的非优先数据（对比实验方式及是否进行了化学监控等）	0
不确定	没有提供足够的实验细节，无法判断数据可靠性	0

12.3.3 文献数据筛选

12.3.3.1 筛选方法

对检索获得的数据进行筛选，筛选方法见表 9.7。数据筛选时，采用两组研究人员分别独立完成，筛选过程中若两组人员对数据存在分歧，则提交编制组统一讨论或组织专家咨询后决策。

12.3.3.2 筛选结果

依据表 9.7 所示数据筛选方法对检索所得数据进行筛选，共获得数据 73 条，筛选结果见表 12.7。经可靠性评价，共有 73 条数据（无限制可靠数据）可用于基准推导，73 条数据共涉及 16 种物种，涉及中国本土物种 11 种，国际通用且在中国土壤中广泛分布物种、替代物种 5 种（表 12.8）。大部分物种都是我国土壤常见种，具有重要的生态学意义和应用价值，纳入基准计算。

表 12.8 筛选数据涉及的物种分布

<table>
<tr><th>数据类型</th><th>物种类型</th><th>物种数量/种</th><th>物种名称</th><th>合计/种</th></tr>
<tr><td rowspan="3">慢性毒性</td><td>本土物种</td><td>11</td><td>①黑麦草；②白菜；③大麦；④硝化微生物；⑤大豆；⑥赤子爱胜蚓；⑦曲毛裸长角跳；⑧韭；⑨小麦；⑩黄瓜；⑪白符跳虫</td><td>11</td></tr>
<tr><td>在中国自然土壤中广泛分布的国际通用物种</td><td>4</td><td>①玉蜀黍；②番茄；③莴苣；④紫苜蓿</td><td rowspan="2">5</td></tr>
<tr><td>引进物种</td><td>1</td><td>褐云玛瑙螺</td></tr>
</table>

获得的动植物慢性毒性数据终点有 NOEC 和 EC_{10}。铅对陆生动物的毒性数据相对较少，本报告筛选获得了 14 条用于基准推导的陆生动物毒性数据，包括 5 条白符跳虫毒性数据，7 条赤子爱胜蚓毒性数据，1 条曲毛裸长角跳毒性数据和 1 条褐云玛瑙螺毒

性数据（表 12.9），暴露时间均≥28d，纳入长期基准计算。

表 12.9　长期土壤质量基准推导物种及毒性数据量分布

序号	物种名称	毒性数据/条	物种类型	序号	物种名称	毒性数据/条	物种类型
1	黑麦草	2	本土物种	9	赤子爱胜蚓	7	本土物种
2	小麦	1		10	曲毛裸长角跳	1	
3	黄瓜	9		11	韭	1	
4	白符跳虫	5		12	莴苣	1	在中国自然土壤中广泛分布的国际通用物种
5	白菜	1		13	紫苜蓿	1	
6	大麦	10		14	玉蜀黍	1	
7	硝化微生物	27		15	番茄	4	
8	大豆	1		16	褐云玛瑙螺	1	引进物种

12.3.4　实验室自测铅毒性数据

由于筛选获得的相关毒性数据较少，尤其慢性毒性数据相对缺乏，因此本报告参考 OECD 208 的标准测试方法，利用本土代表性物种开展了 Pb 慢性毒性测试。在慢性毒性数据方面，获取了两种土壤条件下 Pb 对黑麦草 21d 慢性实验的 EC_{10} 和一种土壤条件下 Pb 对紫苜蓿 21d 慢性实验的 EC_{10}。

12.3.5　基准推导物种及毒性数据量分布

铅长期土壤质量基准推导物种及毒性数据量分布情况见表 12.9。

12.4　基准推导

12.4.1　推导方法

12.4.1.1　毒性数据使用

获得的陆生生物 CTV 主要包括 EC_{10add}、$NOEC_{add}$ 和 $LOEC_{add}$ 等形式，然后利用下式计算 SMCV，使用回归模型和种间外推回归模型将铅所有的 $SMCV_i$ 值归一化到目标土壤性质（pH＝6.93，CEC＝20.82cmol/kg，OM＝2.02%，clay＝24.72%）条件下。

$$SMCV_i = \sqrt[n]{(CTV_1)_i \times (CTV_2)_i \times \cdots \times (CTV_n)_i}$$

式中　$SMCV_i$——物种 i 的种平均慢性值，mg/kg；

CTV——慢性毒性值，mg/kg；

n——物种 i 的 CTV 个数，个；

i——某一物种，无量纲。

12.4.1.2 毒性数据分布检验

对计算获得的 $SMCV_i$ 分别进行正态分布检验（K-S 检验），若不符合正态分布，则对数据进行对数转换后重新检验。对符合正态分布的数据按照“12.4.1.4 模型拟合与评价”的要求进行物种敏感性分布（SSD）模型拟合。

12.4.1.3 累积频率计算

将物种 $SMCV_i$ 或其对数值分别从小到大进行排序，确定其毒性秩次 R。最小毒性值的秩次为 1，次之秩次为 2，依次排列，如果有两个或两个以上物种的毒性值相同，则将其任意排成连续秩次，每个秩次下物种数为 1。依据下式分别计算物种的累积频率 F_R。

$$F_R = \frac{\sum_{1}^{R} f}{\sum f + 1} \times 100\%$$

式中 F_R——累积频率，指毒性秩次 1～R 的物种数之和与物种总数之比；

f——频数，指毒性值秩次 R 对应的物种数，个。

12.4.1.4 模型拟合与评价

以通过正态分布检验的 $SMCV_i$ 或经转换后符合正态分布的数据为 X，以对应的累积频率 F_R 为 Y，进行物种敏感性分布（SSD）模型拟合（包括正态分布模型、对数正态分布模型、逻辑斯谛分布模型、对数逻辑斯谛分布模型），依据模型拟合的均方根误差（RMSE）以及 A-D 检验结果，结合专业判断，确定 $SMCV_i$ 的最优拟合模型。

12.4.1.5 基准的确定

（1）HC_x

根据“12.4.1.4 模型拟合与评价”确定的最优拟合模型拟合的 SSD 曲线，分别确定累积频率为 5%时所对应的 x 值，将 x 值还原为数据转换前的形式，获得的值即为慢性的 5%物种危害浓度 HC_5。

（2）基准值

将急性和慢性的 HC_5 分别除以评估因子 1 再加上土壤铅的背景值，即为铅的土壤陆生生物长期基准，单位为 mg/kg。

12.4.1.6 SSD 模型拟合软件

本次基准推导采用国家生态环境基准计算软件 EEC-SSD。

12.4.1.7 结果表达

数据修约按照《数值修约规则与极限数值的表示和判定》(GB/T 8170—2008) 进行。LSQC 保留 4 位有效数字。

12.4.2 推导结果

12.4.2.1 SMCV

根据每个物种的 CTV，依据 12.4.1.1 部分得到每个物种的 $SMCV_i$（表 12.10 和表 12.11）。

表 12.10 种平均慢性值及累积频率

物种 i	$SMCV_i$ /(mg/kg)	lg[$SMCV_i$ /(mg/kg)]	lg[$SMCV_i$/(mg/kg)]			参考文献
			R	f/个	F_R/%	
黑麦草 *Lolium perenne* L.	100.7968	2.0031	1	1	5.88	自测
莴苣 *Lactuca sativa* L.	123.6950	2.0924	2	1	11.76	王晓南 等，2016
紫苜蓿 *Medicago sativa* L.	276.8716	2.4423	3	1	17.65	自测
番茄 *Solanum lycopersicum* L.	351.6768	2.5461	4	1	23.53	王晓南 等，2016；纳明亮 等，2008
玉蜀黍 *Zea mays* L.	371.0850	2.5695	5	1	29.41	王晓南 等，2016
白菜 *Brassica pekinensis* (Lour.) Ruor.	371.0850	2.5695	6	1	35.29	王晓南 等，2016
大麦 *Hordeum vulgare* L.	373.9322	2.5728	7	1	41.18	李宁 等，2015
硝化微生物 nitrifying microorganisms	528.4819	2.7230	8	1	47.06	Zheng et al.，2017；Li et al.，2016
大豆 *Glycine max* L.	618.4750	2.7913	9	1	52.94	王晓南 等，2016
赤子爱胜蚓 *Eisenia fetida*	854.3837	2.9317	10	1	58.82	Lanno et al.，2019；Spurgeon et al.，1994
褐云玛瑙螺 *Achatina fulica*	926.8133	2.9670	11	1	64.71	王晓南 等，2016
曲毛裸长角跳 *Sinella curviseta*	969.3894	2.9865	12	1	70.59	王晓南 等，2016
韭 *Allium tuberosum* Rottler ex Sprengle	989.5600	2.9954	13	1	76.47	王晓南 等，2016
小麦 *Triticum aestivum* L.	1608.0349	3.2063	14	1	82.35	王晓南 等，2016
黄瓜 *Cucumis sativa* L.	1711.9888	3.2335	15	1	88.24	Kader et al.，2016；王晓南 等，2016
白符跳虫 *Folsomia candida*	4736.3129	3.6754	16	1	94.12	Lanno et al.，2019

表 12.11 慢性毒性数据的正态性检验结果

数据类别	百分数			算术平均值	标准差	峰度	偏度	P 值(K-S 检验)
	25%	50%	75%					
$SMCV_i$/(mg/kg)	356.5289	573.4785	984.5174	932.0364	1121.3386	9.624	2.898	0.001
lg[$SMCV_i$/(mg/kg)]	2.5520	2.7572	2.9932	2.7691	4.2535	0.360	0.132	0.200

12.4.2.2 毒性数据分布检验

对获得的 $SMCV_i$ 和 lg($SMCV_i$)分别进行正态分布检验，综合 P 值、峰度和偏度分析结果，lg($SMCV_i$)正态分布对称性更优，满足 SSD 模型拟合要求，结果见表 12.11。

12.4.2.3 累积频率

lg($SMCV_i$)的累积频率 F_R 见表 12.10。

12.4.2.4 模型拟合与评价

模型拟合结果见表 12.12。通过 RMSE 和 P 值（A-D 检验）的比较可知，最优拟合模型为正态分布模型，拟合曲线见图 12.1。

表 12.12 铅长期土壤基准模型拟合结果

模型拟合	RMSE	P 值(A-D 检验)	模型拟合	RMSE	P 值(A-D 检验)
正态分布模型	0.0447	>0.05	逻辑斯谛分布模型	0.0480	>0.05
对数正态分布模型	0.0487	>0.05	对数逻辑斯谛分布模型	0.0484	>0.05

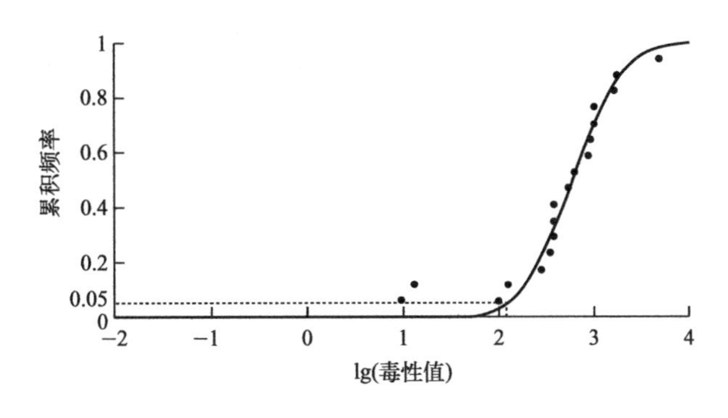

图 12.1 慢性毒性-累积频率拟合 SSD 曲线

12.4.2.5 HC_x

依据模型拟合结果（表 12.12），选择正态分布模型推导长期物种危害浓度 HC_5、HC_{10}、HC_{25}、HC_{50}、HC_{75}、HC_{90} 和 HC_{95}（表 12.13）。

表 12.13　土壤陆生生物铅长期物种危害浓度　　单位：mg/kg

项目	HC_5	HC_{10}	HC_{25}	HC_{50}	HC_{75}	HC_{90}	HC_{95}
数据	117.3546	167.5329	303.5988	587.7560	1137.8892	2062.0538	2943.0660

12.4.2.6　长期土壤质量基准

由表12.13中确定的HC_5，除以评估因子1，然后加上我国土壤铅的平均背景值23.6mg/kg得到铅长期土壤质量基准140.9546mg/kg。本长期土壤质量基准表示对95%的土壤陆生生物及其生态功能不产生慢性有害效应的土壤中铅最大浓度。

参考文献

李宁，郭雪雁，陈世宝，等，2015. 基于大麦根伸长测定土壤Pb毒性阈值、淋洗因子及其预测模型 [J]. 应用生态学报，26 (07)：2177-2182.

纳明亮，徐明岗，张建新，等，2008. 我国典型土壤上重金属污染对番茄根伸长的抑制毒性效应 [J]. 生态毒理学报，(01)：81-86.

王晓南，陈丽红，王婉华，等，2016. 保定潮土铅的生态毒性及其土壤环境质量基准推导 [J]. 环境化学，35 (06)：1219-1227.

Kader M，Lamb D T，Mahbub K R，et al.，2016. Predicting plant uptake and toxicity of lead (Pb) in long-term contaminated soils from derived transfer functions [J]. Environmental Science and Pollution Research，23 (15)：15460-15470.

Lanno R P，Oorts K，Smolders E，et al.，2019. Effects of soil properties on the toxicity and bioaccumulation of lead in soil invertebrates [J]. Environ Toxicol Chem，38 (7)：1486-1494.

Li J，Huang Y，Hu Y，et al.，2016. Lead toxicity thresholds in 17 Chinese soils based on substrate-induced nitrification assay [J]. Journal of Environmental Sciences，44：131-140.

Spurgeon D J，Hopkin S P，Jones D T，1994. Effects of cadmium，copper，lead and zinc on growth，reproduction and survival of the earthworm *Eisenia fetida* (Savigny)：Assessing the environmental impact of point-source metal contamination in terrestrial ecosystems [J]. Environ Pollut，84 (2)：123-130.

Zheng H，Chen L，Li N，et al.，2017. Toxicity threshold of lead (Pb) to nitrifying microorganisms in soils determined by substrate-induced nitrification assay and prediction model [J]. Journal of Integrative Agriculture，16 (8)：1832-1840.

第13章 土壤生态环境基准技术报告——苯并[*a*]芘

苯并[*a*]芘是我国土壤中常见的有机污染物多环芳烃类的一种，具有较高的生物毒性和环境危害性。本章通过文献搜集与实验数据获取的方法，开展系列调查，为制定相关土壤生态环境质量标准、预防和控制苯并[*a*]芘对土壤生物及生态系统的危害提供科学依据。

13.1 国内外研究进展

荷兰是最早关注土壤环境污染问题的国家之一，制定了系统全面的土壤环境基准和标准体系，采用评估因子法推导对生态安全的土壤基准值。美国是世界上较早关注场地土壤污染的国家之一，基于科学和务实的原则确定了推导美国土壤生态筛选值（ecological soil screening levels，Eco-SSLs）的生态受体（植物、土壤无脊椎动物等不同的生态受体）。澳大利亚土壤质量指导值（soil quality guidelines，SQG）根据其目标不同有多种类型，SQG 推导方法的关键是考虑污染物在被研究土壤中的生物有效性和生态毒性，该方法的另一个关键因素是背景浓度。因此，用于推导 SQG 的数据是用外源添加到土壤中造成毒性的污染物的量。当按照该方法使用毒性数据时，所得到的值为外源添加浓度值（added contaminant level，ACL），然后在 ACL 中加上所研究土壤的环境背景浓度（background concentration）以计算 SQG。加拿大的土壤质量指导值（SQG）由加拿大临时土壤质量基准演变而来，其中保护生态安全的土壤质量指导值（SQG_E）的推导和取值都是相对比较保守的。加拿大在推导最终的 SQG_E 时，选择了不同暴露途径中最低的指导值作为通用的 SQG_E，这保证了每类生态受体都能最大限度受到保护。发达国家对苯并[*a*]芘（B*a*P）土壤基准的研究见表 13.1 和表 13.2。

表 13.1 美国生态土壤毒性筛选值 单位：mg/kg

污染物		植物	土壤无脊椎动物	鸟类	哺乳动物
多环芳烃	低分子量	NA	29	NA	100
	高分子量	NA	18	NA	1.1

注：NA 表示现有数据不足以推导出相应的土壤筛选值。

表 13.2 加拿大苯并[a]芘的土壤质量指导值 单位：mg/kg

项目	农业用地	住宅/公园	商业用地	工业用地
SQG 值	20	20	72	72
土壤接触（植物和无脊椎动物）	20	20	72	72
土壤和食物摄入（家畜和野生动物）	0.6	0.6	—	—
保护淡水生物	8800	8800	8800	8800
临时 SQG 值（CCME，2010）	0.7	0.7	1.4	1.4

由于土壤质量基准推导方法和表征形式、使用的物种均存在差异，导致不同国家制定的苯并[a]芘相关的基准均存在一定差异。我国 2018 年发布的《土壤环境质量 农用地土壤污染风险管控标准（试行）》（GB 15618—2018）中，对于 BaP 的农用地土壤污染风险筛选值为 0.55mg/kg，同年发布了《土壤环境质量 建设用地土壤污染风险管控标准（试行）》（GB 36600—2018），划分了两类建设用地，并分别提出了 BaP 的筛选值与管制值，见表 13.3。此外，我国北京市、重庆市、上海市等基于地方发展分别提出了场地土壤环境风险评价筛选值，其中 BaP 在住宅用地、公园与绿地、工业/商服用地 3 类场地土壤中的环境评价筛选值见表 13.4。

表 13.3 我国建设用地土壤风险管控筛选值 单位：mg/kg

污染物	筛选值		管制值	
	第一类用地	第二类用地	第一类用地	第二类用地
苯并[a]芘	0.55	1.5	5.5	15

表 13.4 不同地区各类土壤风险评价筛选值 单位：mg/kg

标准号	直辖市	住宅用地	公园与绿地	工业/商服用地
原 DB11/T 811—2011	北京市	0.2	0.2	0.4
原 DB50/T 723—2016	重庆市	0.2	0.2	0.2
—	上海市	0.2	0.2	0.2

13.2 苯并[a]芘的环境问题

13.2.1 理化性质

BaP 为多环芳烃类化合物中最具代表性的有机致癌物，是多环芳烃污染物中致癌性最强的一种，它广泛分布于大气、水体和土壤环境中。BaP 来源可以分为自然来源和人为来源。自然来源主要包括火山喷发、森林和草原火灾以及石油泄漏等。人为来源主要包括化石燃料的不完全燃烧与热解、垃圾焚烧和填埋以及人类生活排放等。由于其性质稳定，并且在环境中留存的时间长，因此较难被微生物降解。BaP 往往通过迁移和沉降进入土壤中，大部分结合土壤的有机质，通过土壤吸附、迁移和转化等过程进行输送。通常 BaP 污染物可以经过消化道、呼吸道以及皮肤接触等途径进入生物体内，并与其

DNA 相结合形成 B*a*P-DNA 复合物，因此它成为生物体致癌、致畸、致突变的启动因子，直接对生物体造成威胁。B*a*P 由 5 个苯环构成（表 13.5），熔点 175～179℃，不溶于水，微溶于乙醇、甲苯、二甲苯，具有致癌、致畸、致突变的性质，是多环芳烃中毒性最大的强致癌物之一，被国际癌症研究组织列入一级致癌物，是环境污染的主要监控目标。

表 13.5　苯并[*a*]芘的理化性质

物质名称	苯并[*a*]芘	UN 编号	1145
英文名	benzo[*a*]pyrene	熔点/℃	175～179
分子结构		沸点/℃	495
		水溶性	不溶于水
分子式	$C_{20}H_{12}$	用途	组织化学测定脂类（呈蓝或蓝白色荧光，褪色快，不能作永久标本），癌症的研究，常作为环境中致癌多环芳烃污染指标物质
CAS 号	50-32-8		
EINECS 号	200-028-5		

13.2.2　苯并[*a*]芘对土壤生物的毒性

慢性毒性值（CTV）包括无观察效应浓度（NOEC）、最低观察效应浓度（LOEC）、x%效应浓度（EC_x）等。本基准推导种平均慢性值（SMCV）时，由于土壤中苯并[*a*]芘的生态毒性值较少，故除 NOEC/LOEC/EC_{10} 外，同样将实验天数在 21d 及以上的 LC_{20}/EC_{20} 作为 CTV 计算 SMCV。

13.2.3　土壤参数对苯并[*a*]芘毒性的影响

土壤参数包括土壤粒径（黏粒、砂粒、粉粒）、pH 值、阳离子含量、有机质含量等，是影响污染物质毒性的重要因素。澳大利亚、荷兰、英国等在制定土壤基准时，均考虑了土壤参数对苯并[*a*]芘毒性值的影响，故本报告同样考虑土壤参数的影响。

13.3　资料检索和数据筛选

13.3.1　数据需求

本次基准推导所需数据类别包括物种类型、毒性数据等，各类数据关注指标见表 13.6。

表 13.6　毒性数据检索要求

数据类型	关注指标
污染物	苯并[*a*]芘、B*a*P、benzo[*a*]pyrene
物种类型	中国本土物种、在中国自然土壤中广泛分布的国际通用物种

续表

数据类型	关注指标
物种名称	中文名称、拉丁文名称
实验物种生命阶段	幼体、成体等
暴露方式	土培暴露
暴露时间	以天或时计
CTV	NOEC、LOEC、EC_{10}、LC_{20}、EC_{20}
毒性效应	致死效应、生殖毒性效应、活动抑制效应等

13.3.2 文献资料检索

本次基准制定使用的数据来自英文毒理数据库和中英文文献数据库。毒理数据库、文献数据库纳入条件和剔除原则见表 13.7。在数据库筛选的基础上进行苯并[*a*]芘毒性数据检索，检索方案见表 13.8。

表 13.7 数据库纳入和剔除原则

数据库类型	纳入条件	剔除原则	符合条件的数据库名称
毒理数据库	(1) 包含表 13.6 关注的数据类型和指标； (2) 数据条目可溯源，且包括题目、作者、期刊名、期刊号等信息	(1) 剔除不包含毒性测试方法的数据库； (2) 剔除不包含具体实验条件的数据库	ECOTOX
文献数据库	(1) 包含中文核心期刊或科学引文索引核心期刊（SCI）； (2) 包含表 13.6 关注的数据类型和指标	(1) 剔除综述性论文数据库； (2) 剔除理论方法学论文数据库	(1) 中国知识基础设施工程 (2) 万方知识服务平台 (3) 维普网 (4) Web of Science

表 13.8 毒理数据和文献检索方案

数据类别	数据库名称	检索时间	检索方式
毒理数据	ECOTOX	截至 2022 年 12 月 31 日之前数据库覆盖年限	(1) 化合物名称：benzo[*a*]pyrene (2) 暴露介质：soil (3) 测试终点：NOEC 或 LOEC 或 EC_{10} 或 LC_{20} 或 EC_{20}
文献检索	中国知识基础设施工程；万方知识服务平台；维普网	截至 2022 年 12 月 31 日之前数据库覆盖年限	(1) 题名：苯并[*a*]芘；或摘要：苯并[*a*]芘和毒性 (2) 主题：毒性、土壤 (3) 期刊来源类别：核心期刊
	Web of Science	截至 2022 年 12 月 31 日之前数据库覆盖年限	(1) 题名：benzo[*a*]pyrene； (2) 主题：toxicity 或 ecotoxicity 或 NOEC 或 LOEC 或 EC_{10}； (3) 摘要：NOEC 或 LOEC 或 EC_x 或 LC_x 或 IC_x 或 soil quality criteria

13.3.3 文献数据筛选

13.3.3.1 筛选方法

对检索获得的数据进行筛选，筛选方法见表 9.7。数据筛选时，采用两组研究人员分别独立完成，筛选过程中若两组人员对数据存在分歧，则提交编制组统一讨论或组织专家咨询后决策。

13.3.3.2 筛选结果

依据表 9.7 所示数据筛选方法对检索所得数据进行筛选，共获得数据 24 条，筛选结果见表 13.9。经可靠性评价，共有 24 条数据（无限制可靠）可用于基准推导，其中本土物种 5 种，在中国自然土壤中广泛分布的国际通用物种 3 种（表 13.10），大部分物种都是我国本土土壤优势种，具有重要的生态学意义和应用价值，纳入基准计算。

表 13.9 数据可靠性评价及分布

数据可靠性	评价原则	慢性毒性数据/条
无限制可靠	数据来自良好实验室规范（GLP）体系，或数据产生过程符合实验准则（参照 HJ 831 相关要求）	24
限制可靠	数据产生过程不完全符合实验准则，但发表于核心期刊	0
不可靠	数据产生过程与实验准则有冲突或矛盾，没有充足的证据证明数据可用，实验过程不能令人信服；以及合并后的非优先数据（对比实验方式及是否进行了化学监控等）	0
不确定	没有提供足够的实验细节，无法判断数据可靠性	0

表 13.10 筛选数据涉及的物种分布

数据类型	物种类型	物种数量/种	物种名称	合计/种
慢性毒性	本土物种	5	①黑麦草；②微生物群落；③苜蓿；④威廉腔环蚓；⑤秉氏远盲蚓	5
	在中国自然土壤中广泛分布的国际通用物种	3	①小麦；②赤子爱胜蚓；③白符跳虫	3
	引进物种	0		

获得的动植物慢性毒性数据终点有 NOEC、LC_{20}、EC_{20}、EC_{10} 和 EC_{10}。苯并[a]芘对陆生动物的毒性数据相对较少，本报告筛选获得了 13 条用于基准推导的陆生动物毒性数据，包括 4 条白符跳虫毒性数据，3 条赤子爱胜蚓毒性数据，等等（表 13.11），暴露时间均≥14d，纳入长期基准计算。

13.3.4 实验室自测苯并[a]芘毒性数据

由于筛选获得的相关毒性数据较少，尤其慢性毒性数据相对缺乏，因此本报告参考 OECD 208 的标准测试方法，利用本土代表性物种开展了苯并[a]芘慢性毒性测试。在慢性毒性数据方面，获取了两种土壤条件下苯并[a]芘对苜蓿、黑麦草21d慢性实验的EC_{20}。

表 13.11 长期土壤质量基准推导物种及毒性数据量分布

序号	物种名称	毒性数据/条	物种类型	序号	物种名称	毒性数据/条	物种类型
1	赤子爱胜蚓	3	本土物种	5	白符跳虫	4	本土物种
2	秉氏远盲蚓	2		6	苜蓿	4	
3	威廉腔环蚓	2		7	黑麦草	4	
4	微生物群落	2		8	小麦	3	

13.3.5 基准推导物种及毒性数据量分布

苯并[a]芘长期土壤质量基准推导物种及毒性数据量分布情况见表13.11。

13.4 基准推导

13.4.1 推导方法

13.4.1.1 毒性数据使用

获得的陆生生物CTV主要包括EC_{10add}、$NOEC_{add}$和$LOEC_{add}$等形式，然后利用下式计算SMCV，使用回归模型和种间外推回归模型将苯并[a]芘所有的$SMCV_i$值归一化到目标土壤性质（pH＝6.93，CEC＝20.82cmol/kg，OM＝2.02%，clay＝24.72%）条件下。

$$SMCV_i=\sqrt[n]{(CTV_1)_i\times(CTV_2)_i\times\cdots\times(CTV_n)_i}$$

式中 $SMCV_i$——物种i的种平均慢性值，mg/kg；

CTV——慢性毒性值，mg/kg；

n——物种i的CTV个数，个；

i——某一物种，无量纲。

13.4.1.2 毒性数据分布检验

对计算获得的$SMCV_i$分别进行正态分布检验（K-S检验），若不符合正态分布，则对数据进行对数转换后重新检验。对符合正态分布的数据按照“13.4.1.4 模型拟合与评价”的要求进行物种敏感性分布（SSD）模型拟合。

13.4.1.3 累积频率计算

将物种$SMCV_i$或其对数值分别从小到大进行排序，确定其毒性秩次R。最小毒性值的秩次为1，次之秩次为2，依次排列，如果有两个或两个以上物种的毒性值相同，则将其任意排成连续秩次，每个秩次下物种数为1。依据下式分别计算物种的累积频率F_R。

$$F_R = \frac{\sum_{1}^{R} f}{\sum f + 1} \times 100\%$$

式中 F_R——累积频率，指毒性秩次 1～R 的物种数之和与物种总数之比；

f——频数，指毒性值秩次 R 对应的物种数，个。

13.4.1.4 模型拟合与评价

以通过正态分布检验的 $SMCV_i$ 或经转换后符合正态分布的数据为 X，以对应的累积频率 F_R 为 Y，进行物种敏感性分布（SSD）模型拟合（包括正态分布模型、对数正态分布模型、逻辑斯谛分布模型、对数逻辑斯谛分布模型），依据模型拟合均方根误差（RMSE）以及 K-S 检验结果，结合专业判断，确定 $SMCV_i$ 的最优拟合模型。

13.4.1.5 基准的确定

（1）HC_x

根据“13.4.1.4 模型拟合与评价”确定的最优拟合模型拟合的 SSD 曲线，分别确定累积频率为 5%时所对应的 x 值，将 x 值还原为数据转换前的形式，获得的值即为慢性的 5%物种危害浓度 HC_5。

（2）基准值

将慢性的 HC_5 除以评估因子 1 后，即为苯并[a]芘的土壤陆生生物长期基准，单位为 mg/kg。

13.4.1.6 SSD 模型拟合软件

本次基准推导采用国家生态环境基准计算软件 EEC-SSD。

13.4.1.7 结果表达

数据修约按照《数值修约规则与极限数值的表示和判定》（GB/T 8170—2008）进行。LSQC 保留 4 位有效数字。

13.4.2 推导结果

13.4.2.1 SMCV

根据每个物种的 CTV，依据 13.4.1.1 部分得到每个物种的 $SMCV_i$（表 13.12）。

表 13.12 种平均慢性值及累积频率

物种 i	$SMCV_i$ /(mg/kg)	lg[$SMCV_i$ /(mg/kg)]	lg[$SMCV_i$/(mg/kg)]			参考文献
			R	f/个	F_R/%	
微生物群落 microbial	60.1747	1.7794	1	1	11.11	Cheng et al.，2014

续表

物种 i	SMCV$_i$ /(mg/kg)	lg[SMCV$_i$ /(mg/kg)]	lg[SMCV$_i$/(mg/kg)]			参考文献
			R	f/个	F_R/%	
白符跳虫 *Folsomia candida*	101.9479	2.0084	2	1	22.22	秦佳祎 等，2013；张家乐 等，2021
威廉腔蚓 *Metaphire guillelmi*	123.6051	2.0920	3	1	33.33	张力浩，2019
苜蓿 *Medicago sativa*	184.0333	2.2649	4	1	44.44	自测
秉氏远盲蚓 *Amynthas carnosus*	194.8234	2.2896	5	1	55.56	张力浩，2019
赤子爱胜蚓 *Eisenia fetida*	212.9183	2.3282	6	1	66.67	张力浩，2019；段晓尘，2015
黑麦草 *Lolium perenne*	1438.9073	3.1580	7	1	77.78	自测
小麦 *Triticum aestivum*	1451.7885	3.1619	8	1	88.89	丁克强 等，2008

13.4.2.2 毒性数据分布检验

对获得的 SMCV$_i$ 和 lg(SMCV$_i$)分别进行正态分布检验，综合 P 值、峰度和偏度分析结果，SMCV$_i$ 正态分布对称性更优，满足 SSD 模型拟合要求，结果见表 13.13。

表 13.13 慢性毒性数据的正态性检验结果

数据类别	百分数			算术平均值	标准差	峰度	偏度	P 值（K-S 检验）
	25%	50%	75%					
SMCV$_i$/(mg/kg)	189.4280	471.0250	603.5230	471.0248	564.5441	−0.0380	1.4090	0.4160
lg[SMCV$_i$/(mg/kg)]	2.2770	2.3850	0.5100	2.3853	0.4773	−0.4330	0.8970	0.2900

13.4.2.3 累积频率

lg(SMCV$_i$)的累积频率 F_R 见表 13.12。

13.4.2.4 模型拟合与评价

模型拟合结果见表 13.14。通过 R^2、RMSE 和 P 值（A-D 检验）的比较可知，最优拟合模型为对数逻辑斯谛分布模型，拟合曲线见图 13.1。

表 13.14 苯并[a]芘长期水质基准模型拟合结果

模型拟合	RMSE	P 值（A-D 检验）	模型拟合	RMSE	P 值（A-D 检验）
正态分布模型	0.1075	>0.05	逻辑斯谛分布模型	0.0937	>0.05
对数正态分布模型	0.0920	>0.05	对数逻辑斯谛分布模型	0.0841	>0.05

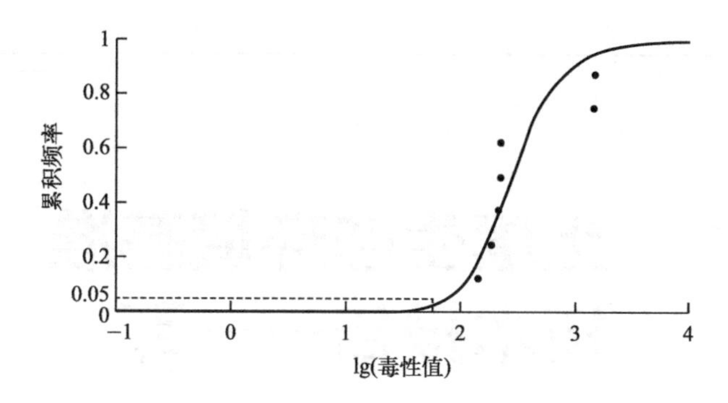

图 13.1 慢性毒性-累积频率拟合 SSD 曲线

13.4.2.5 HC_x

依据模型拟合结果（表 13.14），选择对数逻辑斯谛分布模型推导长期物种危害浓度 HC_5、HC_{10}、HC_{25}、HC_{50}、HC_{75}、HC_{90} 和 HC_{95}（表 13.15）。

表 13.15 土壤陆生生物苯并[*a*]芘长期物种危害浓度 单位：mg/kg

项目	HC_5	HC_{10}	HC_{25}	HC_{50}	HC_{75}	HC_{90}	HC_{95}
数据	45.3507	63.1129	108.1537	198.7754	395.3958	860.0295	1544.4492

13.4.2.6 长期土壤质量基准

由表 13.15 中确定的 HC_5，除以评估因子 1，得到苯并[*a*]芘长期土壤质量基准 45.3507mg/kg。本长期土壤质量基准表示对 95%的土壤陆生生物及其生态功能不产生有害效应的土壤中苯并[*a*]芘最大浓度。

参考文献

丁克强，骆永明，刘世亮，2008. 多环芳烃对土壤中小麦发育的生态毒性效应 [J]. 南京工程学院学报（自然科学版），22 (02)：52-56.

段晓尘，2015. 重金属和有机污染物对赤子爱胜蚓（*Eisenia fetida*）的生态毒理效应及机制差异 [D]. 南京：南京农业大学 .

秦佳祎，杨启银，宋静，等，2013. 土壤中苯并[*a*]芘对白符跳（*Folsomia candida*）的生态毒性研究 [J]. 土壤学报，50 (05)：983-990.

张家乐，赵龙，郭军康，等，2021. 不同环数多环芳烃对土壤白符跳（*Folsomia candida*）的毒性差异 [J]. 农业环境科学学报，40 (12)：2638-2646，2584.

张力浩，2019. 蚯蚓对苯并[*a*]芘和镉的毒性响应及差异机制研究 [D]. 南京：南京农业大学 .

CCME，2010. Canadian soil quality guidelines for the protection of environmental and human health：Carcinogenic and other PAHs. In：Canadian environmental quality guidelines，1999 [R]. Canadian Council of Ministers of the Environment，Winnipeg.

Cheng J，Song J，Ding C，et al. ，2014. Ecotoxicity of benzo[*a*]pyrene assessed by soil microbial indicators [J]. Environmental Toxicology and Chemistry，33 (9)：1930-1936.

第14章 土壤生态环境基准技术报告——菲

菲是我国土壤中常见的有机污染物，2017年被世界卫生组织列入三级致癌物清单中，具有较高的生物毒性和环境危害性。本章通过文献搜集与实验数据获取的方法，开展系列调查，为制定相关土壤生态环境质量标准、预防和控制菲对土壤生物及生态系统的危害提供科学依据。

14.1 国内外研究进展

荷兰是最早关注土壤环境污染问题的国家之一，制定了系统全面的土壤环境基准和标准体系，采用评估因子法推导对生态安全的土壤基准值。美国是世界上较早关注场地土壤污染的国家之一，基于科学和务实的原则确定了推导美国土壤生态筛选值（ecological soil screening levels，Eco-SSLs）的生态受体（植物、土壤无脊椎动物等不同的生态受体）。澳大利亚土壤质量指导值（soil quality guidelines，SQG）根据其目标不同有多种类型，SQG推导方法的关键是考虑污染物在被研究土壤中的生物有效性和生态毒性，该方法的另一个关键因素是背景浓度。因此，用于推导SQG的数据是用外源添加到土壤中造成毒性的污染物的量。当按照该方法使用毒性数据时，所得到的值为外源添加浓度值（added contaminant level，ACL），然后在ACL中加上所研究土壤的环境背景浓度（background concentration）以计算SQG。加拿大的土壤质量指导值（SQG）由加拿大临时土壤质量基准演变而来，其中保护生态安全的土壤质量指导值（SQG_E）的推导和取值都是相对比较保守的。加拿大在推导最终的SQG_E时，选择了不同暴露途径中最低的指导值作为通用的SQG_E，这保证了每类生态受体都能最大限度受到保护。发达国家对菲土壤基准的研究见表14.1和表14.2。

表14.1 加拿大菲的土壤质量指导值 单位：mg/kg

项目	农业用地	住宅/公园	商业用地	工业用地
SQG值	NC	NC	NC	NC
土壤接触（植物和无脊椎动物）	NC	NC	NC	NC

续表

项目	农业用地	住宅/公园	商业用地	工业用地
土壤和食物摄入（家畜和野生动物）	43.0	43.0	—	—
保护淡水生物	0.046	0.046	0.046	0.046
临时 SQG 值（CCME，2010）	0.1	5	50	50

注：NC 表示未计算。

表 14.2 美国生态土壤毒性筛选值 单位：mg/kg

污染物		植物	土壤无脊椎动物	鸟类	哺乳动物
多环芳烃	低分子量	NA	29	NA	100
	高分子量	NA	18	NA	1.1

注：NA 表示现有数据不足以推导出相应的土壤筛选值。

由于土壤质量基准推导方法和表征形式、使用的物种均存在差异，导致不同国家制定的菲相关的基准均存在一定差异。北京市、重庆市等基于地方发展，分别提出了场地土壤环境风险评价筛选值，其中菲在 3 类场地土壤中的环境评价筛选值见表 14.3。2018 年 6 月 22 日，生态环境部与国家市场监督管理总局联合发布了《土壤环境质量　农用地土壤污染风险管控标准（试行）》（GB 15618—2018）和《土壤环境质量　建设用地土壤污染风险管控标准（试行）》（GB 36600—2018），为有效管控农用地和建设用地土壤环境风险提供了重要依据。

表 14.3 不同地区各类土壤风险评价筛选值 单位：mg/kg

标准号	省区市	住宅用地	公园与绿地	工业/商服用地
原 DB11/T 811—2011	北京市	850	1200	3300
原 DB50/T 723—2016	重庆市	200	1800	1400

14.2 菲的环境问题

14.2.1 菲的理化性质

菲（phenanthrene，Phe）是一种在工业活动中排放的具有 3 个苯环的多环芳烃，属于较简单的低分子量多环芳烃，为带光泽的无色晶体，从乙醇中析出的菲为无色单斜晶系片状结晶，升华得到的菲为叶片状结晶，相对密度 1.179（25/4℃），折射率为 1.6450，能升华，不溶于水，微溶于乙醇，溶于乙醚、苯、冰醋酸、三氯甲烷、四氯化碳和二硫化碳，溶液发蓝色荧光（表 14.4）。菲在煤焦油及相关工业活动中有较多的产生与分布，可用于制造农药和染料等，也用作高效低毒农药及无烟火药等炸药的稳定剂。环境中菲的来源有垃圾处理中有机物的不完全燃烧、工农业“三废”和汽车尾气排放，因其结构性质稳定、难降解而广泛存在于土壤、水体的沉积物和空气中，不仅在污染环境中的含量高，还对人的呼吸道和皮肤有毒害作用，被 US EPA 指定为优先污染物，2017 年被世界卫生组织列入三级致癌物清单中。

表 14.4　菲的理化性质

物质名称	菲	UN 编号	3077
英文名	phenanthrene	熔点/℃	97～101
分子结构		沸点/℃	336
		水溶性	不溶于水
分子式	$C_{14}H_{10}$	用途	可用于合成树脂、植物生长激素、还原染料、鞣料等方面，菲经氢化制得全氢菲可用于生产喷气飞机的燃料
CAS 号	85-01-8		
EINECS 号	201-581-5		

14.2.2　菲对土壤生物的毒性

慢性毒性值（CTV）包括无观察效应浓度（NOEC）、最低观察效应浓度（LOEC）、x%效应浓度（EC_x）等。本基准推导种平均慢性值（SMCV）时，由于土壤中菲的生态毒性值较少，故除 NOEC/LOEC/EC_{10} 外，同样将实验天数在 21d 及以上的 LC_{20}/EC_{20} 值作为 CTV 计算 SMCV。

14.2.3　土壤参数对菲毒性的影响

土壤参数包括土壤粒径（黏粒、砂粒、粉粒）、pH 值、阳离子含量、有机质含量等，是影响污染物质毒性的重要因素。澳大利亚、荷兰、英国等在制定本国土壤基准时，均考虑了土壤参数对毒性值的影响，故本报告同样考虑土壤参数的影响。

14.3　资料检索和数据筛选

14.3.1　数据需求

本次基准推导所需数据类别包括物种类型、毒性数据等，各类数据关注指标见表 14.5。

表 14.5　毒性数据检索要求

数据类型	关注指标
污染物	菲、Phe、phenanthrene
物种类型	中国本土物种、在中国自然土壤中广泛分布的国际通用物种
物种名称	中文名称、拉丁文名称
实验物种生命阶段	幼体、成体等

续表

数据类型	关注指标
暴露方式	土培暴露
暴露时间	以天或时计
CTV	NOEC、LOEC、EC_{10}、LC_{50}、EC_{50}
毒性效应	致死效应、生殖毒性效应、活动抑制效应等

14.3.2 文献资料检索

本次基准制定使用的数据来自英文毒理数据库和中英文文献数据库。毒理数据库、文献数据库纳入条件和剔除原则见表 14.6。在数据库筛选的基础上进行铜毒性数据检索，检索方案见表 14.7。

表 14.6 数据库纳入和剔除原则

数据库类型	纳入条件	剔除原则	符合条件的数据库名称
毒理数据库	(1) 包含表 14.5 关注的数据类型和指标； (2) 数据条目可溯源，且包括题目、作者、期刊名、期刊号等信息	(1) 剔除不包含毒性测试方法的数据库； (2) 剔除不包含具体实验条件的数据库	ECOTOX
文献数据库	(1) 包含中文核心期刊或科学引文索引核心期刊 (SCI)； (2) 包含表 14.5 关注的数据类型和指标	(1) 剔除综述性论文数据库； (2) 剔除理论方法学论文数据库	(1) 中国知识基础设施工程 (2) 万方知识服务平台 (3) 维普网 (4) Web of Science

表 14.7 毒理数据和文献检索方案

数据类别	数据库名称	检索时间	检索方式
毒理数据	ECOTOX	截至 2022 年 12 月 31 日之前数据库覆盖年限	(1) 化合物名称：phenanthrene (2) 暴露介质：soil (3) 测试终点：NOEC 或 LOEC 或 EC_{10} 或 LC_{10} 或 EC_{20}
文献检索	中国知识基础设施工程；万方知识服务平台；维普网	截至 2022 年 12 月 31 日之前数据库覆盖年限	(1) 题名：菲；或摘要：菲和毒性 (2) 主题：毒性、土壤 (3) 期刊来源类别：核心期刊
	Web of Science	截至 2022 年 12 月 31 日之前数据库覆盖年限	(1) 题名：phenanthrene (2) 主题：toxicity 或 ecotoxicity 或 NOEC 或 LOEC 或 EC_{10} (3) 摘要：NOEC 或 LOEC 或 EC_x 或 LC_x 或 IC_x 或 soil quality criteria

14.3.3 文献数据筛选

14.3.3.1 筛选方法

对检索获得的数据进行筛选，筛选方法见表 9.7。数据筛选时，采用两组研究人员分别独立完成，筛选过程中若两组人员对数据存在分歧，则提交编制组统一讨论或组织专家咨询后决策。

14.3.3.2 筛选结果

依据表 9.7 所列数据筛选方法对检索所得数据进行筛选，共获得数据 104 条，筛选结果见表 14.8。经可靠性评价，共有 104 条数据（无限制可靠）可用于基准推导，其中中国本土物种 15 种，国际通用且在中国自然水体中广泛分布物种 7 种（表 14.9）。大部分物种都是我国本土土壤优势种，具有重要的生态学意义和应用价值，纳入基准计算。

表 14.8 数据可靠性评价及分布

数据可靠性	评价原则	慢性毒性数据/条
无限制可靠	数据来自良好实验室规范（GLP）体系，或数据产生过程符合实验准则（参照 HJ 831 相关要求）	104
限制可靠	数据产生过程不完全符合实验准则，但发表于核心期刊	0
不可靠	数据产生过程与实验准则有冲突或矛盾，没有充足的证据证明数据可用，实验过程不能令人信服；以及合并后的非优先数据（对比实验方式及是否进行了化学监控等）	0
不确定	没有提供足够的实验细节，无法判断数据可靠性	0

表 14.9 筛选数据涉及的物种分布

数据类型	物种类型	物种数量/种	物种名称	合计/种
慢性毒性	本土物种	15	①苜蓿；②蒲公英；③马齿苋；④球肾白线蚓；⑤短角跳虫；⑥线蚓1；⑦原生动物；⑧线蚓2；⑨黑麦草；⑩稻；⑪绿豆；⑫白芥；⑬红车轴草；⑭八毛枝蚓；⑮芜青	15
	在中国自然土壤中广泛分布的国际通用物种	7	①小麦；②番茄；③安德爱胜蚓；④青菜；⑤白符跳虫；⑥赤子爱胜蚓；⑦威尼斯爱胜蚓	7
	引进物种	0		

获得的动植物慢性毒性数据终点有 NOEC、LC_{20}、EC_{20}、EC_{10} 和 EC_{10}。非对陆生动物的毒性数据相对较少，本报告筛选获得了 33 条用于基准推导的陆生动物毒性数据，

包括5条白符跳虫毒性数据，8条赤子爱胜蚓毒性数据，等等（表14.10），暴露时间均≥28d，纳入长期基准计算。

表14.10　长期土壤质量基准推导物种及毒性数据量分布

序号	物种名称	毒性数据/条	物种类型	序号	物种名称	毒性数据/条	物种类型
1	芜青	1	本土物种	12	苜蓿	16	本土物种
2	红车轴草	3		13	稻	2	
3	八毛枝蚓	2		14	马齿苋	8	
4	安德爱胜蚓	1		15	威尼斯爱胜蚓	4	
5	赤子爱胜蚓	8		16	白芥	2	
6	青菜	2		17	番茄	1	
7	线蚓1	2		18	蒲公英	8	
8	线蚓2	2		19	原生动物	1	
9	白符跳虫	5		20	小麦	3	
10	短角跳虫	10		21	球肾白线蚓	1	
11	黑麦草	22		22	绿豆	2	

14.3.4　实验室自测菲毒性数据

由于筛选获得的相关毒性数据较少，尤其慢性毒性数据相对缺乏，因此本报告参考OECD 208的标准测试方法，利用本土代表性物种开展了菲慢性毒性测试。在慢性毒性数据方面，获取了两种土壤条件下菲对黑麦草、苜蓿、马齿苋、蒲公英21d慢性实验的EC_{20}。

14.3.5　基准推导物种及毒性数据量分布

菲长期土壤质量基准推导物种及毒性数据量分布情况见表14.10。

14.4　基准推导

14.4.1　推导方法

14.4.1.1　毒性数据使用

获得的陆生生物CTV主要包括EC_{10add}、$NOEC_{add}$和$LOEC_{add}$等形式，然后利用下式计算SMCV，使用回归模型和种间外推回归模型将菲所有的$SMCV_i$值归一化到目标土壤性质（pH＝6.93，CEC＝20.82cmol/kg，OM＝2.02％，clay＝24.72％）条件下。

$$SMCV_i = \sqrt[n]{(CTV_1)_i \times (CTV_2)_i \times \cdots \times (CTV_n)_i}$$

式中　$SMCV_i$——物种 i 的种平均慢性值，mg/kg；

CTV——慢性毒性值，mg/kg；

n——物种 i 的 CTV 个数，个；

i——某一物种，无量纲。

14.4.1.2　毒性数据分布检验

对计算获得的 $SMCV_i$ 分别进行正态分布检验（K-S 检验），若不符合正态分布，则对数据进行对数转换后重新检验。对符合正态分布的数据按照“14.4.1.4　模型拟合与评价”的要求进行物种敏感性分布（SSD）模型拟合。

14.4.1.3　累积频率计算

将物种 $SMCV_i$ 或其对数值分别从小到大进行排序，确定其毒性秩次 R。最小毒性值的秩次为 1，次之秩次为 2，依次排列，如果有两个或两个以上物种的毒性值相同，则将其任意排成连续秩次，每个秩次下物种数为 1。依据下式分别计算物种的累积频率 F_R。

$$F_R = \frac{\sum_{1}^{R} f}{\sum f + 1} \times 100\%$$

式中　F_R——累积频率，指毒性秩次 1～R 的物种数之和与物种总数之比；

f——频数，指毒性值秩次 R 对应的物种数，个。

14.4.1.4　模型拟合与评价

以通过正态分布检验的 $SMCV_i$ 或经转换后符合正态分布的数据为 X，以对应的累积频率 F_R 为 Y，进行物种敏感性分布（SSD）模型拟合（包括正态分布模型、对数正态分布模型、逻辑斯谛分布模型、对数逻辑斯谛分布模型），依据模型拟合的均方根误差（RMSE）以及 A-D 检验结果，结合专业判断，确定 $SMCV_i$ 的最优拟合模型。

14.4.1.5　基准的确定

（1）HC_x

根据“14.4.1.4　模型拟合与评价”确定的最优拟合模型拟合的 SSD 曲线，分别确定累积频率为 5%时所对应的 x 值，将 x 值还原为数据转换前的形式，获得的值即为慢性的 5%物种危害浓度 HC_5。

（2）基准值

将慢性的 HC_5 除以评估因子 1，即为非的土壤陆生生物长期基准，单位为 mg/kg。

14.4.1.6　SSD 模型拟合软件

本次基准推导采用国家生态环境基准计算软件 EEC-SSD。

14.4.1.7 结果表达

数据修约按照《数值修约规则与极限数值的表示和判定》（GB/T 8170—2008）进行。LSQC 保留 4 位有效数字。

14.4.2 推导结果

14.4.2.1 SMCV

根据每个物种的 CTV，依据 14.4.1.1 部分得到每个物种的 $SMCV_i$（表 14.11）。

表 14.11 种平均慢性值及累积频率

物种 i	$SMCV_i$ /(mg/kg)	lg[$SMCV_i$ /(mg/kg)]	lg[$SMCV_i$/(mg/kg)]			参考文献
			R	f/个	F_R/%	
球肾白线蚓 *Fridericia bulbosa*	2.6560	0.4249	1	1	4.35	胡双庆，2016；朱江，2008
赤子爱胜蚓 *Eisenia fetida*	8.2780	0.9180	2	1	8.70	Anyanwu et al.，2016；He et al.，2022；吴尔苗，2011；徐慧，2010
威尼斯爱胜蚓 *Eisenia veneta*	21.7071	1.3366	3	1	13.04	Sverdrup et al.，2010
蒲公英 *Taraxacum mongolicum*	25.8596	1.4126	4	1	17.39	自测
白芥 *Sinapsis alba*	26.2743	1.4195	5	1	21.74	Sverdrup et al.，2003
八毛枝蚓 *Dendrobaena octaedra*	28.1554	1.4496	6	1	26.09	Bindesbol et al.，2009
黑麦草 *Lolium perenne*	31.6643	1.5006	7	1	30.43	Sverdrup et al.，2003；Xu et al.，2005
小麦 *Triticum aestivum*	34.5744	1.5387	8	1	34.78	邢维芹 等，2008；占新华 等，2004
线蚓 2 *Enchytraeus albidus*	38.4471	1.5849	9	1	39.13	Amorim et al.，2011
番茄 *Solanum lycopersicum*	44.9574	1.6528	10	1	43.48	宋玉芳 等，2003a
红车轴草 *Trifolium pratense*	55.6758	1.7457	11	1	47.83	Sverdrup et al.，2003
短角跳虫 *Folsomia fimetaria*	72.3551	1.8595	12	1	52.17	Sverdrup et al.，2001；Sverdrup et al.，2002a
绿豆 *Vigna radiata*	76.7698	1.8852	13	1	56.52	胡双庆，2016

续表

物种 i	$SMCV_i$ /(mg/kg)	lg[$SMCV_i$ /(mg/kg)]	lg[$SMCV_i$/(mg/kg)]			参考文献
			R	f/个	F_R/%	
安德爱胜蚓 *Eisenia andrei*	78.2512	1.8935	14	1	60.87	赵作媛，2007
白符跳虫 *Folsomia candida*	98.0550	1.9915	15	1	65.22	Droge et al.，2006
青菜 *Brassica rapa var. chinensis*	98.3255	1.9927	16	1	69.57	胡双庆，2016
稻 *Oryza sativa*	112.7635	2.0522	17	1	73.91	胡双庆，2016
芜青 *Brassica rapa*	123.4436	2.0915	18	1	78.26	宋玉芳 等，2003b
线蚓 1 *Enchytraeus crypticus*	292.0463	2.4655	19	1	82.61	Droge et al.，2006；Sverdrup et al.，2002b
马齿苋 *Portulaca oleracea*	606.9294	2.7831	20	1	86.96	自测
原生动物 Protozoans	786.4692	2.8957	21	1	91.30	Sverdrup et al.，2002c
苜蓿 *Medicago sativa*	988.7415	2.9951	22	1	95.65	自测

14.4.2.2 毒性数据分布检验

对获得的 $SMCV_i$ 和 lg($SMCV_i$)分别进行正态分布检验，综合 P 值、峰度和偏度分析结果，lg($SMCV_i$)对数正态分布对称性更优，满足 SSD 模型拟合要求，结果见表 14.12。

表 14.12 慢性毒性数据的正态性检验结果

数据类别	百分数			算术平均值	标准差	峰度	偏度	P 值 (K-S 检验)
	25%	50%	75%					
$SMCV_i$/(mg/kg)	64.02	166.02	268.99	166.02	16.63	4.38	2.29	0.38
lg[$SMCV_i$/(mg/kg)]	1.80	1.81	0.61	1.81	0.23	0.60	0.10	0.14

14.4.2.3 累积频率

lg($SMCV_i$)的累积频率 F_R 见表 14.11。

14.4.2.4 模型拟合与评价

模型拟合结果见表 14.13。通过 RMSE 和 P 值（A-D 检验）的比较可知，最优拟合模型为对数逻辑斯谛分布模型，拟合曲线见图 14.1。

表 14.13　菲长期水质基准模型拟合结果

模型拟合	RMSE	*P* 值 (A-D 检验)	模型拟合	RMSE	*P* 值 (A-D 检验)
正态分布模型	0.0526	＞0.05	逻辑斯谛分布模型	0.0434	＞0.05
对数正态分布模型	0.0712	＜0.05	对数逻辑斯谛分布模型	0.0390	＞0.05

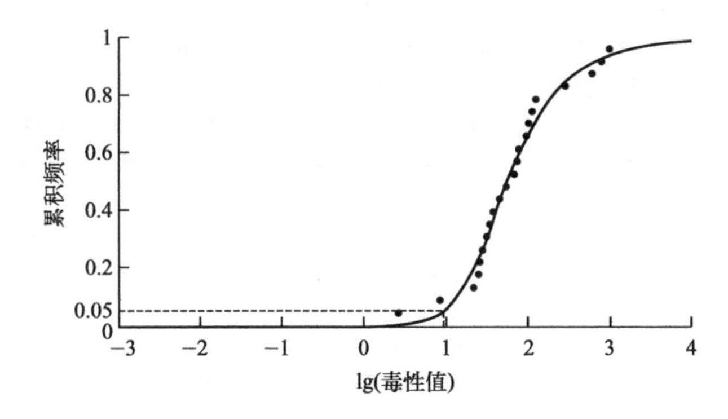

图 14.1　慢性毒性-累积频率拟合 SSD 曲线

14.4.2.5　HC_x

依据模型拟合结果（表 14.13），选择对数逻辑斯谛分布模型推导长期物种危害浓度 HC_5、HC_{10}、HC_{25}、HC_{50}、HC_{75}、HC_{90} 和 HC_{95}（表 14.14）。

表 14.14　土壤陆生生物菲长期物种危害浓度　　　　单位：mg/kg

项目	HC_5	HC_{10}	HC_{25}	HC_{50}	HC_{75}	HC_{90}	HC_{95}
数据	9.5675	13.7267	25.9825	57.4513	154.1233	525.8197	1431.2880

14.4.2.6　长期土壤质量基准

由表 14.14 中确定的 HC_5，除以评估因子 1，得到菲长期土壤质量基准 9.5675mg/kg。本长期土壤质量基准表示对 95%的土壤陆生生物及其生态功能不产生慢性有害效应的土壤中菲最大浓度。

参考文献

胡双庆，2016. 复合污染土壤生物毒性效应机理和生态安全评价研究［D］. 南京：南京大学.

宋玉芳，周启星，宋雪英，等，2003a. 菲和芘对土壤中植物根伸长抑制的生态毒性效应［J］. 生态学杂志，(05)：6-9.

宋玉芳，周启星，许华夏，等，2003b. 菲、芘、1,2,4-三氯苯对蚯蚓的急性毒性效应［J］. 农村生态环境，(01)：36-39.

吴尔苗，2011. 菲、芘对蚯蚓（*Eisenia fetida*）的毒性机理研究［D］. 杭州：浙江工业大学.

邢维芹，骆永明，吴龙华，等，2008. 多环芳烃对冬小麦早期生长的影响研究［J］. 土壤学报，45 (06)：1170-

1173.

徐慧，2010. 土壤中多环芳烃的生物有效性研究 [D]. 济南：山东师范大学.

占新华，万寅婧，周立祥，2004. 水溶性有机物对土壤中菲的生态毒性影响 [J]. 环境科学，(03)：120-124.

赵作媛，2007. 镉-菲复合污染对蚯蚓的急性毒性效应及抗氧化酶的影响 [D]. 上海：上海交通大学.

朱江，2008. 镉-菲复合污染对安德爱胜蚓（*Eisenia andrei*）和白线蚓（*Fridericia bulbosa*）的生态毒理效应研究 [D]. 上海：上海交通大学.

Amorim M, Oliveira E, Teixeira A S, et al., 2011. Toxicity and bioaccumulation of phenanthrene in *Enchytraeus albidus* (Oligochaeta: Enchytraeidae) [J]. Environmental Toxicology & Chemistry, 30 (4): 967-972.

Anyanwu I N, Semple K T, 2016. Effects of phenanthrene and its nitrogen-heterocyclic analogues aged in soil on the earthworm *Eisenia fetida* [J]. Applied Soil Ecology, 105: 151-159.

Bindesbol A M, Bayley M, Damgaard C, et al. 2009. Impacts of heavy metals, polyaromatic hydrocarbons, and pesticides on freeze tolerance of the earthworm *Dendrobaena octaedra* [J]. Environmental Toxicology and Chemistry, 8 (11): 2341-2347.

CCME, 2010. Canadian soil quality guidelines for the protection of environmental and human health: Carcinogenic and other PAHs. In: Canadian environmental quality guidelines, 1999 [R]. Canadian Council of Ministers of the Environment, Winnipeg.

Droge S T, Paumen M L, Bleeker E A, et al., 2006. Chronic toxicity of polycyclic aromatic compounds to the springtail *Folsomia candida* and the enchytraeid *Enchytraeus crypticus* [J]. Environmental Toxicology and Chemistry, 25 (9): 2423-2431.

He F L, Yu H M, Shi H J, et al., 2022. Behavioral, histopathological, genetic, and organism-wide responses to phenanthrene-induced oxidative stress in *Eisenia fetida* earthworms in natural soil microcosms [J]. Environmental Science and Pollution Research, 29 (26): 40012-40028.

Sverdrup L E, Ekelund F, Krogh P H, et al., 2002c. Soil microbial toxicity of eight polycyclic aromatic compounds: Effects on nitrification, the genetic diversity of bacteria, and the total number of protozoans [J]. Environmental Toxicology and Chemistry, 21 (8): 1644-1650.

Sverdrup L E, Jensen J, Kelley A E, et al., 2002b. Effects of eight polycyclic aromatic compounds on the survival and reproduction of *Enchytraeus crypticus* (Oligochaeta, Clitellata) [J]. Environmental Toxicology and Chemistry, 21 (1): 109-144.

Sverdrup L E, Jensen J, Krogh P H, et al., 2002a. Studies on the effect of soil aging on the toxicity of pyrene and phenanthrene to a soil-dwelling springtail [J]. Environmental Toxicology and Chemistry, 21 (3): 489-492.

Sverdrup L E, Kelley A E, Krogh P H, 2001. Effects of eight polycyclic aromatic compounds on the survival and reproduction of the springtail *Folsomia fimetaria* L. (Collembola, Isotomidae) [J]. Environmental Toxicology and Chemistry, 20 (6): 1332-1338.

Sverdrup L E, Krogh P H, Nielsen T, et al., 2003. Toxicity of eight polycyclic aromatic compounds to red clover (*Trifolium pratense*), ryegrass (*Lolium perenne*), and mustard (*Sinapsis alba*) [J]. Chemosphere, 53 (8): 993-1003.

Sverdrup L E, Krogh P H, Nielsen T, et al., 2010. Relative sensitivity of three terrestrial invertebrate tests to polycyclic aromatic compounds [J]. Environmental Toxicology and Chemistry, 21 (9): 1927-1933.

Xu S Y, Chen Y X, Lin Q, et al., 2005. Uptake and accumulation of phenanthrene and pyrene in spiked soils by Ryegrass (*Lolium perenne* L.) [J]. Journal of Environmental Sciences, 17 (5): 817-822.

第15章 土壤生态环境基准技术报告——甲苯

甲苯是我国土壤中常见的有机污染物，具有较高的生物毒性和环境危害性。本章通过文献搜集与实验数据获取的方法，开展系列调查，为制定相关土壤生态环境质量标准、预防和控制甲苯对土壤生物及生态系统的危害提供科学依据。

15.1 国内外研究进展

荷兰是最早关注土壤环境污染问题的国家之一，制定了系统全面的土壤环境基准和标准体系，采用评估因子法推导对生态安全的土壤基准值。美国是世界上较早关注场地土壤污染的国家之一，基于科学和务实的原则确定了推导美国土壤生态筛选值（ecological soil screening levels，Eco-SSLs）的生态受体（植物、土壤无脊椎动物等不同的生态受体）。澳大利亚土壤质量指导值（soil quality guidelines，SQG）根据其目标不同有多种类型，SQG推导方法的关键是考虑污染物在被研究土壤中的生物有效性和生态毒性，该方法的另一个关键因素是背景浓度。因此，用于推导SQG的数据是用外源添加到土壤中造成毒性的污染物的量。当按照该方法使用毒性数据时，所得到的值为外源添加浓度值（added contaminant level，ACL），然后在ACL中加上所研究土壤的环境背景浓度（background concentration）以计算SQG。加拿大的土壤质量指导值（SQG）由加拿大临时土壤质量基准演变而来，其中保护生态安全的土壤质量指导值（SQG_E）的推导和取值都是相对比较保守的。加拿大在推导最终的SQG_E时，选择了不同暴露途径中最低的指导值作为通用的SQG_E，这保证了每类生态受体都能最大限度受到保护。表15.1～表15.3分别为荷兰、英国、加拿大土壤中甲苯的相关基准标准值。

表15.1 荷兰土壤环境基准值 单位：mg/kg

污染物	目标值	干预值
甲苯	0.01	130

表 15.2 英国土壤中甲苯指导性标准 单位：mg/kg

土壤类型	标准值		
	1% OM	2.5% OM	5% OM
有植物的住宅用地	3	7	14
无植物的住宅用地	3	8	15
果园、菜园	31	73	140
工业、商业用地	150	350	680

表 15.3 加拿大土壤甲苯质量指导值 单位：mg/kg

土壤类型	数值类型	农业用地		住宅/公园		商业用地		工业用地	
		粗粒	细粒	粗粒	细粒	粗粒	细粒	粗粒	细粒
表层土	指导值	0.37	0.08	0.37	0.08	0.37	0.08	0.37	0.08
	环境健康	0.37	0.08	0.37	0.08	0.37	0.08	0.37	0.08
	人体健康	75	110	75	110	250	330	250	330
底层土	指导值	0.37	0.08	0.37	0.08	0.37	0.08	0.37	0.08
	环境健康	0.37	0.08	0.37	0.08	0.37	0.08	0.37	0.08
	人体健康	150	220	150	220	500	660	500	660

我国2018年发布的《土壤环境质量 建设用地土壤污染风险管控标准（试行）》(GB 36600—2018)，划分了两类建设用地，并分别提出了甲苯的筛选值与管制值，见表15.4。英国在不同土壤有机质含量下划分了甲苯的指导值（刘志全 等，2006），见表15.2。Chae等（2021）通过SSD法计算得到甲苯的慢性基准值为2.2mg/kg。

表 15.4 建设用地土壤风险管控筛选值 单位：mg/kg

污染物	筛选值		管制值	
	第一类用地	第二类用地	第一类用地	第二类用地
甲苯	1200	1200	1200	1200

15.2 甲苯的环境问题

15.2.1 理化性质

甲苯是最简单、最重要的芳烃化合物之一，在常温下呈液体状、无色，密度为0.866g/cm^3，带有一种特殊的芳香味（与苯的气味类似），在空气中不完全燃烧，火焰呈黄色，对光有很强的折射作用（折射率：1.4961）。甲苯几乎不溶于水，但可以和二硫化碳、酒精、乙醚以任意比例混溶，在氯仿、丙酮和大多数其他常用有机溶剂中也有很好的溶解性；容易发生氯化，生成苯-氯甲烷或苯三氯甲烷，可作为工业上常用的溶剂；可以萃取溴水中的溴，但不能和溴水反应；容易硝化，生成对硝基甲苯或邻硝基甲苯，作为染料的原料；容易磺化，生成邻甲苯磺酸或对甲苯磺酸，作为染料或制糖精的原料（表 15.5）。甲苯与硝酸取代的产物三硝基甲苯（TNT），是威力很大的炸药。甲苯与苯的性质很相似，是化工工业上应用很广的原料，但其蒸气有毒，可以通过呼吸道对人体造成危害，危害等级为乙类，使用和生产时要防止它进入呼吸器官。

表 15.5　甲苯的理化性质

物质名称	甲苯	UN 编号	1924
英文名	toluene	熔点/℃	−95
分子结构		沸点/℃	111
		水溶性	不溶于水
分子式	C_7H_8	用途	用于掺合汽油组成及作为生产甲苯衍生物、炸药、染料中间体、药物等的主要原料
CAS 号	108-88-3		
EINECS 号	203-625-9		

15.2.2　甲苯对土壤生物的毒性

慢性毒性值（CTV）包括无观察效应浓度（NOEC）、最低观察效应浓度（LOEC）、x%效应浓度（EC_x）等。本基准推导种平均慢性值（SMCV）时，由于土壤中甲苯的生态毒性值较少，故除 NOEC/LOEC/EC_{10} 外，同样将实验天数在 21d 及以上的 LC_{20}/EC_{20} 作为 CTV 计算 SMCV。

15.2.3　土壤参数对甲苯毒性的影响

土壤参数包括土壤粒径（黏粒、砂粒、粉粒）、pH 值、阳离子含量、有机质含量等，是影响污染物质毒性的重要因素。澳大利亚、荷兰、英国等在制定土壤基准时均考虑了土壤参数对毒性值的影响，故本报告同样考虑土壤参数的影响。

15.3　资料检索和数据筛选

15.3.1　数据需求

本次基准推导所需数据类别包括物种类型、毒性数据等，各类数据关注指标见表 15.6。

表 15.6　毒性数据检索要求

数据类型	关注指标
污染物	甲苯、toluene
物种类型	中国本土物种、在中国自然土壤中广泛分布的国际通用物种

续表

数据类型	关注指标
物种名称	中文名称、拉丁文名称
实验物种生命阶段	幼体、成体等
暴露方式	土培暴露
暴露时间	以天或时计
CTV	NOEC、LOEC、EC_{10}、LC_{20}、EC_{20}
毒性效应	致死效应、生殖毒性效应、活动抑制效应等

15.3.2 文献资料检索

本次基准制定使用的数据来自英文毒理数据库和中英文文献数据库。毒理数据库、文献数据库纳入条件和剔除原则见表 15.7。在数据库筛选的基础上进行铜毒性数据检索，检索方案见表 15.8。

表 15.7 数据库纳入和剔除原则

数据库类型	纳入条件	剔除原则	符合条件的数据库名称
毒理数据库	(1) 包含表 15.6 关注的数据类型和指标； (2) 数据条目可溯源，且包括题目、作者、期刊名、期刊号等信息	(1) 剔除不包含毒性测试方法的数据库； (2) 剔除不包含具体实验条件的数据库	ECOTOX
文献数据库	(1) 包含中文核心期刊或科学引文索引核心期刊（SCI）； (2) 包含表 15.6 关注的数据类型和指标	(1) 剔除综述性论文数据库； (2) 剔除理论方法学论文数据库	(1) 中国知识基础设施工程 (2) 万方知识服务平台 (3) 维普网 (4) Web of Science

表 15.8 毒理数据和文献检索方案

数据类别	数据库名称	检索时间	检索方式
毒理数据	ECOTOX	截至 2022 年 12 月 31 日之前数据库覆盖年限	(1) 化合物名称：toluene (2) 暴露介质：soil (3) 测试终点：NOEC 或 LOEC 或 EC_{10} 或 LC_{20} 或 EC_{20}
文献检索	中国知识基础设施工程；万方知识服务平台；维普网	截至 2022 年 12 月 31 日之前数据库覆盖年限	(1) 题名：甲苯（或摘要：甲苯和毒性） (2) 主题：毒性、土壤 (3) 期刊来源类别：核心期刊
	Web of Science	截至 2022 年 12 月 31 日之前数据库覆盖年限	(1) 题名：toluene； (2) 主题：toxicity 或 ecotoxicity 或 NOEC 或 LOEC 或 EC_{10}； (3) 摘要：NOEC 或 LOEC 或 EC_x 或 LC_x 或 IC_x 或 soil quality criteria

15.3.3 文献数据筛选

15.3.3.1 筛选方法

对检索获得的数据进行筛选，筛选方法见表 9.7。数据筛选时，采用两组研究人员分别独立完成，筛选过程中若两组人员对数据存在分歧，则提交编制组统一讨论或组织专家咨询后决策。

15.3.3.2 筛选结果

依据表 9.7 所示数据筛选方法对检索所得数据进行筛选，共获得数据 18 条，筛选结果见表 15.9。经可靠性评价，共有 18 条数据（无限制可靠）可用于基准推导（表 15.9），18 条数据共涉及 11 种物种（表 15.10），其中本土物种 8 种，在中国自然土壤中广泛分布的国际通用物种 3 种，大部分物种都是我国本土土壤优势种，具有重要的生态学意义和应用价值，纳入基准计算。

表 15.9 数据可靠性评价及分布

数据可靠性	评价原则	慢性毒性数据/条
无限制可靠	数据来自良好实验室规范（GLP）体系，或数据产生过程符合实验准则（参照 HJ 831 相关要求）	18
限制可靠	数据产生过程不完全符合实验准则，但发表于核心期刊	0
不可靠	数据产生过程与实验准则有冲突或矛盾，没有充足的证据证明数据可用，实验过程不能令人信服；以及合并后的非优先数据（对比实验方式及是否进行了化学监控等）	0
不确定	没有提供足够的实验细节，无法判断数据可靠性	0

表 15.10 筛选数据涉及的物种分布

<table>
<tr><th>数据类型</th><th>物种类型</th><th>物种数量/种</th><th>物种名称</th><th>合计/种</th></tr>
<tr><td rowspan="3">慢性毒性</td><td>本土物种</td><td>8</td><td>①赤松；②土壤藻 1；③土壤藻 2；④苜蓿；⑤跳虫；⑥稻；⑦萝卜；⑧穴居环棘蚓</td><td>8</td></tr>
<tr><td>在中国自然土壤中广泛分布的国际通用物种</td><td>3</td><td>①白符跳虫；②赤子爱胜蚓；③小麦</td><td rowspan="2">3</td></tr>
<tr><td>引进物种</td><td>0</td><td></td></tr>
</table>

获得的动植物慢性毒性数据终点有 NOEC、LC_{20}、EC_{20}、EC_{10} 和 EC_{10}。甲苯对陆生动物的毒性数据相对较少，本报告筛选获得了 6 条用于基准推导的陆生动物毒性数据，包括 1 条白符跳虫毒性数据，3 条赤子爱胜蚓毒性数据，1 条穴居环棘蚓毒性数据，

1 条跳虫毒性数据，等等（表 15.11），暴露时间均≥28d，纳入长期基准计算。

表 15.11　长期土壤质量基准推导物种及毒性数据量分布

序号	物种名称	毒性数据/条	物种类型	序号	物种名称	毒性数据/条	物种类型
1	稻	1	本土物种	7	赤子爱胜蚓	3	本土物种
2	小麦	1		8	白符跳虫	1	
3	赤松	1		9	苜蓿	4	
4	土壤藻 2	2		10	穴居环棘蚓	1	
5	土壤藻 1	2		11	跳虫	1	
6	萝卜	1					

15.3.4　实验室自测甲苯毒性数据

由于筛选获得的相关毒性数据较少，尤其慢性毒性数据相对缺乏，因此本报告参考 OECD 208 的标准测试方法，利用本土代表性物种开展了甲苯慢性毒性测试。在慢性毒性数据方面，获取了一种土壤条件下甲苯对苜蓿 21d 慢性实验的 EC_{20}。

15.3.5　基准推导物种及毒性数据量分布

甲苯长期土壤质量基准推导物种及毒性数据量分布情况见表 15.11。

15.4　基准推导

15.4.1　推导方法

15.4.1.1　毒性数据使用

获得的陆生生物 CTV 主要包括 EC_{10add}、$NOEC_{add}$ 和 $LOEC_{add}$ 等形式，然后利用下式计算 SMCV，使用回归模型和种间外推回归模型将甲苯所有的 $SMCV_i$ 值归一化到目标土壤性质（pH＝6.93，CEC＝20.82cmol/kg，OM＝2.02％，clay＝24.72％）条件下。

$$SMCV_i = \sqrt[n]{(CTV_1)_i \times (CTV_2)_i \times \cdots \times (CTV_n)_i}$$

式中　$SMCV_i$——物种 i 的种平均慢性值，mg/kg；

CTV——慢性毒性值，mg/kg；

n——物种 i 的 CTV 个数，个；

i——某一物种，无量纲。

15.4.1.2　毒性数据分布检验

对计算获得的 $SMCV_i$ 分别进行正态分布检验（K-S 检验），若不符合正态分布，则对数据进行对数转换后重新检验。对符合正态分布的数据按照“15.4.1.4 模型拟合和评价”要求进行物种敏感性分布（SSD）模型拟合。

15.4.1.3 累积频率计算

将物种 $SMCV_i$ 或其对数值分别从小到大进行排序，确定其毒性秩次 R。最小毒性值的秩次为 1，次之秩次为 2，依次排列，如果有两个或两个以上物种的毒性值相同，则将其任意排成连续秩次，每个秩次下物种数为 1。依据下式分别计算物种的累积频率 F_R。

$$F_R = \frac{\sum_{1}^{R} f}{\sum f + 1} \times 100\%$$

式中 F_R——累积频率，指毒性秩次 1～R 的物种数之和与物种总数之比；

f——频数，指毒性值秩次 R 对应的物种数，个。

15.4.1.4 模型拟合和评价

以通过正态分布检验的 $SMCV_i$ 或经转换后符合正态分布的数据为 X，以对应的累积频率 F_R 为 Y，进行物种敏感性分布（SSD）模型拟合（包括正态分布模型、对数正态分布模型、逻辑斯谛分布模型、对数逻辑斯谛分布模型），依据模型拟合的均方根误差（RMSE）以及 K-S 检验结果，结合专业判断，确定 $SMCV_i$ 的最优拟合模型。

15.4.1.5 基准的确定

（1）HC_x

根据“15.4.1.4 模型拟合和评价”确定的最优拟合模型拟合的 SSD 曲线，分别确定累积频率为 5%时所对应的 x 值，将 x 值还原为数据转换前的形式，获得的值即为慢性的 5%物种危害浓度 HC_5。

（2）基准值

将慢性的 HC_5 除以评估因子 1 后，即为甲苯的土壤陆生生物长期基准，单位为 mg/kg。

15.4.1.6 SSD 模型拟合软件

本次基准推导采用国家生态环境基准计算软件 EEC-SSD。

15.4.1.7 结果表达

数据修约按照《数值修约规则与极限数值的表示和判定》（GB/T 8170—2008）进行。LSQC 保留 4 位有效数字。

15.4.2 推导结果

15.4.2.1 SMCV

根据每个物种的 CTV，依据 15.4.1.1 部分得到每个物种的 $SMCV_i$（表 15.12）。

表 15.12 种平均慢性值及累积频率

物种 i	$SMCV_i$ /(mg/kg)	lg[$SMCV_i$ /(mg/kg)]	lg[$SMCV_i$/(mg/kg)]			参考文献
			R	f/个	F_R/%	
赤松 *Pinus densiflora*	34.0000	1.5315	1	1	8.33	Chea et al., 2023
白符跳虫 *Folsomia candida*	40.8324	1.6110	2	1	16.67	Chea et al., 2023
跳虫 *Paronychiurus kimi*	102.6542	2.0114	3	1	25.00	Chea et al., 2023
土壤藻 1 *Chlorococcum infusionum*	176.4000	2.2465	4	1	33.33	Chea et al., 2023
穴居环棘蚓 *Perionyx excavatus*	214.5470	2.3315	5	1	41.67	Chea et al., 2023
赤子爱胜蚓 *Eisenia fetida*	286.4973	2.4571	6	1	50.00	Chea et al., 2023；刘尧等，2010；Liu et al., 2010
土壤藻 2 *Chlamydomonas reinhardtii*	303.9000	2.4827	7	1	58.33	Chea et al., 2023
小麦 *Triticum aestivum*	467.8132	2.6701	8	1	66.67	刘尧等，2010
萝卜 *Raphanus sativus*	468.0961	2.6703	9	1	75.00	Chea et al., 2023
稻 *Oryza sativa*	483.7008	2.6846	10	1	83.33	Chea et al., 2023
苜蓿 *Medicago sativa*	496.4698	2.6959	11	1	91.67	自测

15.4.2.2 毒性数据分布检验

对获得的 $SMCV_i$ 和 lg($SMCV_i$)分别进行正态分布检验，综合 P 值、峰度和偏度分析结果，$SMCV_i$ 正态分布对称性更优，满足 SSD 模型拟合要求，结果见表 15.13。

表 15.13 慢性毒性数据的正态性检验结果

数据类别	中位数	平均值	标准差	偏度	峰度	P 值 (S-W 检验)	P 值 (K-S 检验)
$SMCV_i$/(mg/kg)	286.50	279.54	179.95	−0.07	−1.64	0.89	0.22
lg[$SMCV_i$/(mg/kg)]	2.46	2.31	0.42	−1.00	−0.23	0.80	0.18

15.4.2.3 累积频率

lg($SMCV_i$)的累积频率 F_R 见表 15.12。

15.4.2.4 模型拟合与评价

模型拟合结果见表 15.14。通过 RMSE 和 P 值（A-D 检验）的比较可知，最优拟合模型为逻辑斯谛分布模型，拟合曲线见图 15.1。

表 15.14 甲苯长期水质基准模型拟合结果

模型拟合	RMSE	P 值(A-D 检验)	模型拟合	RMSE	P 值(A-D 检验)
正态分布模型	0.0930	>0.05	逻辑斯谛分布模型	0.0802	>0.05
对数正态分布模型	0.1049	<0.05	对数逻辑斯谛分布模型	0.0863	>0.05

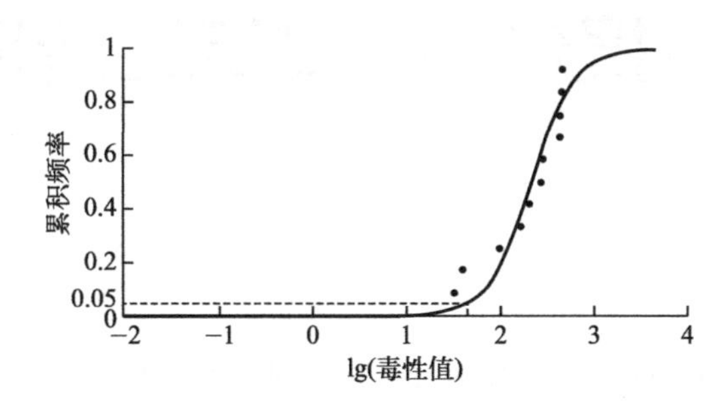

图 15.1 慢性毒性-累积频率拟合 SSD 曲线

15.4.2.5 HC_x

依据模型拟合结果（表 15.14），选择逻辑斯谛分布模型推导长期物种危害浓度 HC_5、HC_{10}、HC_{25}、HC_{50}、HC_{75}、HC_{90} 和 HC_{95}（表 15.15）。

表 15.15 土壤陆生生物甲苯长期物种危害浓度　　单位：mg/kg

项目	HC_5	HC_{10}	HC_{25}	HC_{50}	HC_{75}	HC_{90}	HC_{95}
数据	48.1088	71.6239	128.5791	230.8249	414.3765	743.8879	1107.4917

15.4.2.6 长期土壤质量基准

由表 15.15 中确定的 HC_5，除以评估因子 1，得到甲苯长期土壤质量基准 48.1088mg/kg。本长期土壤质量基准表示对 95%的土壤陆生生物及其生态功能不产生慢性有害效应的土壤中甲苯最大浓度。

参考文献

刘尧，周启星，谢秀杰，等，2010. 土壤甲苯、乙苯和二甲苯对蚯蚓及小麦的毒性效应 [J]. 中国环境科学，30 (11)：1501-1507.

刘志全，石利利，刘济宁，2006. 英国的土壤污染指导性标准 [J]. 环境保护，000 (017)：74-78.

Chae Y，Kim L，Lee J，et al.，2021. Estimation of hazardous concentration of toluene in the terrestrial ecosystem through the species sensitivity distribution approach [J]. Environmental Pollution，289：117836.

Chae Y，Kim L，Lee J，et al.，2023. Estimation of hazardous concentration of toluene in the terrestrial ecosystem through the species sensitivity distribution approach [J]. Environmental Pollution，289：117836.

Liu Y，Zhou Q，Xie X，et al.，2010. Oxidative stress and DNA damage in the earthworm *Eisenia fetida* induced by toluene，ethylbenzene and xylene [J]. Ecotoxicology，19 (8)：1551-1559.

第16章 土壤生态环境基准技术报告——邻苯二甲酸二丁酯

邻苯二甲酸二丁酯（DBP）是我国土壤中常见的有机污染物，具有较高的生物毒性和环境危害性。本章反映了现阶段土壤环境中邻苯二甲酸二丁酯对95%的土壤生物及其生态功能不产生有害效应的最大剂量，可为制修订相关土壤生态环境质量标准、预防和控制DBP对陆生生物及生态系统的危害提供科学依据。

16.1 国内外研究进展

国内外邻苯二甲酸二丁酯（dibutyl phthalate，DBP）的环境土壤质量基准研究进展对比见表16.1。荷兰是最早关注土壤环境污染问题的国家之一，制定了系统全面的土壤环境基准和标准体系，采用评估因子法推导对生态安全的土壤基准值。美国是世界上较早关注场地土壤污染的国家之一，基于科学和务实的原则确定了推导美国土壤生态筛选值（ecological soil screening levels，Eco-SSLs）的生态受体（植物、土壤无脊椎动物等不同的生态受体）。澳大利亚土壤质量指导值（soil quality guidelines，SQG）根据其目标不同有多种类型，SQG推导方法的关键是考虑污染物在被研究土壤中的生物有效性和生态毒性，该方法的另一个关键因素是背景浓度，因此，用于推导SQG的数据是用外源添加到土壤中造成毒性的污染物的量。当按照该方法使用毒性数据时，所得到的值为外源添加浓度值（added contaminant level，ACL），然后在ACL中加上所研究土壤的环境背景浓度（background concentration）以计算SQG。加拿大的土壤质量指导值（SQG）由加拿大临时土壤质量基准演变而来，其中保护生态安全的土壤质量指导值（SQG_E）的推导和取值都是相对比较保守的。加拿大在推导最终的SQG_E时，选择了不同暴露途径中最低的指导值作为通用的SQG_E，这保证了每类生态受体都能最大限度受到保护。表16.2为DBP的国外土壤质量基准情况。

表16.1 国内外DBP环境土壤质量基准研究进展

项目	发达国家	中国
基准推导方法	评价因子法、统计外推法、平衡分配法、物种敏感度分布法、毒性百分数排序法、定量构效关系预测等	无

续表

项目	发达国家	中国
物种来源	本土物种、引进物种、国际通用物种	无
物种选择	基于各个国家生物区系的差异，各个国家物种选择与数据要求不同	无
毒性测试方法	参照采用国际标准化组织（ISO）、经济合作与发展组织（OECD）等规定的土壤陆生生物毒性测试方法；部分发达国家采用本国制定的土壤陆生生物毒性测试方法	无
相关毒性数据库	美国生态毒理数据库（ECOTOX）、欧盟 IUCLID 数据库、日本国立技术与评价研究所数据库、澳大利亚生态毒理学数据库等	无

表 16.2　国外土壤陆生生物 DBP 土壤质量基准

国家/地区	制修订时间	LSQC /(mg/kg)	物种数/种	推导方法	发布部门
美国纽约	2010 年	0.014	—	—	纽约州环保署
美国	—	—	—	几何平均值	US EPA
澳大利亚	—	—	—	物种敏感度分布法	澳大利亚和新西兰环境保护理事会
新西兰	—	—	—	物种敏感度分布法	澳大利亚和新西兰环境保护理事会
英国	—	—	—	物种敏感度分布法	英国环境署
加拿大	—	—	—	证据权重法、最低观察效应浓度法、中位值效应法	加拿大环境部长理事会
荷兰	—	—	—	评估因子法	荷兰国家公共卫生和环境研究所

2018 年 6 月 22 日，生态环境部与国家市场监督管理总局联合发布了《土壤环境质量　农用地土壤污染风险管控标准（试行）》（GB 15618—2018）和《土壤环境质量　建设用地土壤污染风险管控标准（试行）》（GB 36600—2018），为有效管控农用地和建设用地土壤环境风险提供了重要依据。上述两项标准是我国土壤环境管理工作向科学化、精准化方向迈进的重要一步。然而，上述标准制修订过程也凸显了我国土壤环境基准研究基础薄弱、支撑力不足的问题。

16.2　DBP 的环境问题

16.2.1　理化性质

DBP 是一种有机化合物，化学式为 $C_{16}H_{22}O_4$，主要用作增塑剂，提高塑料制品的耐用性、弹性和柔韧性，应用于塑料（PVC）管道、各种清漆和漆器、安全玻璃、指甲油、纸张涂料、牙科材料、药品和食品塑料包装等工业产品生产中。由于其相对价廉且加工性好，在国内使用非常广泛（表 16.3）。DBP 主要以氢键或者范德华力与塑料聚合物网相连接，并没有完整的化学键，很容易释放到周围环境中，在自然环境中过度积累会对动植物及生态环境造成危害。

表 16.3　DBP 的理化性质

物质名称	邻苯二甲酸二丁酯（DBP）	水溶性/(mg/L)	1×10^{-5}（25℃）
分子式	$C_{16}H_{22}O_4$		
CAS 号	84-74-2	$\lg K_{ow}$	4.5
EINECS 号	201-557-4	用途	用于聚氯乙烯加工，可赋予制品良好的柔软性。还可用于制造涂料、黏结剂、人造革、印刷油墨、安全玻璃、硝酸纤维素塑料、染料、杀虫剂、香料溶剂、织物润滑剂等
UN 编号	3082		
分子量	278		
熔点/℃	−35		
沸点/℃	340		

注：K_{ow} 为污染物的正辛醇/水分配系数。

16.2.2　DBP 对土壤陆生生物的毒性

慢性毒性值（CTV）包括无观察效应浓度（NOEC/NOEL）、最低观察效应浓度（LOEC/LOEL）、x%效应浓度（EC_x）。本基准推导种平均慢性值（SMCV）时，以基于生长毒性等效应指标获得的 NOEC/NOEL/LOEC/LOEL/EC_{10}/EC_{20} 作为 CTV 计算 SMCV。

16.2.3　土壤参数对 DBP 毒性的影响

土壤参数包括土壤 pH 值、有机质、黏粒含量等，是影响污染物质毒性和土壤质量基准的重要因素。DBP 属于非离子性化合物，对于该类物质，欧盟委员会推荐其生物有效性仅取决于土壤的有机质含量，因此本次推导采用土壤有机质含量进行归一化处理。

16.3　资料检索和数据筛选

16.3.1　数据需求

本次基准推导所需数据类别包括物种类型、毒性数据等，各类数据关注指标见表 16.4。

表 16.4　毒性数据检索要求

数据类型	关注指标
化合物	DBP
物种类型	中国本土物种、在中国自然土壤中广泛分布的国际通用物种或替代物种
物种名称	中文名称、拉丁文名称

续表

数据类型	关注指标
实验物种生命阶段	幼体、成体等
暴露方式	土培暴露
暴露时间	以天或时计
CTV	NOEC、NOEL、LOEC、LOEL、EC_{10}、EC_{20}
毒性效应	致死效应、生殖毒性效应、活动抑制效应等

16.3.2 文献资料检索

本次基准制定使用的数据来自英文毒理数据库和中英文文献数据库。毒理数据库、文献数据库纳入条件和剔除原则见表 16.5。在数据库筛选的基础上进行 DBP 毒性数据检索，检索方案见表 16.6。

表 16.5 数据库纳入和剔除原则

数据库类型	纳入条件	剔除原则	符合条件的数据库名称
毒理数据库	（1）包含表 16.4 关注的数据类型和指标； （2）数据条目可溯源，且包括题目、作者、期刊名、期刊号等信息	（1）剔除不包含毒性测试方法的数据库； （2）剔除不包含具体实验条件的数据库	ECOTOX
文献数据库	（1）包含中文核心期刊或科学引文索引核心期刊（SCI）； （2）包含表 16.4 关注的数据类型和指标	（1）剔除综述性论文数据库； （2）剔除理论方法学论文数据库	（1）中国知识基础设施工程 （2）万方知识服务平台 （3）维普网 （4）Web of Science

表 16.6 毒理数据和文献检索方案

数据类别	数据库名称	检索时间	检索式
毒理数据	ECOTOX	截至 2022 年 12 月 31 日之前数据库覆盖年限	（1）化合物名称：84742 （2）暴露介质：soil （3）测试终点：NOEC 或 NOEL 或 LOEC 或 LOEL 或 EC_{10}
文献检索	中国知识基础设施工程；万方知识服务平台；维普网	截至 2022 年 12 月 31 日之前数据库覆盖年限	（1）题名：邻苯二甲酸酯或邻苯二甲酸二丁酯或 DBP； （2）主题：毒性、土壤； （3）期刊来源类别：核心期刊
	Web of Science	截至 2022 年 12 月 31 日之前数据库覆盖年限	（1）题名：din-butyl phthalate 或 DBP （2）主题：toxicity 或 ecotoxicity 或 NOEC 或 NOEL 或 LOEC 或 LOEL 或 EC_{10}； （3）摘要：NOEC 或 NOEL 或 LOEC 或 LOEL 或 EC_x 或 LC_x 或 IC_x 或 soil quality criteria

16.3.3 文献数据筛选

16.3.3.1 筛选方法

对检索获得的数据进行筛选，筛选方法见表 9.7。数据筛选时，采用两组研究人员分别独立完成，筛选过程中若两组人员对数据存在分歧，则提交编制组统一讨论或组织专家咨询后决策。

16.3.3.2 筛选结果

依据表 9.7 所示数据筛选方法对检索所得数据进行筛选，共获得数据 13 条，筛选结果见表 16.7。经可靠性评价，共有 13 条数据（无限制可靠和限制可靠数据）可用于基准推导，其中 13 条数据共涉及 11 个物种（表 16.8），涉及中国本土物种、国际通用且在中国土壤中广泛分布物种、替代物种。大部分物种都是我国土壤常见种，具有重要的生态学意义和应用价值，纳入基准计算。

表 16.7 数据可靠性评价及分布

数据可靠性	评价原则	慢性毒性数据/条
无限制可靠	数据来自良好实验室规范（GLP）体系，或数据产生过程符合实验准则	13
限制可靠	数据产生过程不完全符合实验准则，但发表于核心期刊	0
不可靠	数据产生过程与实验准则有冲突或矛盾，没有充足的证据证明数据可用，实验过程不能令人信服；以及合并后的非优先数据（对比实验方式及是否进行了化学监控等）	0
不确定	没有提供足够的实验细节，无法判断数据可靠性	0

表 16.8 筛选数据涉及的物种分布

数据类型	物种类型	物种数量/种	物种名称	合计/种
慢性毒性	本土物种	8	①赤子爱胜蚓；②短角跳虫；③小麦；④燕麦；⑤菜心；⑥小白菜；⑦上海青；⑧真菌群落	8
	在中国自然土壤中广泛分布的国际通用物种	3	①洋葱；②莴苣；③豇豆	3
	引进物种	0	—	

获得的动植物慢性毒性数据终点有 NOEC、NOEL、LOEL、EC_{10} 和 EC_{20}。DBP 对陆生动物的毒性数据相对较少，本报告筛选获得了 4 条用于基准推导的陆生动物毒性数据，包括 1 条短角跳虫毒性数据，3 条赤子爱胜蚓毒性数据（表 16.9），暴露时间均≥21d，纳入长期基准计算。

表 16.9　DBP 长期土壤质量基准推导物种及毒性数据量分布

序号	物种名称	毒性数据/条	物种类型
1	赤子爱胜蚓	3	本土物种
2	短角跳虫	1	
3	小麦	1	
4	燕麦	1	
5	菜心	1	
6	小白菜	1	
7	上海青	1	本土物种
8	真菌群落	1	
9	洋葱	1	在中国自然土壤中广泛分布的国际通用物种
10	莴苣	1	
11	豇豆	1	

16.3.4　实验室自测 DBP 毒性数据

由于筛选获得的相关毒性数据较少，尤其慢性毒性数据相对缺乏，因此本报告参考 OECD 208 的标准测试方法，利用本土代表性物种开展了 DBP 慢性毒性测试。在慢性毒性数据方面，获取了一种土壤条件下 DBP 对燕麦 21d 慢性实验的 EC_{20}。

16.3.5　基准推导物种及毒性数据量分布

DBP 长期土壤质量基准推导物种及毒性数据量分布情况见表 16.9。

16.4　基准推导

16.4.1　推导方法

16.4.1.1　毒性数据使用

获得的陆生生物 CTV 主要包括 EC_{10add}、$NOEC_{add}$ 和 $LOEC_{add}$ 等形式，然后利用下式计算 SMCV。

$$SMCV_i = \sqrt[n]{(CTV_1)_i \times (CTV_2)_i \times \cdots \times (CTV_n)_i}$$

式中　$SMCV_i$——物种 i 的种平均慢性值，mg/kg；

CTV——慢性毒性值，mg/kg；

n——物种 i 的 CTV 个数，个；

i——某一物种，无量纲。

对于非离子性的化合物，欧盟委员会假定这类污染物的生物有效性仅取决于土壤的有机质含量，NOEC 值和 $L(E)C_{50}$ 值可通过式（16-1）进行校正。

$$NOEC(s)[或\ L(E)C(s)] = NOEC(e)[或\ L(E)C(s)] \times fomsoil(s)/fomsoil(e) \tag{16-1}$$

式中　NOEC(s) 或 L(E)C(s)——校正后污染物在标准土壤中的毒性值；

NOEC(e) 或 L(E)C(s)——污染物在测试土壤中的毒性值；

fomsoil(s)——标准土壤中的有机质含量，取 2.02%；

fomsoil(e)——测试土壤中的有机质含量。

16.4.1.2 毒性数据分布检验

对计算获得的 $SMCV_i$ 分别进行正态分布检验（K-S 检验），若不符合正态分布，则对数据进行对数转换后重新检验。对符合正态分布的数据按照“16.4.1.4 模型拟合与评价”要求进行物种敏感性分布（SSD）模型拟合。

16.4.1.3 累积频率计算

将物种 $SMCV_i$ 或其对数值分别从小到大进行排序，确定其毒性秩次 R。最小毒性值的秩次为 1，次之秩次为 2，依次排列，如果有两个或两个以上物种的毒性值相同，则将其任意排成连续秩次，每个秩次下物种数为 1。依据下式分别计算物种的累积频率 F_R。

$$F_R = \frac{\sum_1^R f}{\sum f + 1} \times 100\%$$

式中 F_R——累积频率，指毒性秩次 1～R 的物种数之和与物种总数之比；

f——频数，指毒性值秩次 R 对应的物种数，个。

16.4.1.4 模型拟合与评价

以通过正态分布检验的 $SMCV_i$ 或经转换后符合正态分布的数据为 X，以对应的累积频率 F_R 为 Y，进行物种敏感性分布（SSD）模型拟合（包括正态分布模型、对数正态分布模型、逻辑斯谛分布模型、对数逻辑斯谛分布模型），依据模型拟合的决定系数（r^2）、均方根误差（RMSE）以及 K-S 检验结果，结合专业判断，确定 $SMCV_i$ 的最优拟合模型。

16.4.1.5 基准的确定

（1）HC_x

根据“16.4.1.4 模型拟合与评价”确定的最优拟合模型拟合的 SSD 曲线，分别确定累积频率为 5%时所对应的 x 值，将 x 值还原为数据转换前的形式，获得的值即为慢性 5%物种危害浓度 HC_5。

（2）基准值

将 HC_5 除以评估因子 1 即为 DBP 的土壤陆生生物长期基准，单位为 mg/kg。

16.4.1.6 SSD 模型拟合软件

本次基准推导采用国家生态环境基准计算软件 EEC-SSD。

16.4.1.7 结果表达

数据修约按照《数值修约规则与极限数值的表示和判定》(GB/T 8170—2008)进行。LSQC保留4位有效数字。

16.4.2 推导结果

16.4.2.1 SMCV

根据每个物种的CTV，依据16.4.1.1部分得到每个物种的$SMCV_i$（表16.10和表16.11)。

表16.10 种平均慢性值及累积频率

物种 i	$SMCV_i$ /(mg/kg)	lg[$SMCV_i$ /(mg/kg)]	lg[$SMCV_i$/(mg/kg)]			参考文献
			R	f/个	F_R/%	
上海青 *Brassica chinensis* L.	0.5038	−0.2977	1	1	8.33	袁丽 等，2019
赤子爱胜蚓 *Eisenia foetida*	0.7051	−0.1517	2	1	16.67	Du et al., 2015; Ma et al., 2016; Feng et al., 2016
小白菜 *Brassica campestris* L.	2.2955	0.3609	3	1	25.00	张静雯，2022
洋葱 *Allium cepa*	6.9178	0.8400	4	1	33.33	Ma et al., 2015
莴苣 *Lactuca sativa*	7.6047	0.8811	5	1	41.67	Adema et al., 2001
豇豆 *Vigna unguiculata*	10.0000	1.0000	6	1	50.00	Wang et al., 2003
菜心 *Brassica parachinensis*	12.8662	1.1095	7	1	58.33	Zhao et al., 2016
小麦 *Triticum aestivum*	13.5570	1.1322	8	1	66.67	Gao et al., 2019
短角跳虫 *Folsomia fimetaria*	18.8533	1.2754	9	1	75.00	Jensen et al., 2001
燕麦 *Avena sativa*	944.6867	2.9753	10	1	83.33	Gao et al., 2019
真菌群落 *Fungi*	1202.3810	3.0800	11	1	91.67	Kong et al., 2019

表16.11 慢性毒性数据的正态性检验结果

数据类别	百分数			算术平均值	标准差	峰度	偏度	P 值 (K-S检验)
	25%	50%	75%					
$SMCV_i$/(mg/kg)	2.2955	10.0000	18.8533	201.8519	434.8429	2.001	2.598	0.000
lg[$SMCV_i$/(mg/kg)]	0.3609	1.0000	1.2754	1.1095	1.0798	0.864	0.414	0.088

16.4.2.2 毒性数据分布检验

对获得的$SMCV_i$和lg($SMCV_i$)分别进行正态分布检验，综合P值、峰度和偏度分析结果，lg($SMCV_i$)正态分布对称性更优，满足 SSD 模型拟合要求，结果见表 16.11。

16.4.2.3 累积频率

lg($SMCV_i$)的累积频率 F_R 见表 16.10。

16.4.2.4 模型拟合与评价

模型拟合结果见表 16.12。通过 RMSE 和 P 值（A-D 检验）的比较可知，最优拟合模型为逻辑斯谛分布模型，拟合曲线见图 16.1。

表 16.12 DBP 长期水质基准模型拟合结果

模型拟合	RMSE	P 值（A-D 检验）	模型拟合	RMSE	P 值（A-D 检验）
正态分布模型	0.0925	>0.05	逻辑斯谛分布模型	0.0771	>0.05

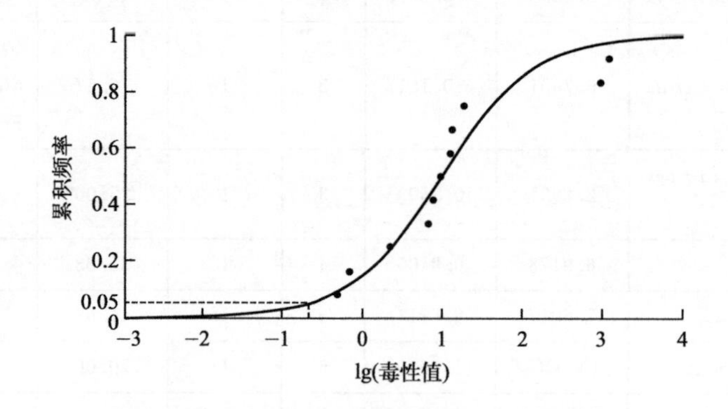

图 16.1 慢性毒性-累积频率拟合 SSD 曲线

16.4.2.5 HC_x

依据模型拟合结果（表 16.12），选择逻辑斯谛分布模型推导长期物种危害浓度 HC_5、HC_{10}、HC_{25}、HC_{50}、HC_{75}、HC_{90} 和 HC_{95}（表 16.13）。

表 16.13 土壤陆生生物 DBP 长期物种危害浓度　　单位：mg/kg

项目	HC_5	HC_{10}	HC_{25}	HC_{50}	HC_{75}	HC_{90}	HC_{95}
数据	0.2148	0.5693	2.3865	10.0045	41.9393	175.8116	466.0008

16.4.2.6 长期土壤质量基准

由表 16.13 中确定的 HC_5，除以评估因子 1，得到 DBP 长期土壤质量基准 0.2148mg/kg。该长期土壤质量基准表示对 95%的中国土壤陆生生物及其生态功能不产生慢性有害效应的土壤中 DBP 最大浓度。

参考文献

袁丽，刘彦爱，程金金，等，2019. 上海青对土壤邻苯二甲酸二丁酯的富集及毒性响应特征［J］. 江苏农业学报，35（1）：204-210.

张静雯，2022. 邻苯二甲酸二正丁酯对小白菜生长胁迫及氧化损伤的影响［D］. 泰安：山东农业大学.

Adema D M M，Henzen L，2001. De invloed van 50 prioritaire stoffen op de groei van *Lactuca sativa*（sla.）［R］. TNO-Rapport No. 21003，TNO，Delft，Netherlands：89 p.

Du L，Li G D，Liu M M，et al.，2015. Evaluation of DNA damage and antioxidant system induced by di-n-butyl phthalates exposure in earthworms（*Eisenia fetida*）［J］. Ecotoxicol Environ Saf，115：75-82.

Feng Q，Zhong L，Xu S，et al.，2016. Biomarker response of the earthworm（*Eisenia fetida*）exposed to three phthalic acid esters［J］. Environ Eng Sci，33（2）：105-111.

Gao M，Guo Z，Dong Y，et al. 2019. Effects of di-n-butyl phthalate on photosynthetic performance and oxidative damage in different growth stages of wheat in cinnamon soils［J］. Environ Pollut，250：357-365.

Jensen J，van Langevelde J，Pritzl G，et al.，2001. Effects of di（2-ethylhexyl）phthalate and dibutyl phthalate on the collembolan *Folsomia fimetaria*［J］. Environ Toxicol Chem，20（5）：1085-1091.

Kong X，Jin D，Wang X，et al.，2019. Dibutyl phthalate contamination remolded the fungal community in agro-environmental system［J］. Chemosphere，215：189-198.

Ma T，Chen L，Wu L，et al.，2016. Oxidative stress，cytotoxicity and genotoxicity in earthworm *Eisenia fetida* at different di-*n*-butyl phthalate exposure levels［J］. PLoS One11，(3)：11.

Ma T，Teng Y，Christie P，et al.，2015. Phytotoxicity in seven higher plant species exposed to di-*n*-butyl phthalate or bis (2-ethylhexyl) phthalate［J］. Front Environ Sci Eng，9（2)：259-268.

Wang S G，Lin X G，Yin R，et al.，2003. Effects of di-*n*-butyl phthalate on mycorrhizal and non-mycorrhizal cowpea plants［J］. Biol Plant，47（4)：637-639.

Zhao H M，Du H，Xiang L，et al.，2016. Physiological differences in response to di-*n*-butyl phthalate (DBP) exposure between low-and high-DBP accumulating cultivars of chinese flowering cabbage（*Brassica parachinensis* L.）［J］. Environ Pollut，208：840-849.

第17章 高通量生物毒性测试和毒性预测在土壤健康风险研究中的应用

土壤中污染物来源复杂，种类繁多，污染物的浓度和形态各不相同。我国疆域辽阔，土壤类型复杂，同一污染物的形态和生物有效性在不同的土壤基质中也有差异，因此只用单一的化学分析方法难以表征土壤的污染状况、生态风险和健康风险，近年来针对土壤生物的毒性检测技术逐渐在土壤生态风险评估中发挥越来越重要的作用。目前对土壤的生态风险评估主要是基于从基因到群落水平对土壤植物、土壤动物和微生物等敏感受体进行的土壤典型污染物的毒性检测和土壤生物毒性诊断。但是由于针对土壤植物、动物和微生物的毒性测试相对烦琐，目前仅有少量土壤污染物的生物毒性效应得到了充分评估，也只有部分电子废旧产品拆解地、冶炼场所和化工厂区等污染场地的土壤进行了毒性测试。相较于水体敏感受体，土壤敏感受体的毒性数据较为匮乏，影响了土壤风险评估和土壤环境基准的制定。21世纪毒理学的提出使得高通量离体检测技术和预测毒理学技术得到了快速发展，降低了毒性测试的成本，提高了毒性测试的效率，在一定程度上弥补了土壤毒性数据的不足。而下一代风险评估方法指出可以将高通量离体检测数据和计算机预测数据应用于环境风险评估，有利于土壤风险评估的顺利开展。

17.1 国内外土壤生态毒理诊断及土壤环境质量相关标准研究现状

目前土壤生态毒理的诊断主要围绕土壤敏感受体，包括蚯蚓急性毒性实验、其他陆生无脊椎动物实验、高等植物实验和土壤微生物实验等。主要研究对象为重金属、有机污染物、重金属及有机污染物的混合污染物。土壤中的重金属及有机污染物超过一定的浓度，会导致土壤动物的急性毒性和慢性生殖发育毒性；引起植物的吸收和代谢失调、干扰植物的生长发育、破坏植物的根系功能；破坏微生物代谢系统，降低酶活性，影响微生物的生态功能。

许多欧美国家较早地开展了有机污染物的土壤环境质量基准研究和标准的制定工作。不同国家对土壤环境标准有不同的表达方式，但都是基于土壤环境污染管控的要求，有着相似的制定步骤，其科学基础是土壤环境质量基准，即土壤中污染物对特定的保护对象不产生不良或有害影响的最低限值。土壤环境标准根据保护目标的不同，可以分为基于人体健康风险评估、生态风险评估和环境风险评估标准。大多数国家都重视对人体健康的保护，制定了相应的标准，近些年也有部分国家已经将对生态安全的保护考虑在内（葛峰 等，2021；陈卫平 等，2018；郑丽萍 等，2016）。我国最新的土壤环境质量标准在2018年发布，包括《土壤环境质量　农用地土壤污染风险管控标准（试行）》（GB 15618—2018）（以下称《农用地标准》）和《土壤环境质量　建设用地土壤污染风险管控标准（试行）》（GB 36600—2018）（以下称《建设用地标准》）。新的标准不再是简单的达标判定，而是提出风险筛选值和风险管制值的概念，以便于风险筛查和分类。虽然这些标准增加了部分有机污染物的标准值，但是目前只对少数的土壤污染物进行了充分的毒性评估和风险评价，例如《农用地标准》仅将六六六总量、滴滴涕总量、苯并[α]芘设为其他项目制定了风险筛选值（生态环境部，GB 15618—2018），《建设用地标准》中确定监测标准的有机污染物共包括了31种挥发性有机物［主要是挥发性氯代烃（VCHs）］、21种半挥发性有机物［主要是多环芳烃（PAHs）］、14种有机农药以及多氯联苯（PCBs）、多溴联苯（PBBs）和二噁英类、石油烃等（生态环境部，GB 36600—2018）。近年来，随着有机化学品使用量的增加，我国土壤有机物的污染表现出多源、复合、量大、面广、持久等特征，又由于农业和工业结构以及自然条件的不同，体现出地域差异性，土壤中有机污染物的主要来源是工业污染物的排放及农业生产活动中化肥、农药、农膜等的使用（赵其国 等，2009）。2005年4月～2013年12月的全国土壤污染状况调查结果显示，我国耕地和工矿业废弃地中主要的有机污染物有六六六、滴滴涕和PAHs，此外还有石油烃、PCBs、多溴二苯醚、酞酸酯等（庄国泰，2015）。总体上，在土壤环境标准中已确定标准值的有机污染物的类型比实际污染类型还较少。

更重要的是，由于我国国土辽阔，受气候、地形、生物等的影响，不同地区的土壤性质差异很大，即便有机污染物总量相等，生物有效态含量及其对生物的毒性效应也会存在巨大差异。因此，依据污染物总量制定标准不能达到有效进行土壤污染管控的目标，而是需要将生物有效性考虑在内。目前，一些国家在制定土壤环境标准时已经把生物有效性考虑在内（表17.1），主要是采用土壤性质矫正的全量指标，这需要首先确定影响有机污染物生物有效性的关键因子，并根据该因子在全国范围土壤中的分布情况合理划分档次，再针对每档分别制定标准，或者根据该因子定义标准土壤，其他土壤的毒性数据（如NOEC或LC_{50}）以标准土壤与测试土壤中该因子的比值进行矫正。然而，土壤的多种性质对污染物生物有效性的影响并非是独立的，各种影响因子之间具有复杂的交互作用，采用有效态含量指标，建立有效态基准，理论上更能反映污染物的毒害效应。我国福建省制定的《福建省农业土壤重金属污染分类标准》是我国国内首次包含重金属有效含量指标的标准，明确了镉、铬、砷和铅等多种金属有效态的测定方法，并指出优先使用有效态指标。但由于缺乏可以普遍适用于不同土壤和不同敏感生物的污染物有效态检测方法，目前的土壤环境质量标准绝大多数是总量标准。

表 17.1　部分国家基于生物有效性的土壤环境质量标准的制定方式

制定方式	国家/组织/地区	具体体现	土壤环境质量标准类型
依据土壤性质划分档次	美国	土壤 pH 值（4.0～5.5、5.5～7.0、7.0～8.5）	土壤筛选值
		有机质含量（＜2%、2%～6%、6%～10%）	
	加拿大	土壤粒径（粗颗粒、细颗粒）	土壤质量指导值
	中国	土壤 pH 值（≤5.5、5.5～6.5、6.5～7.5、＞7.5）	筛选值/管制值
	德国	土壤质地（砂土、砂壤土、黏土）	触发值/行动值/预防值
定义标准土壤	澳大利亚	定义 pH 值为 6、黏土含量为 10%、阳离子交换量为 10cmol/kg、有机碳含量为 1%的为标准土壤	调查值
	欧盟	定义有机质含量为 3.4%的土壤为标准土壤	干预值
	荷兰	定义有机质含量为 10%、黏土含量为 25%的为标准土壤	
有效态含量	中国福建省	根据土壤污染物有效态含量制定	安全值/限制值/高危值

17.2 21 世纪毒理学和下一代风险评价技术

随着全球经济的日益繁荣和现代工业的快速发展，大量的化学品被生产和使用，化学品在保障人类生存、提高人类生活质量中发挥着不可或缺的作用，但是也为人体健康带来了潜在的风险。为了在保证生产效率和经济效益的同时保护公众健康，必须对所有可能进入生产生活的化学品进行严格管理，毒性测试是其中重要的一环。

传统的毒理实验将化学品以不同的途径暴露给实验动物，在不同时间检测各种毒性终点的变化，其目的是确定靶器官、毒性类型、无可见有害作用水平（no observed adverse effect level，NOAEL）、剂量-效应关系等，为化学品的安全性评价提供数据基础。然而，化学品数目繁多，并且持续快速增长，截至 2023 年 11 月 25 日，美国化学文摘社（https://www.cas.org）已经登记了超过 2.74 亿种化学品，进入环境的日常使用化学品数目已经超过 10 万种。在这样的背景下，依赖动物的传统毒性实验由于周期长、成本高、灵敏性低等特点已经远远不能满足现代社会化学品环境风险评价的需求。同时，高剂量暴露的动物实验在剂量外推和物种外推方面受到质疑，且难以提供关于化合物作用方式和机制的信息。

为了解决这一问题，美国国家科学研究委员会（National Research Council）在 2007 年发布了具有划时代意义的《21 世纪毒性测试：愿景与策略》（Toxicity testing in the 21st century：A vision and a strategy）报告，指出毒性测试和风险评价策略应将重点放在毒性通路（toxicity pathways）上（Krewski et al.，2010），即受到足够生物扰动（biologic perturbations）时预计会导致不利健康影响的细胞反应路径。细胞反应路径通过基因、蛋白质和小分子物质之间复杂的生化相互作用组成，维持正常的细胞功能，控制细胞信号传导和传递，允许细胞适应环境的变化，因此通过相对简单的生化分析（如受体结合、报告基因表达、酶活性检测等）或综合的细胞反应分析（如细胞增殖、细胞凋亡、细胞功能变化等）就可以用于预测外源化学品引起的有害健康效应并进行风险评估。这一策略将毒性反应观察的焦点从器官或个体层面的顶端终点（apical endpoints）转移到细胞或分子层面的生物扰动，引领着21世纪毒性测试范式的转变。2008年，美国国家环境健康科学研究所（NIEHS）/国家毒理学计划（NTP）、US EPA国家计算毒理学中心和国家人类基因组研究所/国家卫生化学基因组学中心就“高通量筛选、毒性途径分析和研究结果的生物学解释”达成协议，正式开展Tox21计划，该计划旨在将化学品危害评估方法由传统的整体动物测试体系（in vivo）转向依靠人源细胞系或细胞组分的体外测试体系（in vitro）。

2010年，Ankley等（2010）提出了有害结局路径（adverse outcome pathway，AOP）框架，通过一系列关键事件（KE）描述了分子启动事件（MIE）与在生物不同组织结构层次（如细胞、器官、个体、种群）出现的有害结局（AO）之间的联系。这里的MIE是指外源化学品与毒性通路中特定生物大分子（如受体、酶、DNA等）的相互作用，如蛋白质结合、受体结合、酶失活、DNA损伤等，可以启动一系列细胞级联反应，引发下游关键事件（KE）以及有害结局（AO）。这一概念的提出将体内和体外实验结果有机地结合在一起，用细胞反应来预测个体层面的毒性终点，促进了基于毒性机制的化学品风险评估与管理的发展和应用。需要注意的是，在实际应用的过程中会面临许多挑战，包括筛选关键毒性通路、定量表征MIE以及评估在细胞、组织、器官及个体水平上的关键事件等。随着高通量测序技术的发展以及超高分辨质谱仪的应用，多组学（基因组、转录组、蛋白组、代谢组等）的整合分析为识别关键毒性通路和生物大分子提供了有力的手段和不可或缺的信息。

十几年来，科学家们不断努力探索并使用此新路线方法（new approach methodologies，NAMs），即可以减少动物实验的任何技术（technology）、方法（methodology）、途径（approach）及其组合，包括使用人类或动物细胞的体外试验或分析，评估化学品如何与某些物质相互作用或反应的化学分析方法，以及计算机驱动的预测工具。2019年9月，US EPA署长Andrew Wheeler签署了一项指令，计划在2025年前将对哺乳动物研究的需求和资助减少30%，并在2035年前取消所有对哺乳动物研究的要求和资助。同时，US EPA还将大量资金用于支持开发非动物方法的研究中。在2021年12月更新的工作计划中，所有脊椎动物也被纳入到工作计划中来。

新路线方法促进了大量非动物实验数据的产生，并将其应用于风险评估的各个阶段，为了更有效地将海量数据应用于化学品的使用和管理，必须构建新的化学品风险评估框架。下一代风险评估（next generation risk assessment，NGRA）就是在Tox21的背景下，在基于传统“危害识别”的风险评估基础上发展出的一套以暴露为导向、以假设为驱动的新式风险评估框架体系。“以暴露为导向”表明基于暴露的豁免（exposure-based waiving，EBW）仍然是评估策略中的重要元素，因为在某些情况下，人类或环境暴露非常低或不频繁，以至于获取额外效应信息并不能进一步改善风险管理能力（Vermeire et al.，2010）。传统的风险评估所使用的暴露量是外部暴露，而NGRA同时关注内部暴露。体外研究将通过污染物浓度-效应关系获得的体外效应浓度（in vitro point-of-departure，POD）作为风险评估的起点，用于进一步确定体内POD，以便得到人体风险评估中的安全暴露限值。这个过程需要有效地结合体外和计算机方法，包括定量构效关系建模（QSAR）、生理生物动力学（PBBK或PBBD）建模以及化合物吸收、分布、代谢和排泄（ADME）（Wilk Zasadna et al.，2015）。“以假设为驱动”指的是NGRA的评估通常基于特定化学品暴露与生物学效应之间关联性的假设，并且将假设作为引导下一步评估的起点，通过分层迭代的方式一步步引导评估直到获得可信的结论（罗飞亚，2023）。NGRA的主要特点之一是促进对需要进行更广泛毒理学评估的化学物质进行优先排序，确定可能更值得关注的物质，以满足对越来越多的物质进行评估的需要（Luijten et al.，2022）。

2021年，欧盟委员会的“地平线2020”计划资助的欧洲研究与创新项目RISK-HUNT 3R［整合以人为中心的下一代测试策略促进3R的化学品风险评估，3R指reduction（减少）、replacement（替代）、refinement（优化）］开始，该计划为期5年，将开发、验证和实施综合方法，优化评估化学品暴露、毒性动力学和毒性动力学的战略，旨在促进计算毒理学、体外毒理学和系统生物学的结合。该项目的关键概念方法包括：

① 整合与人类有关的生物转化和消除数据；

② 将高含量的作用模式数据集转化为对不良后果的预测；

③ 开发定量有害结局路径（qAOPs）；

④ 量化基于下一代风险评估方法策略预测的相关不确定性（Pallocca et al.，2022）。在我国，NGRA已经在化妆品原料和食品安全性评价中得到了应用（罗飞亚，2023）。

在Tox21和NGRA的背景下，土壤污染物的风险评价主要面临着两方面的困难：一是基于离体检测方法的危害识别方法；二是人体内部暴露到外部暴露的估算方法或其他生态受体的实际暴露量估计。目前，Tox21高通量离体检测方法有上百种，检测重点包括细胞活力或细胞凋亡、细胞膜完整性、线粒体毒性、DNA损伤、细胞因子、核受体、毒性通路、酶活性、G蛋白偶联受体信号等，针对特定人体系统较为成熟的污染物离体检测主要是针对遗传毒性和内分泌干扰效应的检测，前者包括微核试验、艾姆化实验、彗星试验等，后者包括MCF-7细胞增殖试验、双杂交酵母试验等，针对免疫毒性和神经毒性的离体检测方法正在开发。但这些检测指标主要针对人体或动物，在进行土壤污染物的风险评价毒性测试方法选择时必须首先确定保护目标，即人体或其他生态受体。另外，在评估土壤污染物对保护目标的实际暴露量时，必须考虑污染物的生物有效性。土壤污染物的生物有效性过程包括：

① 污染物与土壤固相组分的结合与解离，该过程决定污染物赋存状态为结合态还

是游离态；

② 结合态与游离态污染物在土壤基质中的迁移；

③ 污染物与生物体接触并被吸收至生物膜内，参与机体内部的转移和转化；

④ 污染物到达靶点，并引发生物体反应（王鑫格 等，2022）。

传统的风险评价并不考虑过程④，但在 Tox21 和 NGRA 的背景下，过程④的评估成为风险评估必须考虑的因素，因为体外效应浓度可能由于体内代谢过程而与体内试验的外部暴露浓度差别很大。

因此，该过程还需要根据不同的暴露途径（包括经口摄入土壤、吸入土壤颗粒、皮肤吸收、食物链摄取等）构建不同的估算模型以准确建立污染物体外暴露和体内暴露的关系。

17.3 高通量离体测试技术在土壤风险评价中的应用

华南农业大学资源环境学院李永涛教授和杨行健副教授团队 2022 年发表的文章指出，经过其团队的调查，全国约 99.3%的农区土壤（$n=430$）中检出类固醇激素，平均浓度为（4.72±4.07）ng/g，雄激素含量占比最高（30.9%～88.2%）。各省市家禽出栏量、生猪出栏量以及土壤有机质与类固醇激素的平均浓度呈显著正相关，说明这些因素是造成农田类固醇激素累积的重要原因。除传统的雌激素外，孕激素和雄激素也具有较高的生态风险，需持续关注（Yang et al.，2020）。中国科学院生态环境研究中心马梅团队对我国典型工业场地的土壤样品进行加速溶剂萃取，提取其中的有机污染物，并定容到生物相容性好的二甲基亚砜溶剂中，通过高通量离体检测技术筛查其雌激素干扰效应，发现晴隆县锑砷矿区厂区、矿区渗滤液及附近养鸡场具有显著的雌激素抑制效应；晴隆县锑砷矿区的养鸡场检出雌激素诱导效应，部分深层土毒性效应高于表层土（图 17.1）。

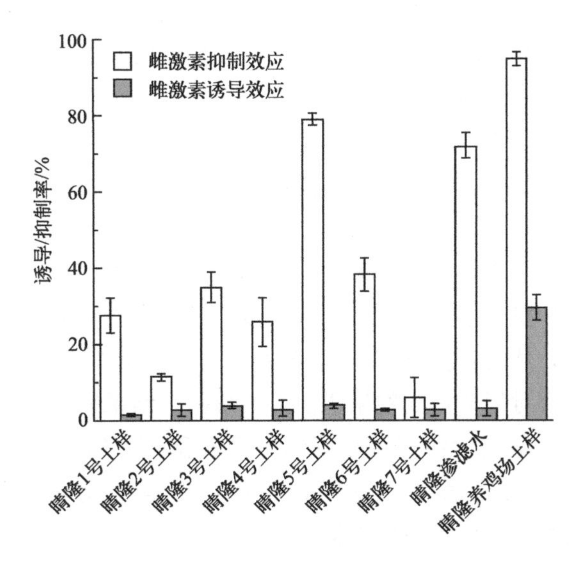

图 17.1 晴隆矿区土壤有机提取物内分泌干扰效应

土壤的急性毒性测定也是评估土壤健康的一个重要手段。与传统的化学和其他生物检测方法相比，发光细菌生物测定具有反应灵敏、成本低和效率高等优点，可以高通量地检测土壤提取物的急性毒性（Zhang et al.，2023a）。张凯等（2022）使用由发光细菌和磁性纳米颗粒（MNP）制成的生物传感器，可在不破坏土壤完整性的情况下，实现对土壤中复合污染物生物毒性的准确检测（图 17.2）。

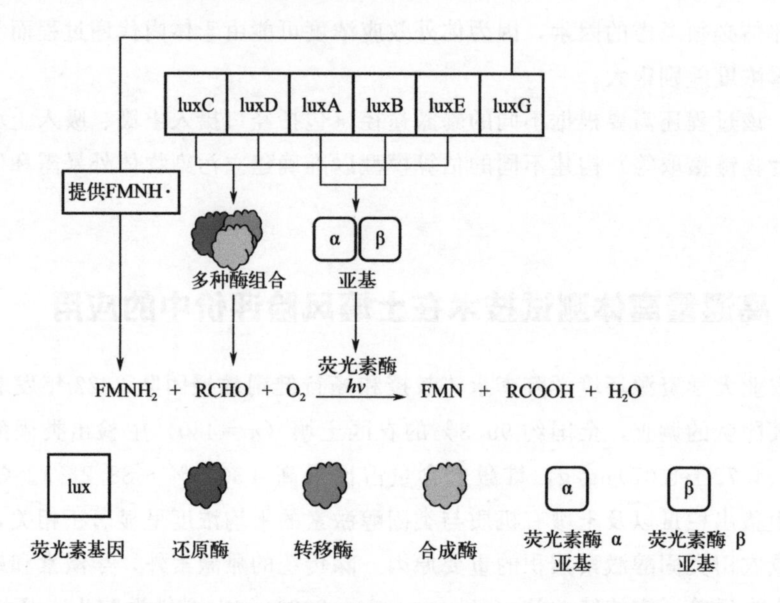

图 17.2 发光细菌构建原理（Zhang et al.，2023a）

17.4 毒性及风险预测

机器学习（machine learning，ML）空间预测技术是基于环境协变量与目标变量之间的相关性，加入具有位置信息的空间相关协变量，利用机器学习算法，提高模型的预测性能和可解释性，在处理环境领域复杂的非线性问题时具有良好的性能，有利于探索土壤与污染物之间复杂的地球化学关系。烟草是我国西南部高原喀斯特地区的主要经济作物，具有很强的生物积累性，可导致吸烟者接触到镉。微量元素之间的相互作用通常会对烟草中镉的积累产生重大影响，尤其是硒因其与镉的拮抗和协同作用而受到广泛关注。贵州省是我国土壤中硒含量最高的地区。中国环境科学研究院马瑾研究员团队基于机器学习预测了遵义市烟草镉生物积累能力（Gou et al.，2024）。其团队从我国西南地区典型的喀斯特烟草种植土壤中采集了 365 个成对的根际土壤样品和 321 个表层土壤样品进行镉和硒的分析，然后利用机器学习方法研究了富硒喀斯特地区镉的生物累积能力，并量化了驱动因素对烟草镉生物累积能力的贡献。结果表明，土壤镉和硒含量、土壤类型和岩性等区域地球化学特征对烟草镉生物累积能力的影响最大，占总体变化的 46.5%。喀斯特地区的土壤硒含量显著影响烟草中镉的生物累积，土壤硒含量为 0.8mg/kg 时，镉和硒的相互抑制作用达到阈值。同时根据空间关联的双变量局部指标结果发现遵义市中部、东北部和东南部地区种植的烟草受土壤镉污染的风险较低。

东北大学的于永亮教授、中国科学院高能物理研究所的李玉锋研究员和中国农业大学的王伟教授利用非靶标金属组学方法筛查了微塑料（MPs）和纳米塑料（NPs）的植物毒性，发现10mg/L的纳米塑料对水稻幼苗有害，并结合多种深度学习算法筛查微塑料和纳米塑料在水稻植株中的暴露情况。结果发现卷积神经网络（CNN）等机器学习算法不需要对实验数据进行预处理，可以直接对光谱进行分析和分类，且具有较高的准确率（98.99%），并能够极大地减少数据处理的工作量（Xie et al.，2024）。

机器学习在预测污染物对土壤酶活性的影响方面也有应用。福建师范大学环境与资源学院陈祖亮教授和林加奖教授团队利用机器学习模型预测了银纳米颗粒（AgNPs）对土壤酶的影响。结果表明用遗传算法（GA）优化的人工神经网络（ANN）更适合模拟总体趋势，而梯度提升机（GBM）和随机森林（RF）更适合小规模分析。根据部分依赖性分析（PDP），在相同剂量（0.02～50mg/kg）下，3种类型的AgNPs中，聚乙烯吡咯烷酮包被的AgNPs（PVP-AgNPs）对土壤酶活性的抑制作用最大（49.5%）。根据ANN模型预测，当AgNPs的粒径增加时，酶活性先下降后上升。根据ANN和RF模型的预测，当暴露于无包被的AgNPs下时，土壤酶活性在30d前持续下降，但在30～90d逐渐上升，90d后略有下降。ANN模型表明了4个因素的重要性顺序：剂量＞类型＞大小＞暴露时间。RF模型表明，当实验在0.01～1mg/kg、50～100nm和30～90d的剂量、粒径和暴露时间下进行时，酶的敏感性更高（Zhang et al.，2023b）。

17.5 总结与展望

我国土壤环境污染问题日益加重，对土壤污染的监测和管理问题亟待解决。作为土壤污染管理的重要手段，土壤环境质量标准并不完善，需要进行更加科学的土壤环境质量基准研究，而这是建立在大量的污染物毒性数据的基础上的。我国目前没有适合本土土壤类型和物种特点的数据库，毒性数据的获取主要来自国外的数据库或文献，但由于土壤类型及物种种类会显著影响同一污染物的生物有效性，直接使用国外数据是不合理的。另外，由于我国地域辽阔，土壤类型、物种种类也会受气候等的影响呈现地域性分布特征，且由于历史发展或现代工农业结构的不同，不同地区有机污染情况也有明显差异，这就要求在进行基准研究时必须分区考虑重要影响因素。高通量毒性检测技术和基于机器学习的预测技术的广泛应用可以为土壤风险评估和土壤基准的制定提供有利的手段。

参考文献

陈卫平，谢天，李笑诺，等，2018. 欧美发达国家场地土壤污染防治技术体系概述［J］. 土壤学报，55（03）：527-542.

葛峰，徐坷坷，刘爱萍，等，2021. 国外土壤环境基准研究进展及对中国的启示［J］. 土壤学报，58（02）：331-343.

罗飞亚，苏哲，黄湘鹭，等，2023. 下一代风险评估在化妆品原料安全性评价的应用研究进展［J］. 日用化学工业（中英文），53（01）：79-85.

生态环境部. GB 15618—2018. 土壤环境质量　农用地土壤污染风险管控标准（试行）［S］.

生态环境部 . GB 36600—2018. 土壤环境质量　建设用地土壤污染风险管控标准（试行）[S].
王鑫格，李娜，许宜平，等 . 2022. 基于有机污染物生物有效性的土壤环境质量基准的探讨 [J]. 生态毒理学报，17（01）：32-46.
张凯，暴凯凯，熊珍玉，等，2022. 磁性纳米细菌传感器表征污染土壤生物毒性的教学实验设计 [J]. 实验技术与管理，39（03）：209-213.
赵其国，骆永明，滕应，等，2009. 当前国内外环境保护形势及其研究进展 [J]. 土壤学报，46（06）：1146-1154.
郑丽萍，冯艳红，张亚，等，2016. 基于生态风险的土壤环境基准研究概况 [C] //中国环境科学学会学术年会论文集（第三卷）：4.
庄国泰，2015. 我国土壤污染现状与防控策略 [J]. 中国科学院院刊，30（04）：477-483.
Ankley G T，Bennett R S，Erickson R J，et al.，2010. Adverse outcome pathways：a conceptual framework to support ecotoxicology research and risk assessment [J]. Environ Toxicol Chem，29：730-741.
Gou Z L，Liu C S，Meng Q，2024. Machine learning-based prediction of cadmium bioaccumulation capacity and associated analysis of driving factors in tobacco grown in Zunyi City，China [J]. J Hazard Mater.，463：1320910.
Krewski D，Acosta D，Andersen M，et al.，2010. Toxicity testing in the 21st century：A vision and a strategy [J]. J Toxicol Environ Health B Crit Rev，13：51-138.
Luijten M，Sprong R C，Rorije E，et al.，2022. Prioritization of chemicals in food for risk assessment by integrating exposure estimates and new approach methodologies：A next generation risk assessment case study [J]. Front Toxicol 4：933197.
Pallocca G，Moné M J，Kamp H，et al.，2022. Next-generation risk assessment of chemicals-rolling out a human-centric testing strategy to drive 3R implementation：The RISK-HUNT3R project perspective [J]. ALTEX，39：419-426.
Vermeire T，van de Bovenkamp M，de Bruin Y B，et al.，2010. Exposure-based waiving under REACH [J]. Regulatory Toxicology and Pharmacology，58：408-420.
Wilk Zasadna I，Bernasconi C，Pelkonen O，et al.，2015. Biotransformation in vitro：An essential consideration in the quantitative in vitro-to-in vivo extrapolation（QIVIVE）of toxicity data [J]. Toxicology，332：8-19.
Xie H X，Wei C J，Wang W，2024. Screening the phytotoxicity of micro/nanoplastics through non-targeted metallomics with synchrotron radiation X-ray fluorescence and deep learning：Taking micro/nano polyethylene terephthalate as an example [J]. J Hazard Mater，463：132886.
Yang X，He X，Lin H，et al.，2020. Occurrence and distribution of natural and synthetic progestins，androgens，and estrogens in soils from agricultural production areas in China [J]. Science of the Total Environment，751：141766.
Zhang K，Liu M，Song X L，2023a. Application of luminescent bacteria bioassay in the detection of pollutants in soil [J]. J Hazard Mater，457：131789.
Zhang Z，Lin J J，Chen Z L，2023b. Predicting the effect of silver nanoparticles on soil enzyme activity using the machine learning method：Type，size，dose and exposure time [J]. Sustainability，15（9）：7351.

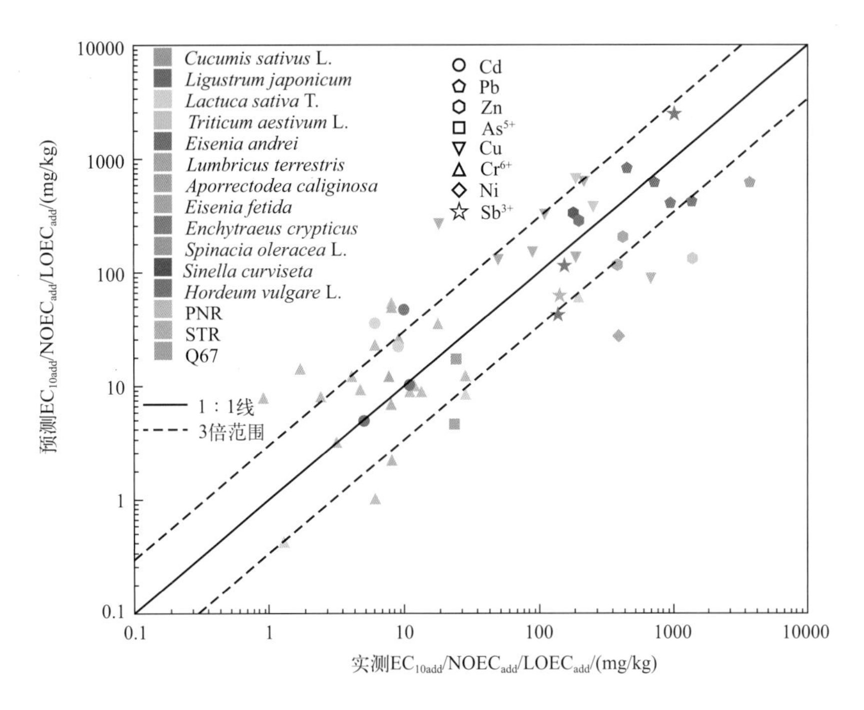

图 4.1 实测和预测的重金属 $EC_{10add}/NOEC_{add}/LOEC_{add}$ 值之间的相关性

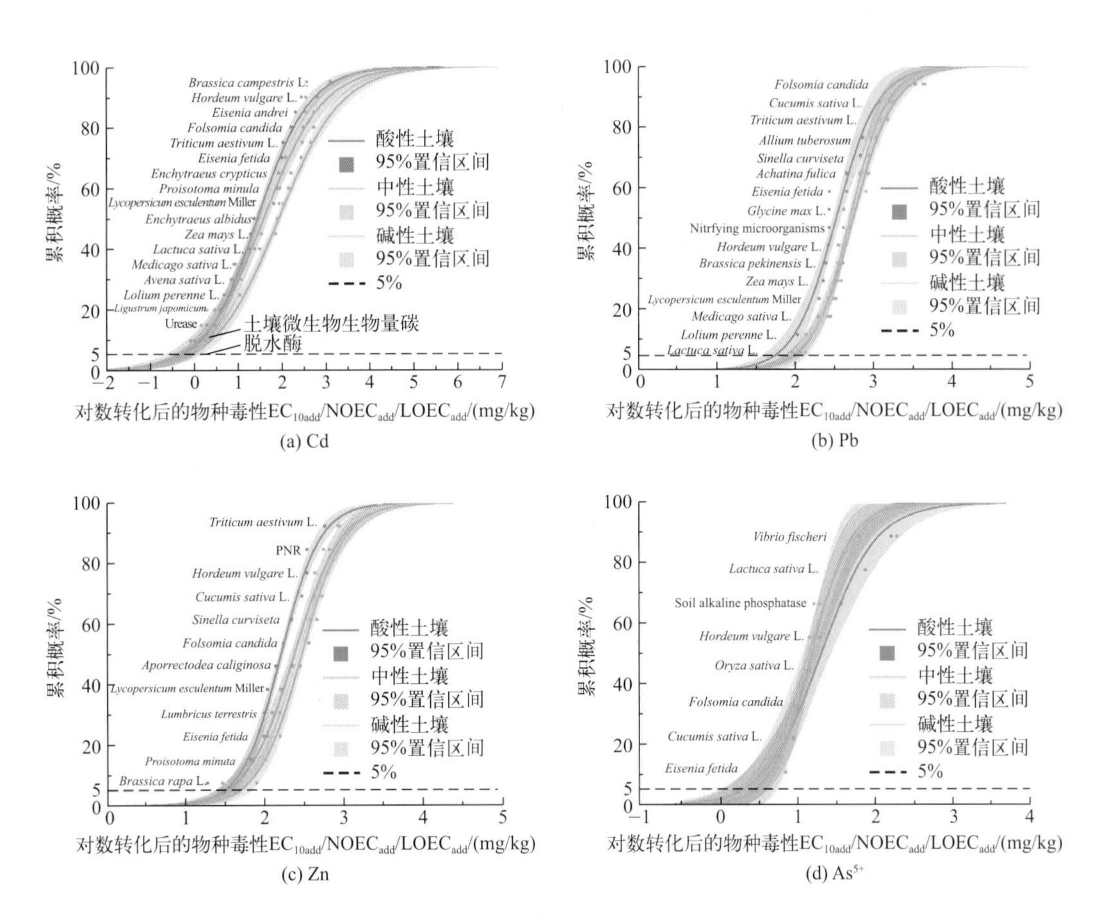

图 4.3

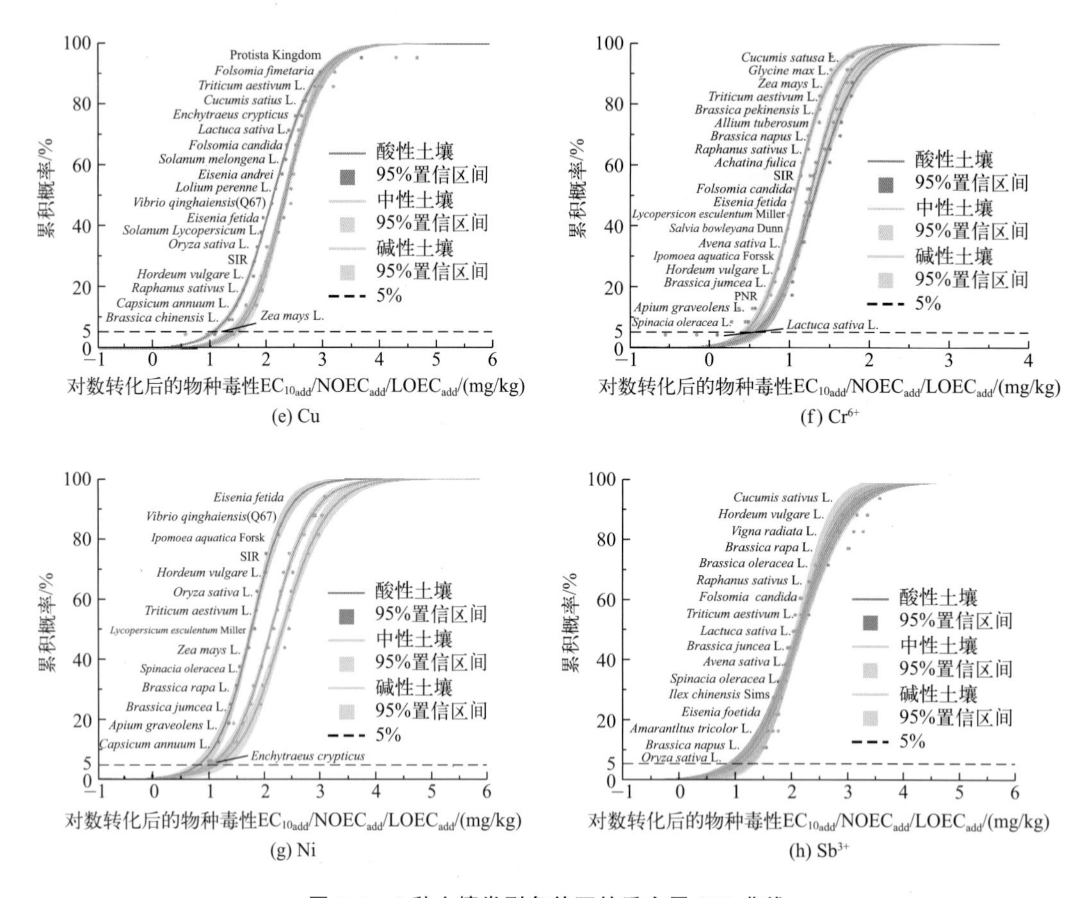

图 4.3　3 种土壤类型条件下的重金属 SSD 曲线

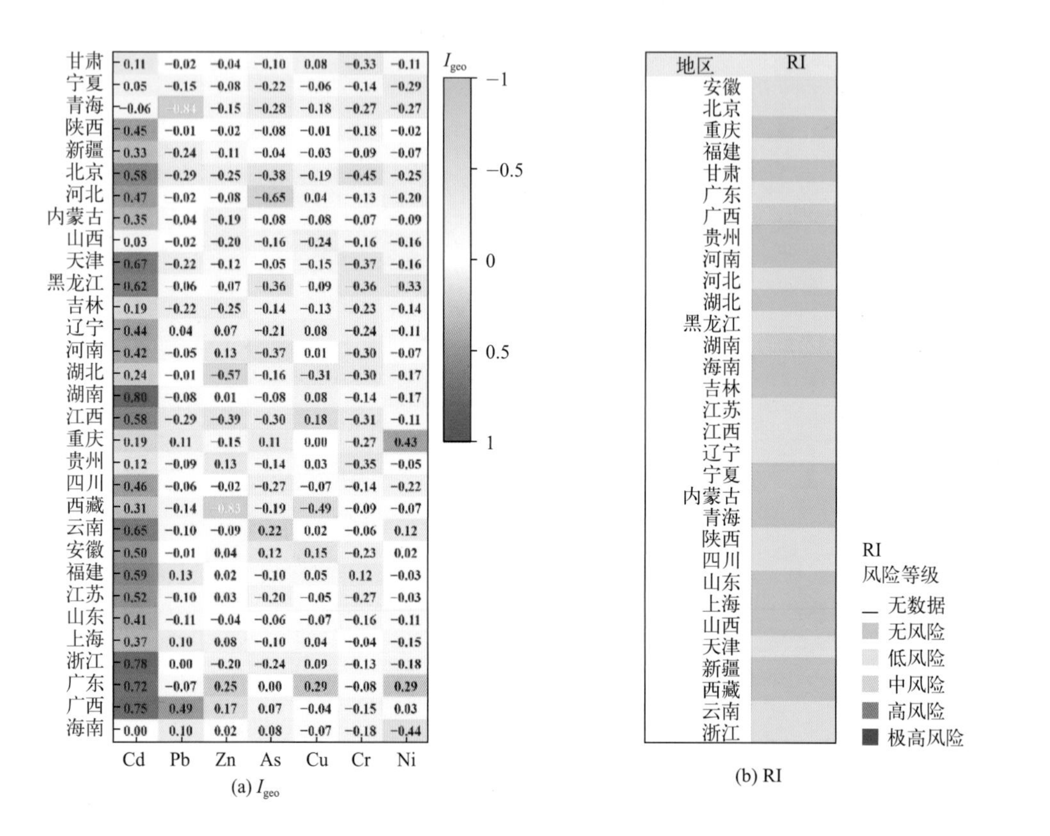

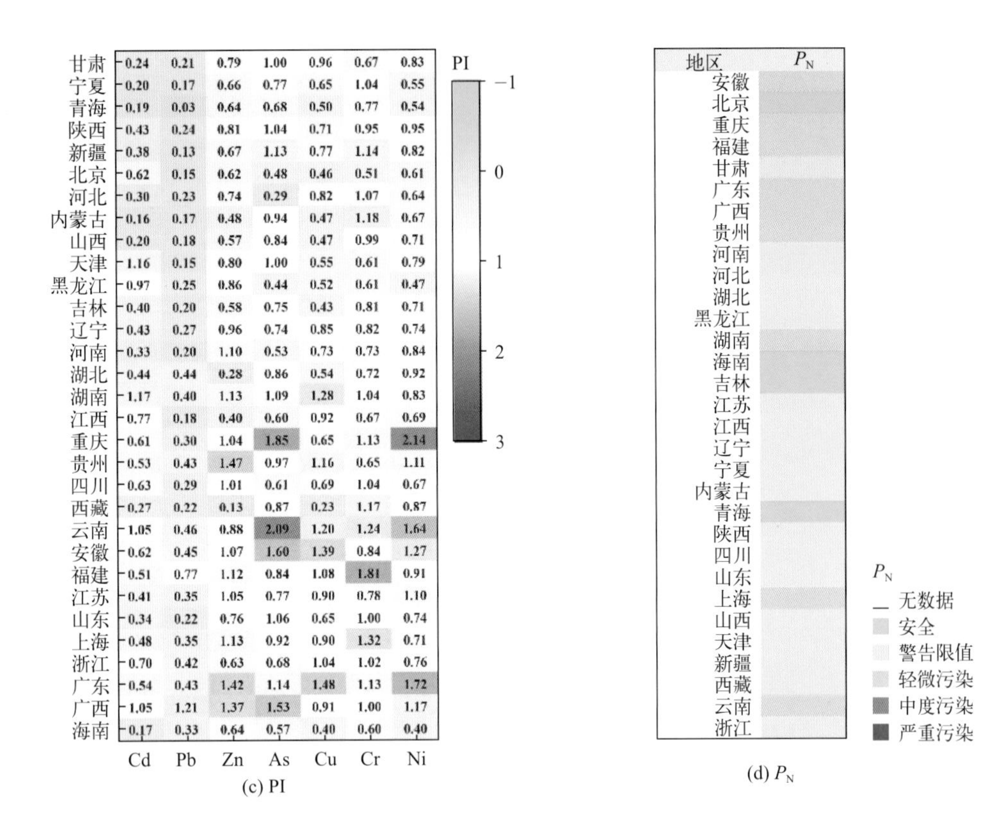

图 4.4　我国 31 个省份的 1 级和 2 级生态风险评估结果

注：I_{geo} 和 RI 的结果是根据测量的环境暴露浓度与土壤元素背景值之间的比值计算的，定义为 1 级方法；PI 和 P_N 的结果是根据测量的环境暴露浓度与 SQC 之间的比值计算的，定义为 2 级方法

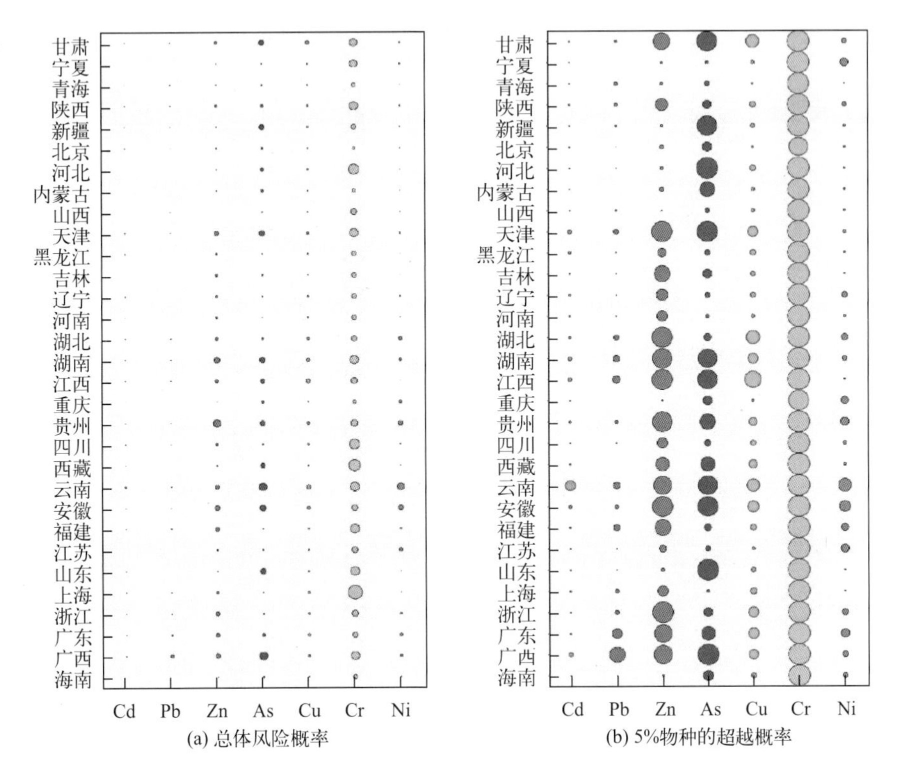

图 4.5

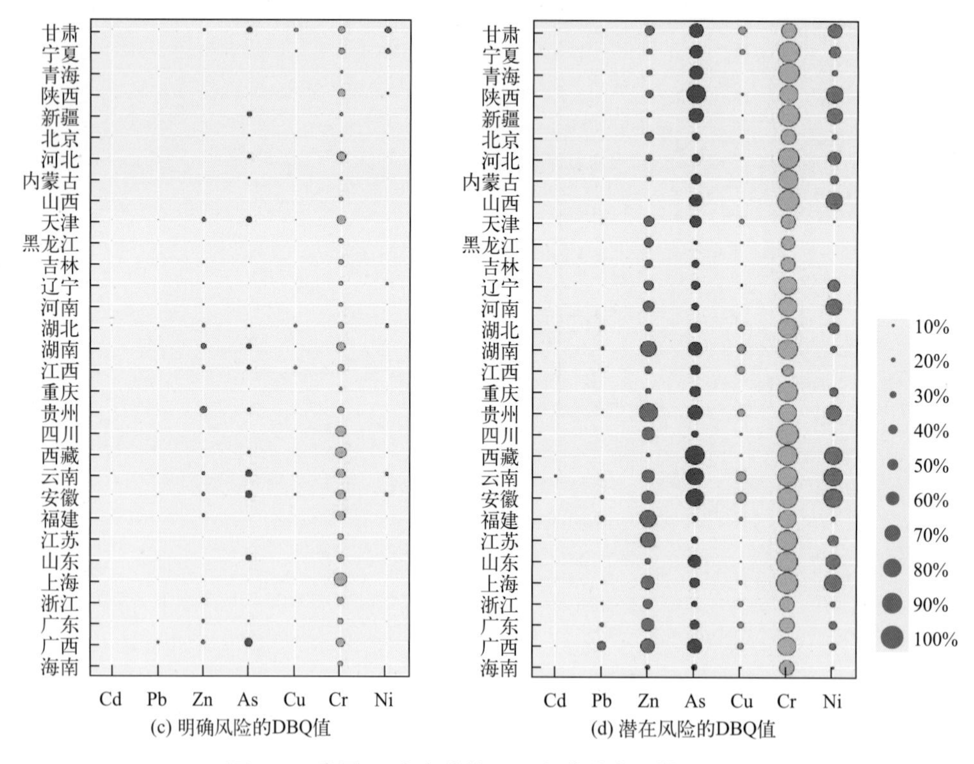

图 4.5　我国 31 个省份的 JPC 和蒙特卡罗模拟结果

注：ORP 和 5%物种受影响的概率结果来自 JPC，明确风险的 DBQ 值和潜在风险的 DBQ 值来自蒙特卡罗模拟。圆圈的大小表示生态风险产生的概率

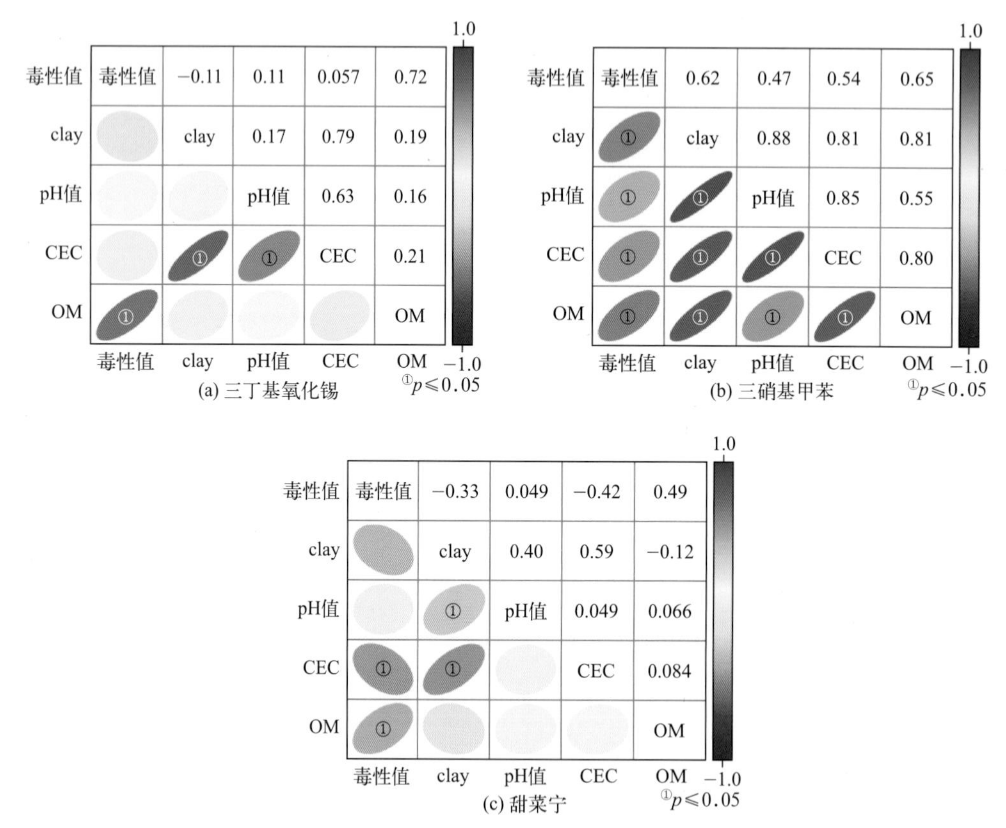

图 4.6　毒性值与土壤理化性质的相关关系

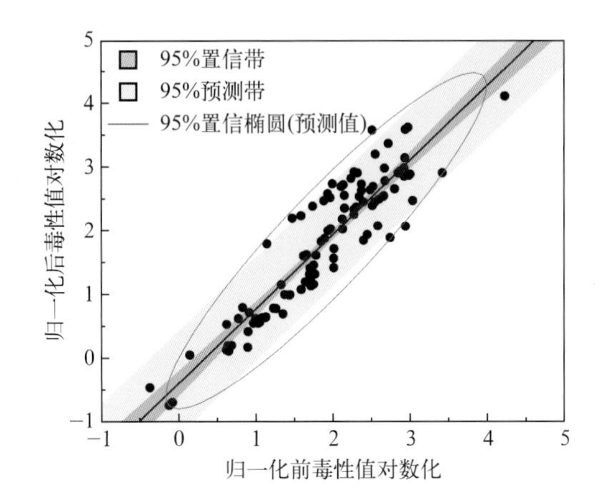

图 4.7 归一化模型验证

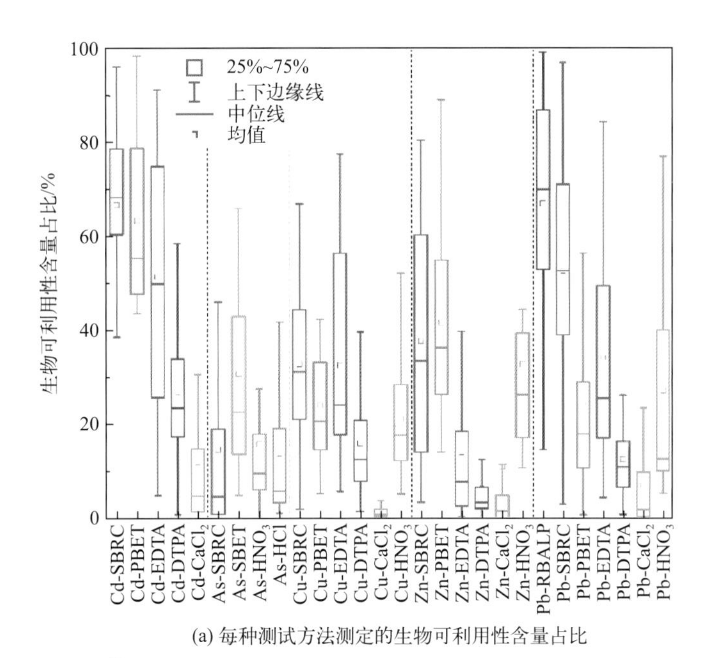

(a) 每种测试方法测定的生物可利用性含量占比

Cd-人67.50%
Cd-植物34.37%
Cd-蚯蚓25.52%
Pb-人47.28%
Pb-植物22.93%
Pb-蚯蚓16.40%
Zn-人40.10%
Zn-植物13.45%
Zn-蚯蚓11.44%
Cu-人29.83%
Cu-植物22.20%
Cu-蚯蚓15.08%
As-人18.41%
As-植物8.94%
As-蚯蚓13.17%

(b) 将测试方法分组后的重金属生物可利用性含量平均占比

Cd 42%
Pb 37%
Cu 24%
Zn 21%
As 14%

(c) 未分组的重金属生物可利用性含量的平均占比

图 6.2 重金属生物可利用性含量在土壤总含量中的占比

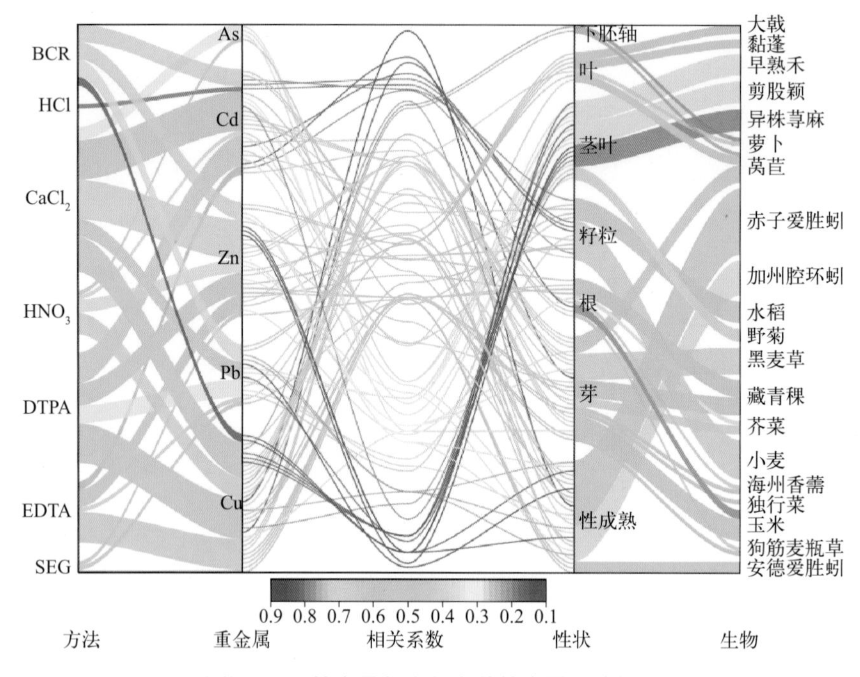

图 6.3　生物可利用性含量与生物有效性含量间的相关系数分布

注：左侧纵坐标表示由化学试剂法及体外模拟法测定的重金属含量（生物可利用性含量），

右侧纵坐标表示生物体内的重金属含量（生物有效性含量）；线条为连续曲线，一条曲线表示一组数据；

曲线颜色表示生物可利用性含量与生物有效性含量间相关系数的大小（$P<0.05$）；线条的宽度表示数据量的大小

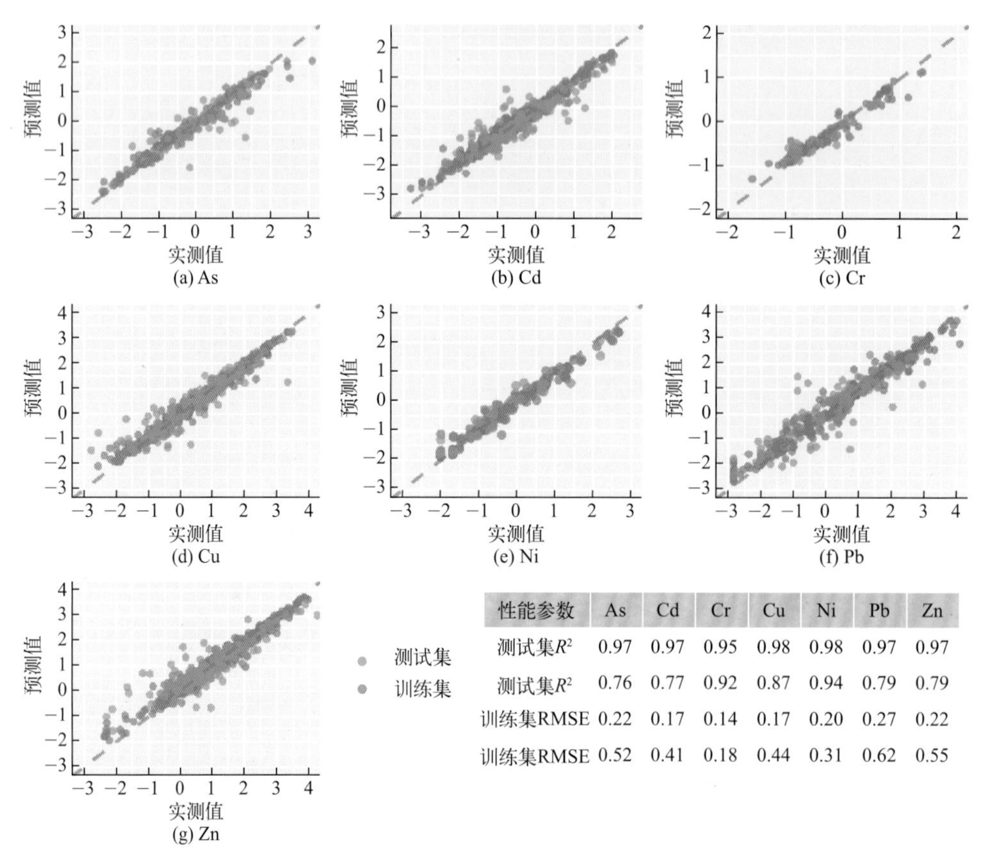

性能参数	As	Cd	Cr	Cu	Ni	Pb	Zn
测试集R^2	0.97	0.97	0.95	0.98	0.98	0.97	0.97
测试集R^2	0.76	0.77	0.92	0.87	0.94	0.79	0.79
训练集RMSE	0.22	0.17	0.14	0.17	0.20	0.27	0.22
训练集RMSE	0.52	0.41	0.18	0.44	0.31	0.62	0.55

图 6.4　最优模型的训练集和测试集的数据分布

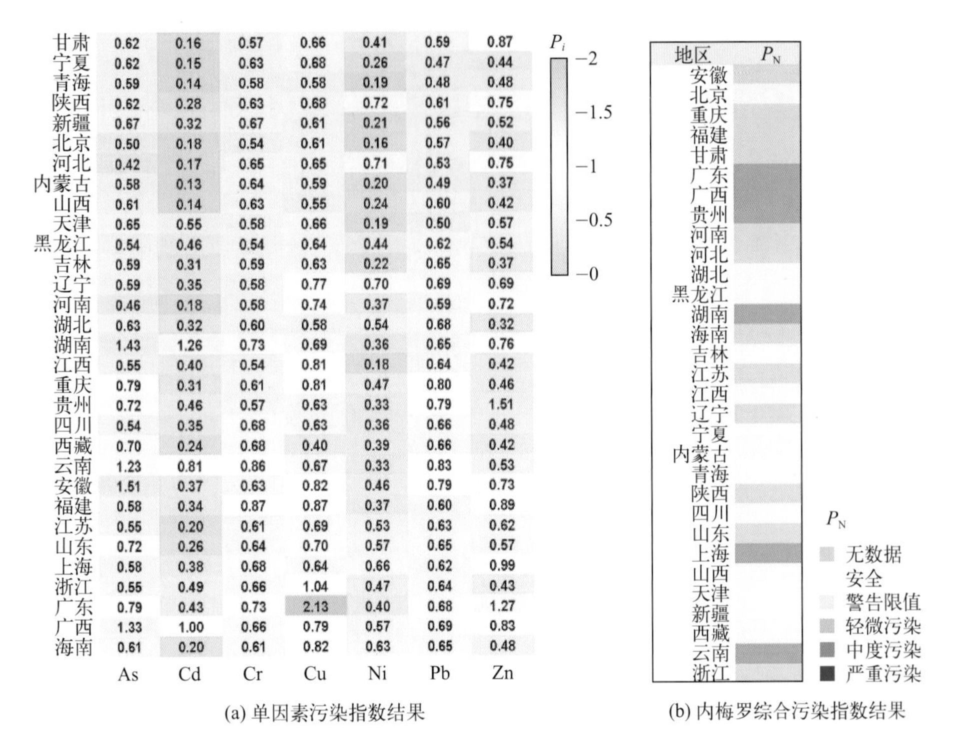

(a) 单因素污染指数结果

(b) 内梅罗综合污染指数结果

图 6.5 基于生物有效性的中国各省土壤重金属风险评估

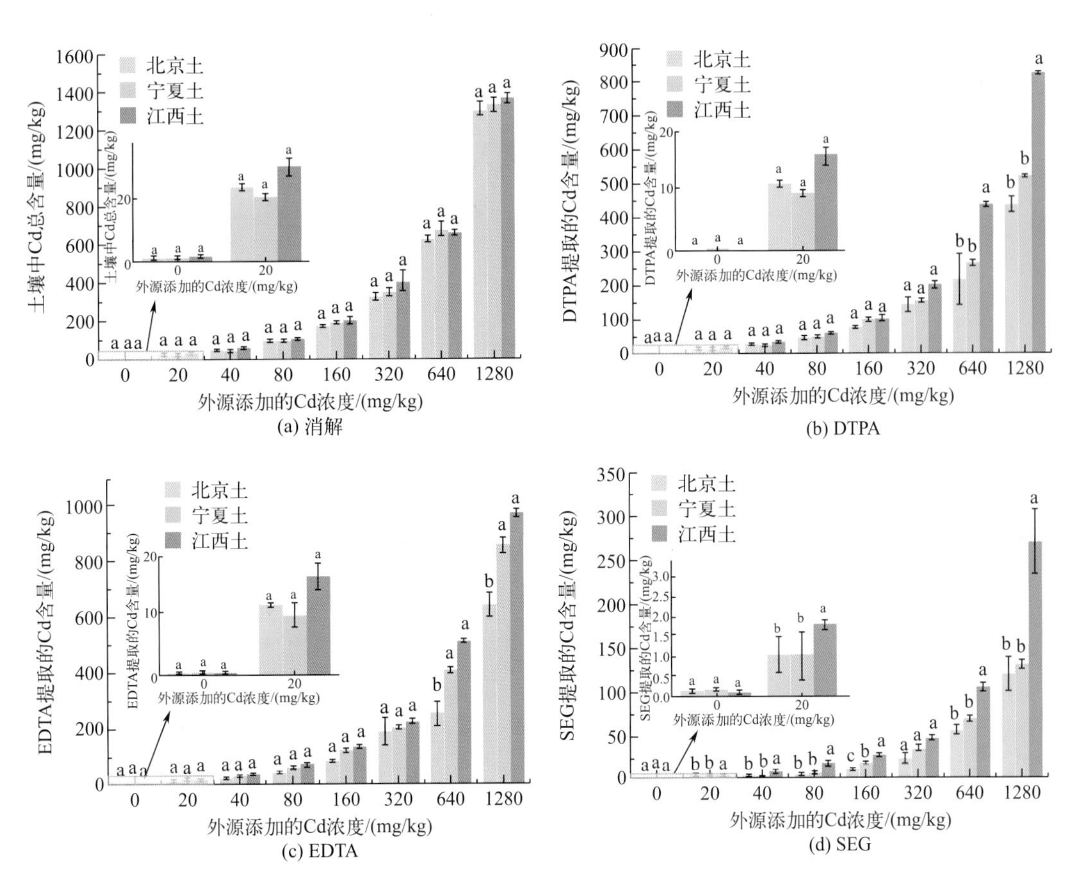

(a) 消解

(b) DTPA

(c) EDTA

(d) SEG

图 7.1

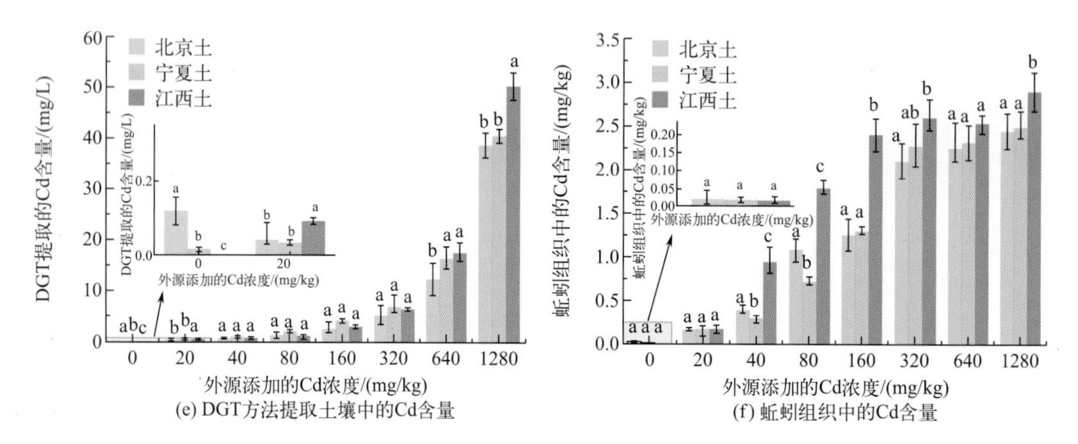

图 7.1　土壤及蚯蚓组织中 Cd 含量

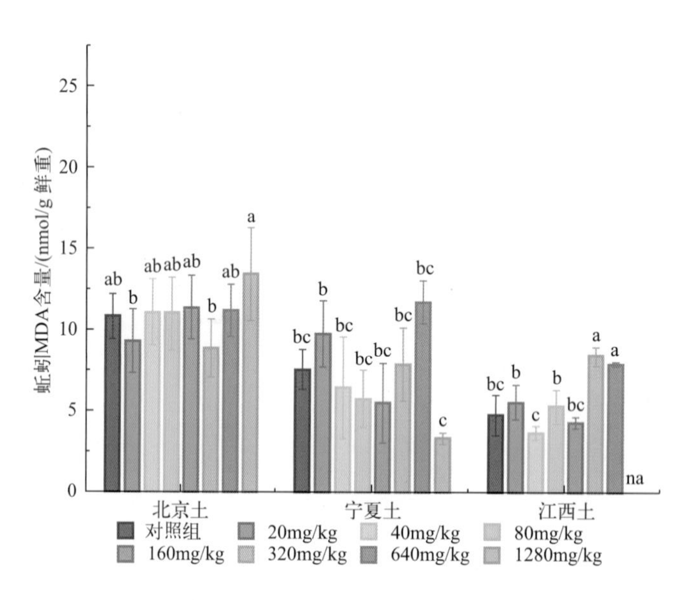

图 7.3　3 种土壤条件下 Cd 暴露 14d 对蚯蚓 MDA 含量的影响

na 指此处不适用，后同

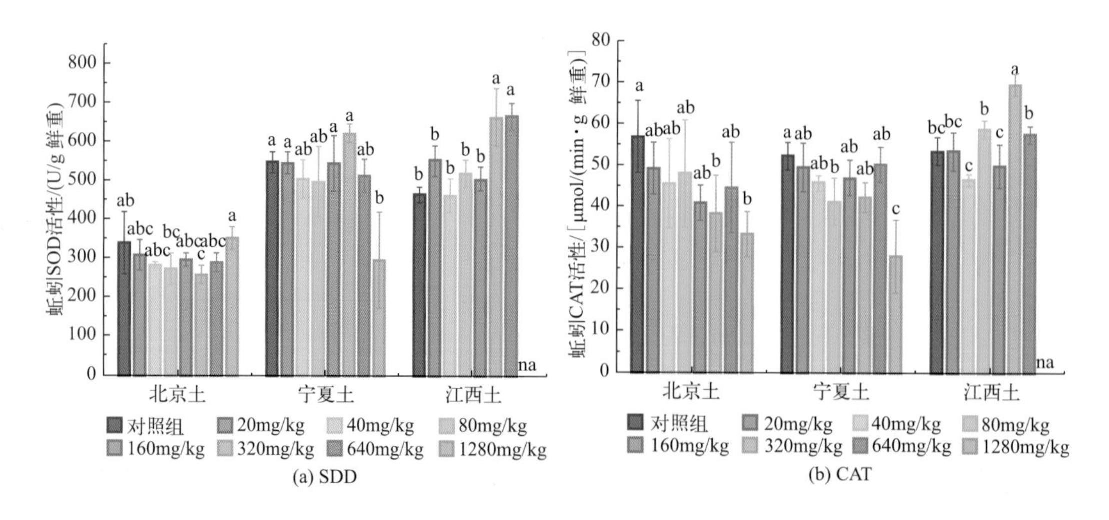

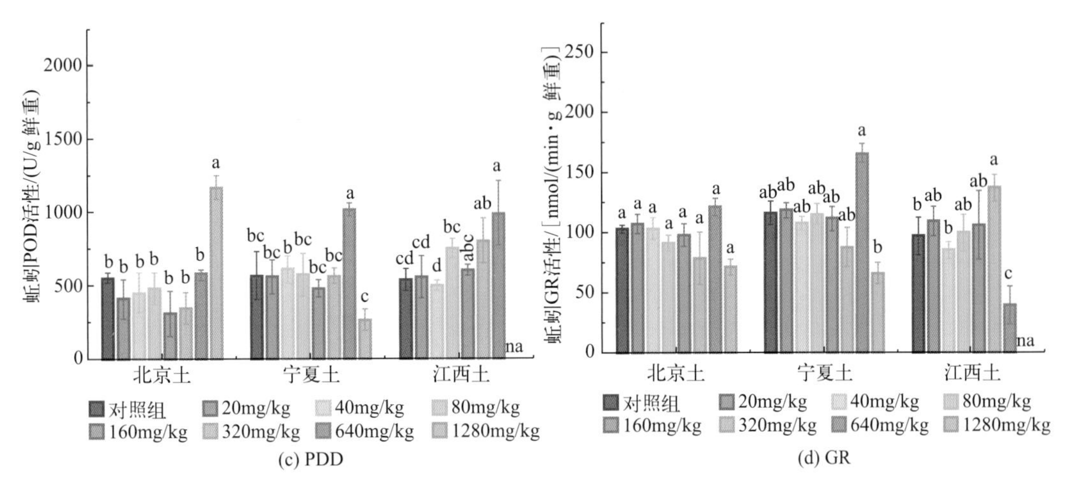

(c) PDD　　　　(d) GR

图 7.4　3 种土壤条件下 Cd 暴露 14d 对蚯蚓 SOD、CAT、POD 和 GR 活性的影响

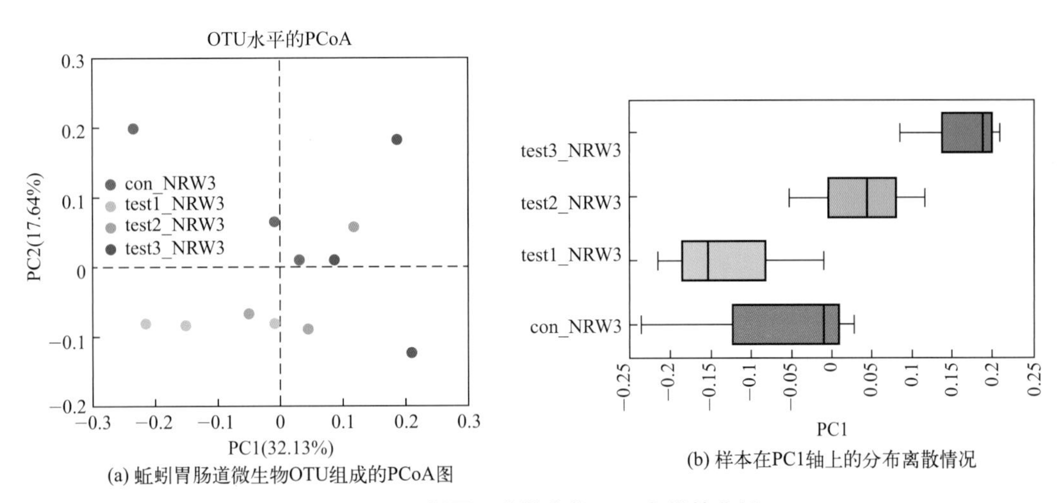

(a) 蚯蚓胃肠道微生物OTU组成的PCoA图　　(b) 样本在PC1轴上的分布离散情况

图 7.6　蚯蚓胃肠道微生物 Beta 多样性分析

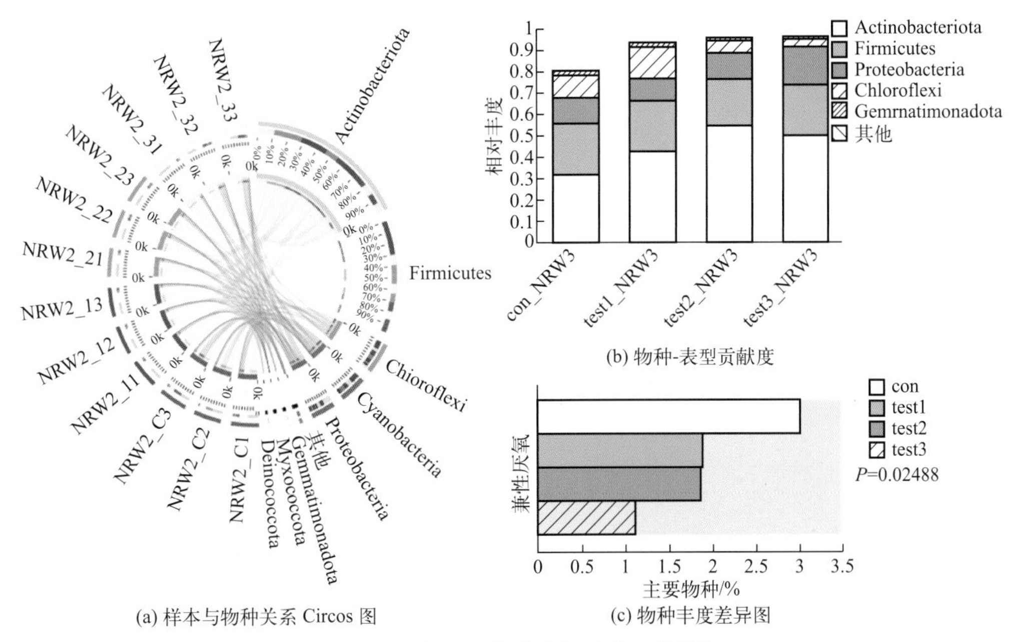

(a) 样本与物种关系 Circos 图　　(b) 物种-表型贡献度　　(c) 物种丰度差异图

图 7.7　蚯蚓胃肠道微生物群落组成分析

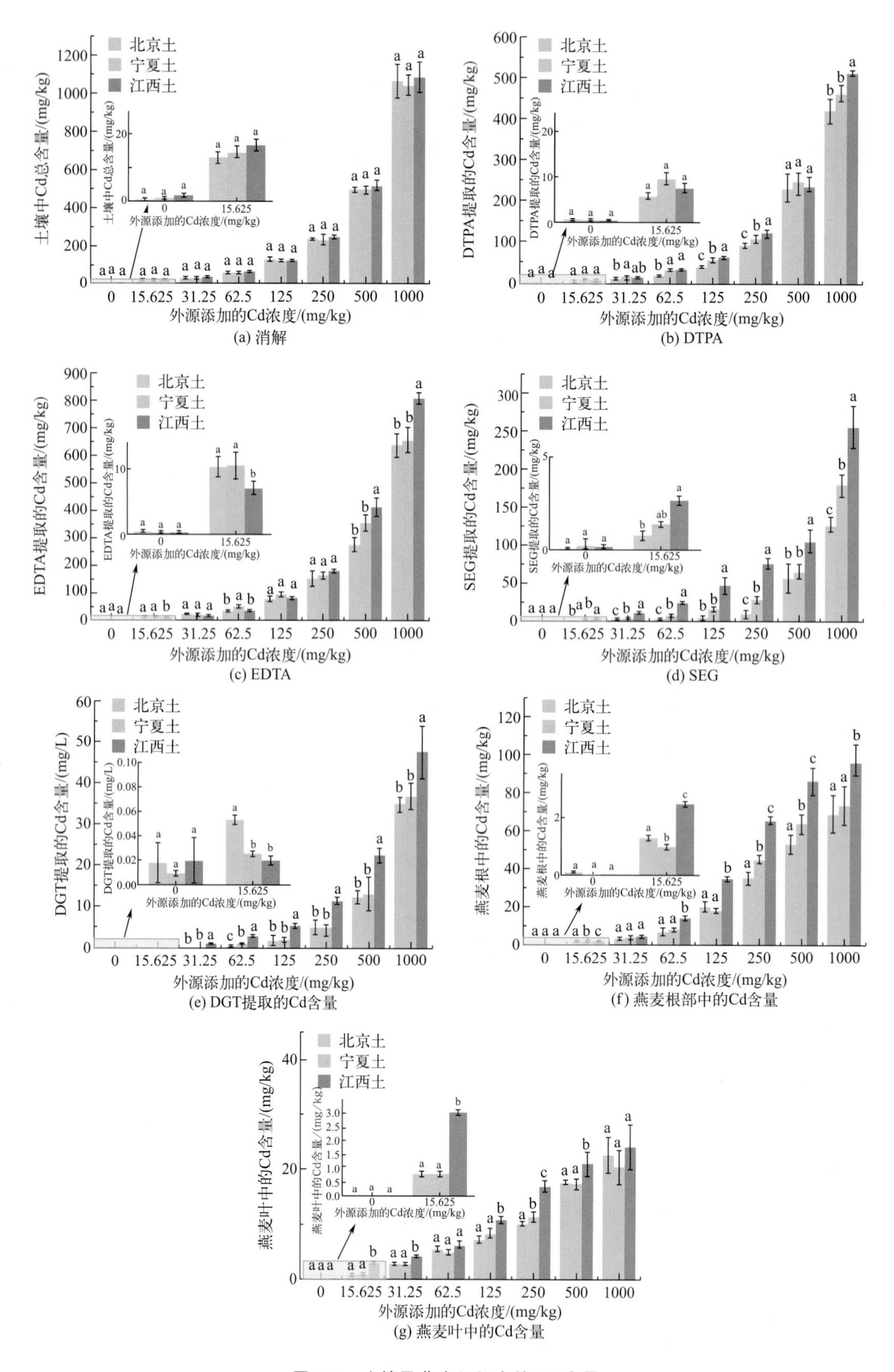

图 8.1 土壤及燕麦组织中的 Cd 含量

图中 a、b、c 表示不同土壤间的显著性差异

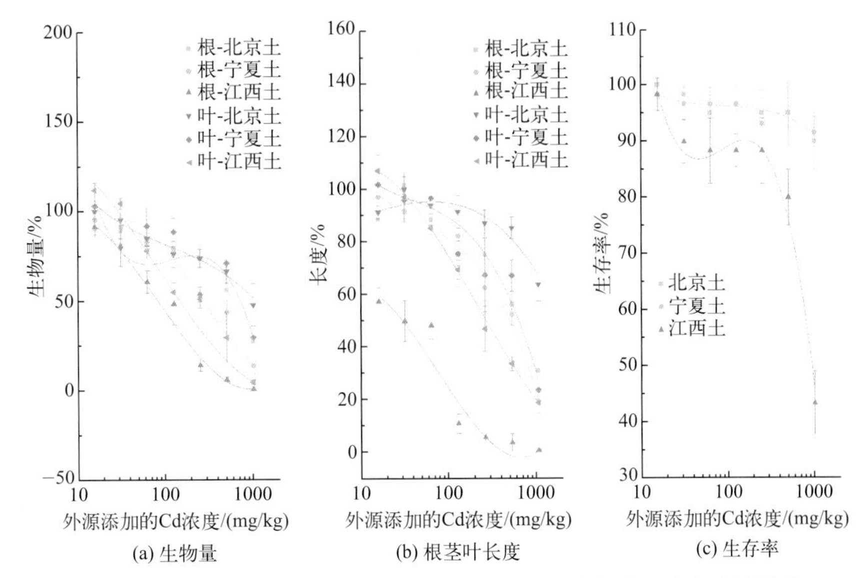

图 8.2　3 种土壤条件下 Cd 对燕麦生物量、根茎叶长度和生存率的影响

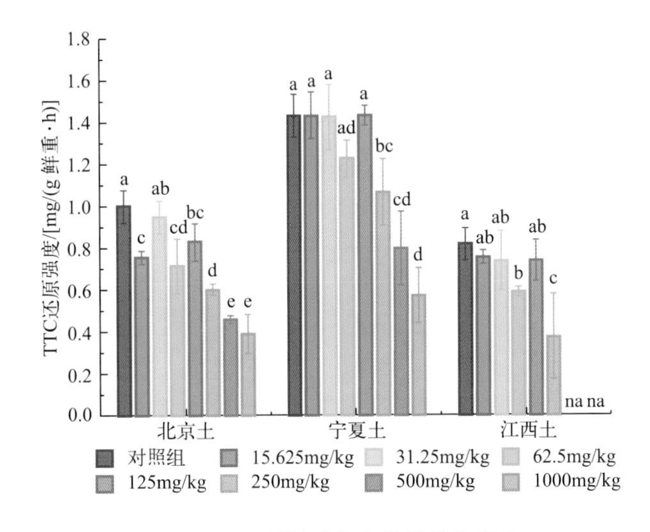

图 8.3　Cd 暴露对燕麦根活性的影响

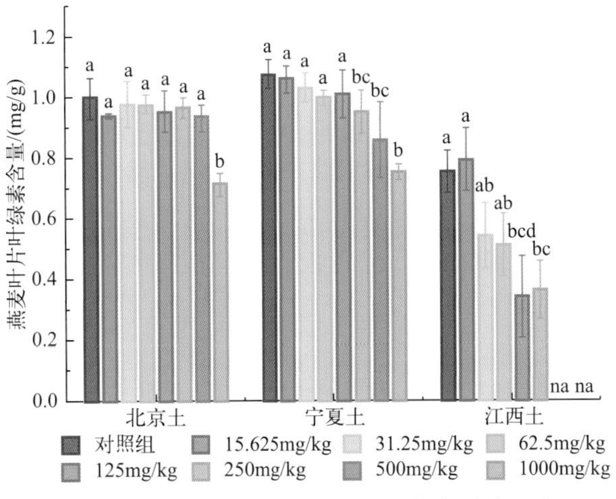

图 8.4　Cd 暴露对燕麦叶片叶绿素含量的影响

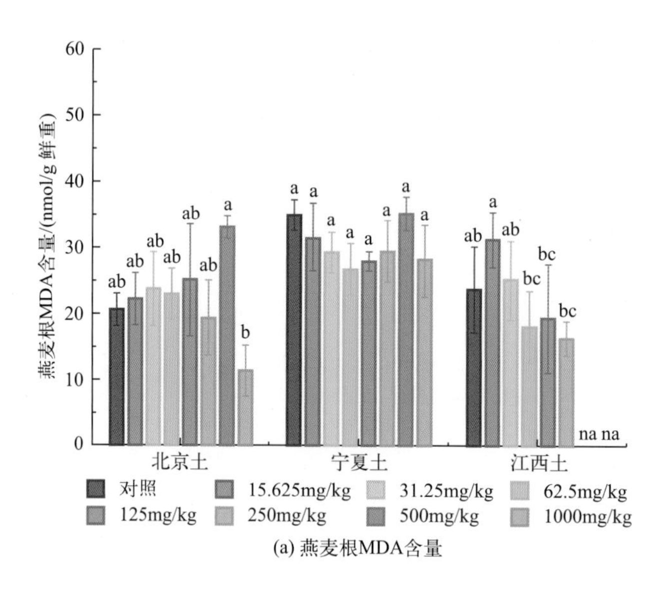

(a) 燕麦根MDA含量

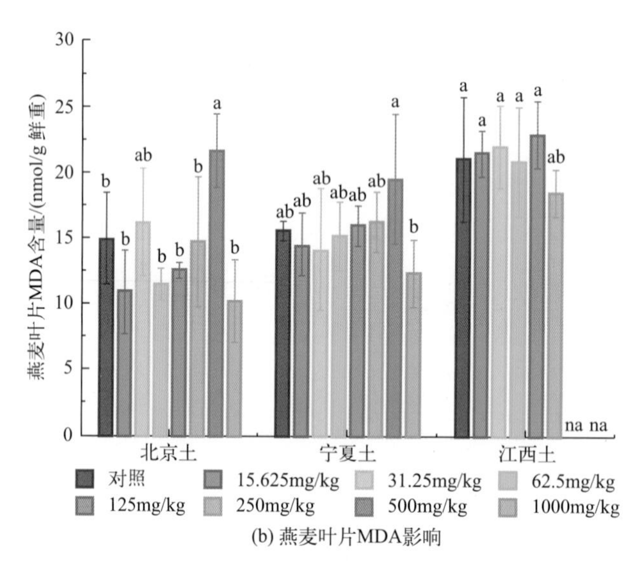

(b) 燕麦叶片MDA影响

图 8.5　Cd 暴露对燕麦 MDA 含量的影响

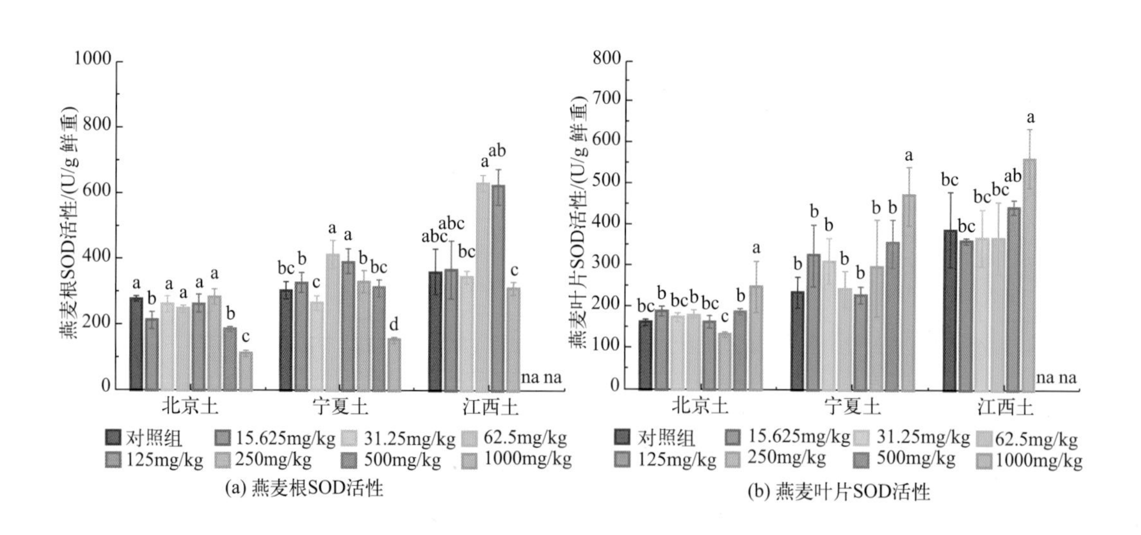

(a) 燕麦根SOD活性

(b) 燕麦叶片SOD活性

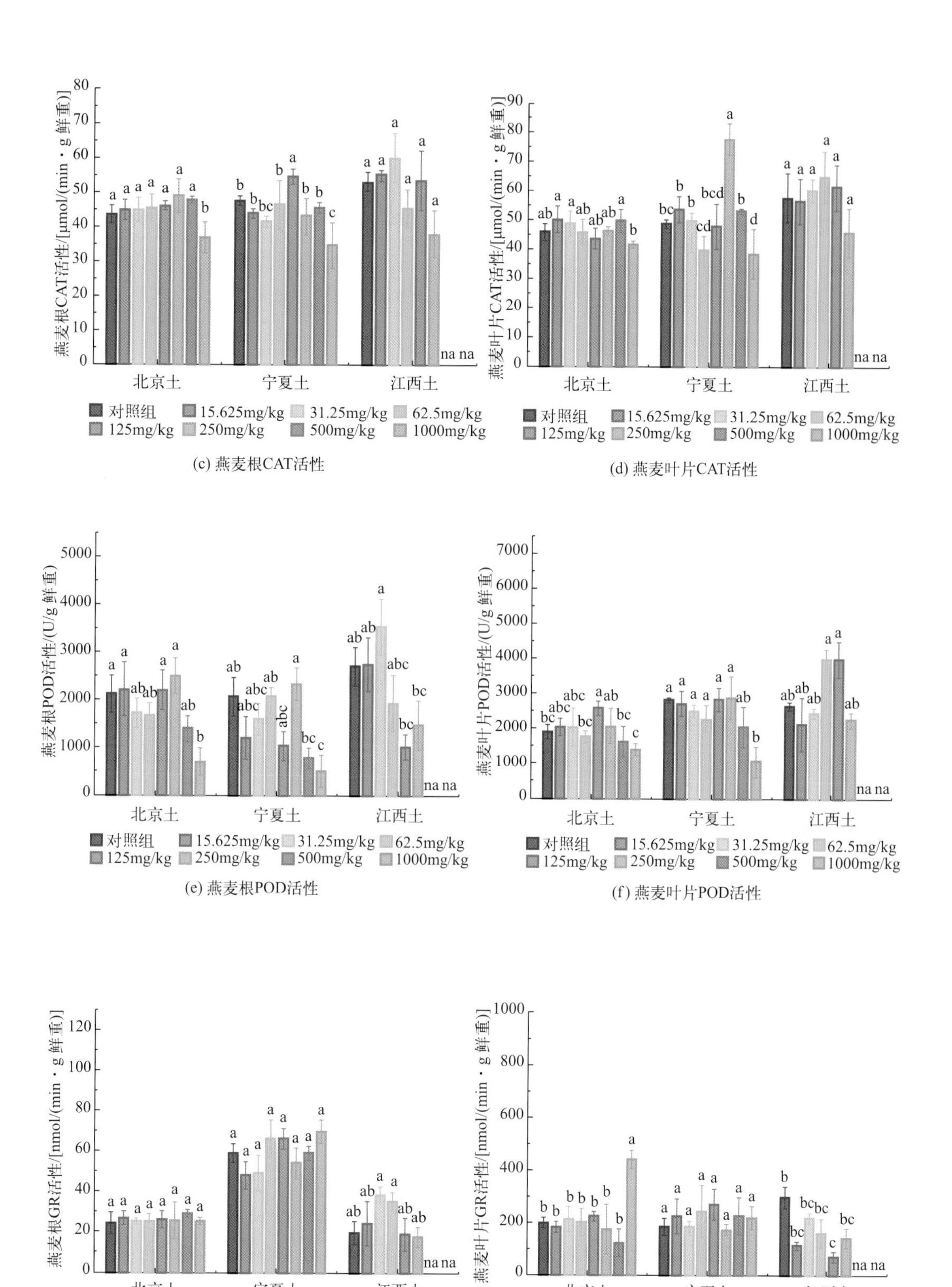

图 8.6　3种土壤条件下Cd暴露14d对燕麦SOD、CAT、POD和GR活性的影响

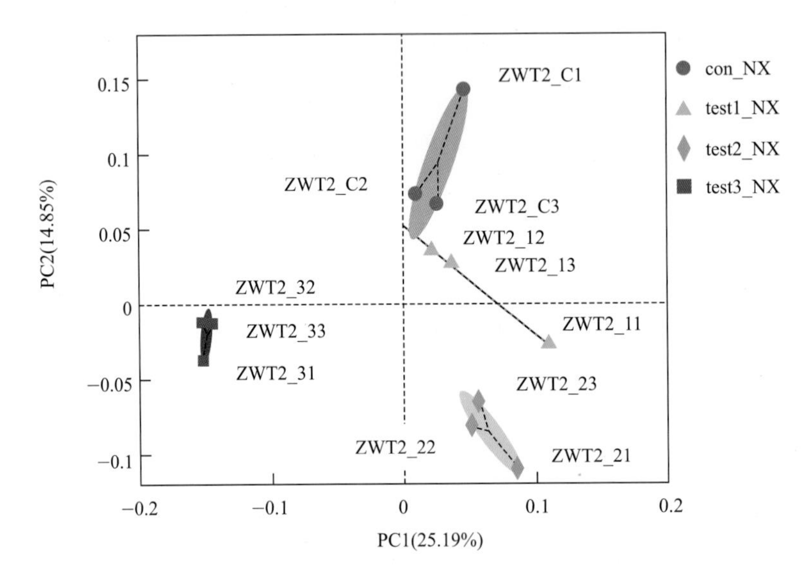

图 8.8　土壤微生物 OTU 组成的 PCA 图

注：X 轴和 Y 轴表示两个选定的主坐标轴，百分比表示主坐标轴对样本组成差异的解释度值；X 轴和 Y 轴的刻度是相对距离，无实际意义；不同颜色或形状的点代表不同分组的样本，两样本点越接近，表明两样本物种组成越相似

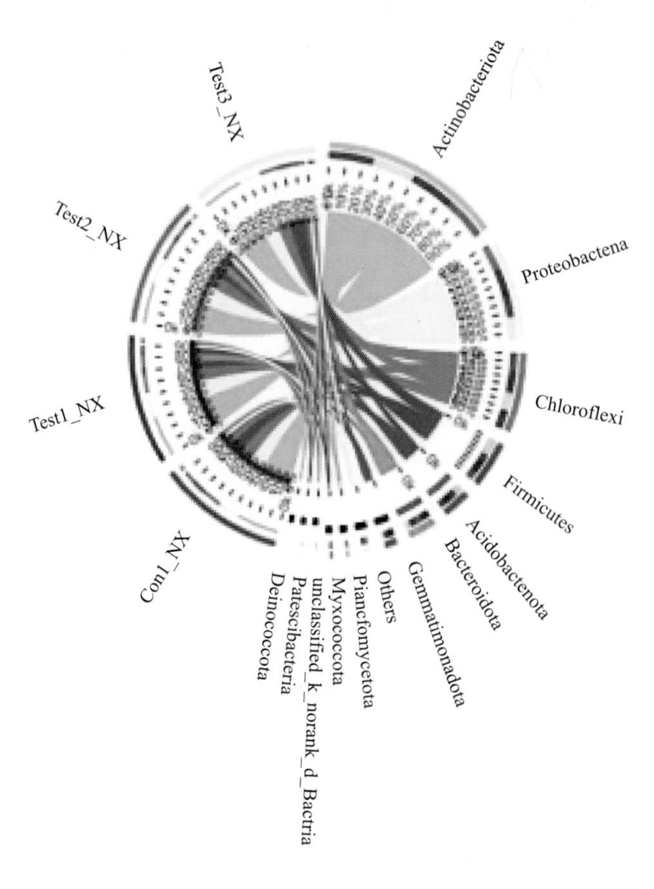

(a)

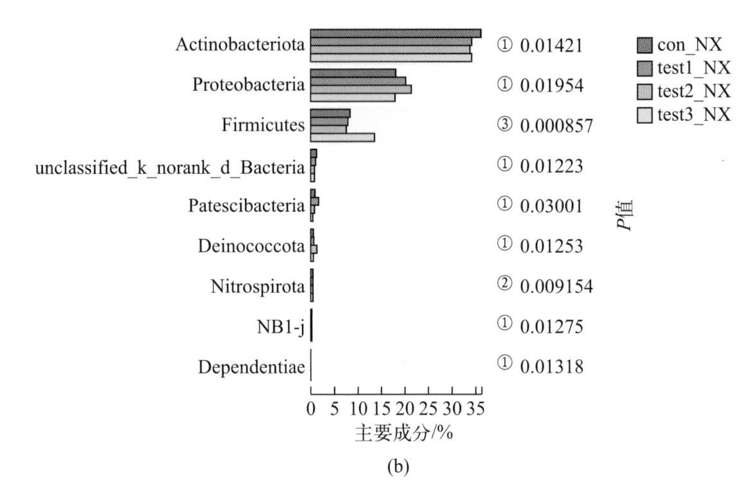

(b)

图 8.9 土壤微生物群落组成分析

注：Y 轴表示某一分类学水平下的物种名，X 轴表示物种不同分组中的平均相对丰度，不同颜色的柱子表示不同分组；最右边为 P 值，①$0.01<P\leqslant0.05$，②$0.001<P\leqslant0.01$，③$P\leqslant0.001$

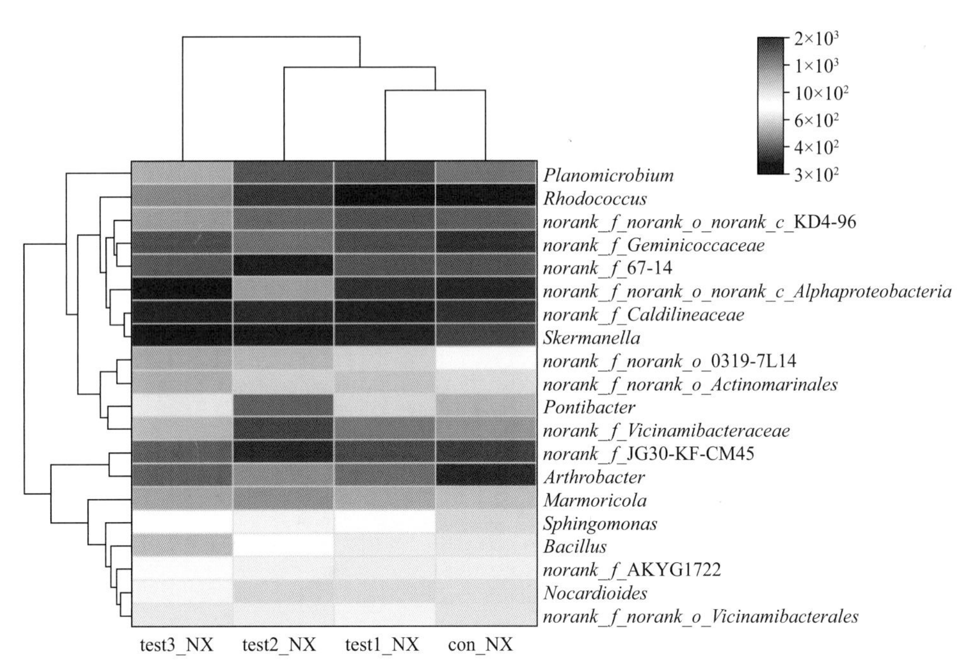

图 8.10 微生物群落属水平热图

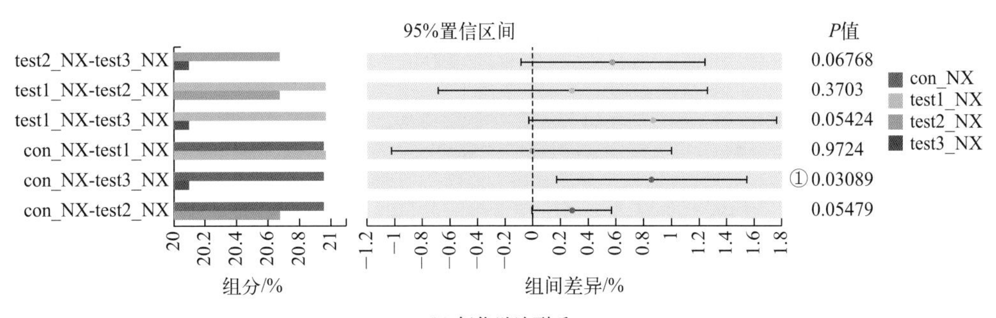

(a) 氧化助迫耐受

图 8.11

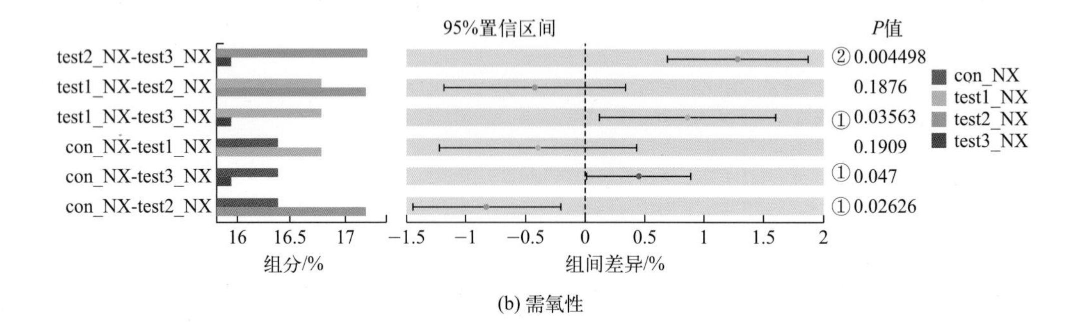

(b) 需氧性

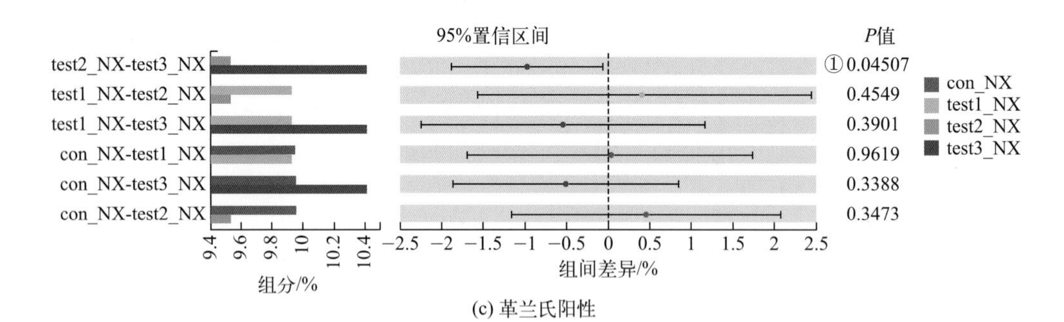

(c) 革兰氏阳性

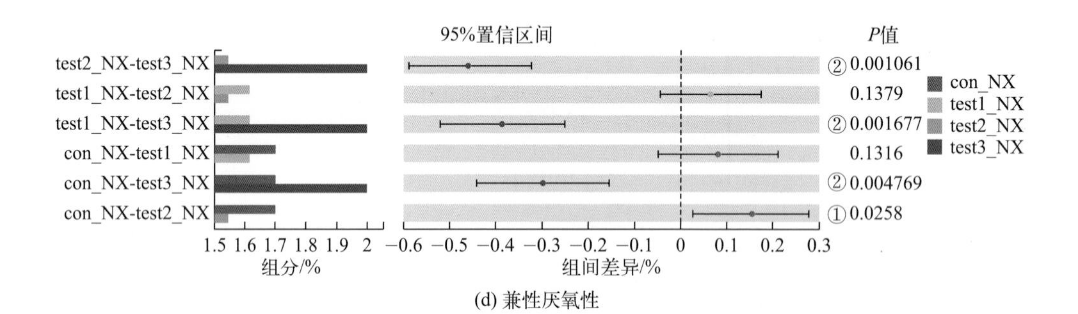

(d) 兼性厌氧性

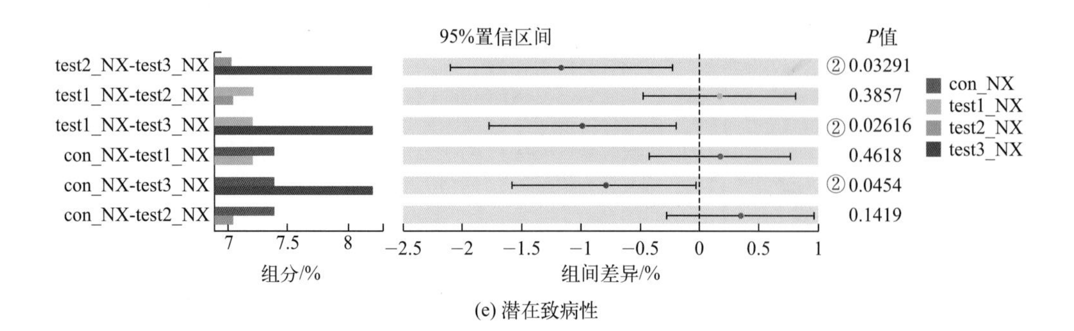

(e) 潜在致病性

图 8.11 微生物表型差异分析

注：纵坐标表示分组名或样本名，横坐标表示不同样本某一表型相对丰度的百分比，不同颜色表示不同的分组。最右边为 P 值，①$0.01<P\leqslant0.05$，②$0.001<P\leqslant0.01$